Ernst Peter Fischer

Die kosmische Hintertreppe

Ernst Peter Fischer

Die kosmische Hintertreppe

Die Erforschung des Himmels
von Aristoteles bis Stephen Hawking

Mit 15 Abbildungen

nymphenburger

Für Karl Lubomirski
und seine poetischen Ermutigungen

© 2009 nymphenburger in der
F.A. Herbig Verlagsbuchhandlung GmbH, München
Alle Rechte vorbehalten.
Umschlaggestaltung: Atelier Sanna, München
Schutzumschlagmotiv: corbis, Düsseldorf
Vorsatz: Andromeda-Nebel; Nachsatz: Fraunhofer'sche Linien, mit
freundlicher Genehmigung der Fraunhofer-Gesellschaft München.
Satz: EDV-Fotosatz Huber/Verlagsservice G. Pfeifer, Germering
Gesetzt aus 10,3/13,8 pt Sabon LT
Druck und Binden: GGP Media GmbH, Pößneck
Printed in Germany
ISBN 978-3-485-01186-0

www.nymphenburger-verlag.de

Inhalt

»Der bestirnte Himmel über mir«

»Zwei Dinge erfüllen das Gemüt mit immer neuer und zunehmender Bewunderung und Ehrfurcht, je öfter und anhaltender sich das Nachdenken damit beschäftigt: *der bestirnte Himmel über mir und das moralische Gesetz in mir.*«

Mit diesen schwärmerischen Worten aus der *Kritik der praktischen Vernunft* drückt Immanuel Kant aus Königsberg, der sonst eher rational wirkende und preußisch geprägte Philosoph der Aufklärung im 18. Jahrhundert, ein großes Bedürfnis aus – nämlich das Bedürfnis, den Himmel mit seinen Sternen zu verstehen. Er spannt sich wie ein funkelndes Zeltdach über ihn (und uns) und verleiht seiner (und unserer) Existenz dabei nicht nur ein eindrucksvolles Gewölbe, sondern ermöglicht darüber hinaus dem Menschen durch die nächtliche Sternenpracht das interesselose Erlebnis am Schönen der Natur. Kant spürt bei seinem ästhetischen Wahrnehmen der himmlischen Herrlichkeit, dass von diesem emotionalen Erleben offenbar direkt ein Weg zum moralischen Verhalten von Menschen führt. Der Betrachter der Sterne nimmt wahr, dass die Ästhetik die Mutter der Ethik ist, wie es der Dichter Joseph Brodsky im 20. Jahrhundert formuliert hat und wie wir uns im Verlaufe dieses Buches zu Gemüte führen wollen. Wir werden dann mehr über die wahrhaft immense Größe des Universums wissen, das sich nicht nur nach wie vor ausweitet, sondern dies mit zunehmender Dynamik tut und der Wissenschaft beinahe täglich überraschende neue Erkenntnisse beschert.

Einsichten dieser Art lassen jeden Menschen leicht zu »einem bloßen Punkt im Weltall« schrumpfen, wie es bereits bei Kant im Anschluss an die zitierten Sätze heißt. Der Philosoph stellt dort – wahrscheinlich mit tiefem Bedauern im Herzen – fest, dass die wissenschaftlichen Einsichten in den Kosmos mit der sich dort findenden ungeheuren »Weltmenge« dazu führen, die »Wichtigkeit« einzelner Beobachter zu »vernichten«, was natürlich auch bedeutet, dass sie selbst einen überragenden Philosophen zu einer »Winzigkeit« werden lassen – auch wenn dies niemanden vom Kaliber eines Immanuel Kant von seinen Bemühungen abhält, mehr über das Universum zu erfahren.

Die Freude und das Wissen

Kants ästhetisches Vergnügen am hohen Himmel mit seinen durchziehenden Planeten und funkelnd formierten Sternen erlaubt den Hinweis auf einen der Gründe, aus dem Menschen Wissenschaft treiben bzw. Wissen über die Weiten und Weisen des Wirklichen erwerben wollen. Sie tun dies – dem griechischen Philosophen Aristoteles zufolge –, weil sie Vergnügen an der Wahrnehmung der sinnlich zugänglichen Dinge in der Welt haben, und zu dem Schönsten, das uns dabei geboten wird, gehört die nächtliche Sternenpracht. Es ist keine Frage, dass es zu den primären Freuden der Menschen zu allen Zeiten gehört haben muss, den sichtbaren Nachthimmel mit seinen prächtigen Konstellationen – den Sternbildern – zu genießen und ihnen nachzusinnen. Und wer sich einmal in unseren Tagen dieses Vergnügen gönnt – was in den Städten mit ihrer Straßenbeleuchtung kaum noch möglich ist, im Gebirge aber eindrucksvoll gelingen kann, wenn man keine Angst vor der einen unmittelbar umgebenden Dunkelheit hat – und dabei zum Beispiel Mondphasen registriert oder den Abendstern bemerkt, bevor sich die ganze Pracht der Milchstraße mit ihrer immensen Sternendichte zeigt, wird sofort sich selbst oder seine Begleiter fragen, was da warum zu sehen ist und auf welche Weise es zustande kommt. Man hat unmittelbar das Gefühl, dass uns da Signale gegeben werden, und dieser Eindruck schlägt sich seit Jahrtausenden in den Bemühungen von Astrologen nieder, die sie verstehen und deuten möchten.

Wer jetzt mehr wissen will und sich – etwa in den Ferien – sogar mehrere Tage bzw. Nächte darauf einlässt, den Blick nicht nur dankbar, sondern neugierig auf den Himmel zu richten, und dabei bemerkt, wie sich zum Beispiel der Mondaufgang zwar verschiebt (ebenso wie das Erscheinen der Sterne), dass wir zum anderen aber den Erdtrabanten immer von derselben Seite sehen, der wird sich sofort Gedanken und Vorstellungen über die Bahnverläufe und Drehungen machen, die am Himmel nötig sind, um das gesamte Geschehen so zu orchestrieren, wie wir es wohlgefällig wahrnehmen und sogar einen Mann im Mond erkennen können.

Tatsächlich lassen sich bei den kosmischen Körpern sofort und problemlos zahlreiche Regelmäßigkeiten und Zusammenhänge erkennen, die viele räumliche und zeitliche Muster ergeben, die sich bei den Bewegungen von Sonne, Mond und Sternen zeigen. Und so braucht es wenig Fantasie, um das erste Aufkommen einer Wissenschaft – die Anfänge eines systematischen Sammelns von Beobachtungsdaten – an dieser Stelle zu verorten. Tatsächlich haben bereits die frühen Kulturen sich um das bemüht, was auf Deutsch »Sternenkunde« genannt werden kann und mit griechischen Wortstämmen als »Astronomie« bekannt ist. Man notierte, wann die Sonne aufging und wie sich dies im Laufe der Zeit veränderte. Und man registrierte, wenn auf der Erde aus dem Frühjahr der Sommer wurde, dem die anderen Jahreszeiten nachfolgten, wie wir heute sagen. Bekanntlich kann man in unseren Breiten auch ohne Blick an den Himmel zumeist problemlos erkennen bzw. spüren, ob es Herbst oder Winter ist, aber definiert werden die aufeinanderfolgenden vier Jahreszeiten über den sichtbaren Lauf der Sonne und die damit feststellbaren Längen von Tag und Nacht. Wir benutzen heute noch das (schöne) Wort von der Tagundnachtgleiche, um die Zeitpunkte im Frühjahr und Herbst zu bezeichnen, zwischen denen ein Jahr ablaufen und sich vollenden kann.

Wir wollen hier aber nicht auf die Anfertigung von Kalendern eingehen, deren grobe Einteilungen sich an zwei periodischen Bewegungen orientieren – zum einen an der des Mondes um die Erde, was zu den dazugehörigen Monaten führt, und zum anderen an der Drehung unseres Planeten um seine Achse, was den Rhythmus von Tag und Nacht hervorbringt. Wir wollen vielmehr erkunden, wie unser Verstehen der Abläufe am Himmel und unsere Einsichten in kosmische Dimensionen zustande gekommen sind und welche Personen dabei zu welcher Zeit ihren Beitrag geliefert haben. Es geht um eine kosmische Hintertreppe, deren Aufstieg wir bei dem schon zitierten Aristoteles mit seinen Betrachtungen über den Himmel beginnen lassen wollen und die uns zuletzt in die Höhen führen soll, die Albert Einstein mit seiner Kosmologie in Form einer Allgemeinen Relativitätstheorie ermöglicht hat und zu deren Stabilisierung zahlreiche Physiker beitragen, von denen einer der (merkwürdigerweise) weniger bekannten Fritz Zwicky heißt, was uns zu sagen erlaubt, dass wir das Weltall aufsteigend von A bis Z erkunden.

Wenn wir bei Aristoteles beginnen, übergehen wir die Astronomie bzw. Himmelskunde, die sich zum Beispiel in uralten Hügelgräbern oder anderen Anlagen niederschlägt. In ihnen zeigen verlängerte Erdwälle eine Richtung, die sich moderner Einschätzung zufolge an Punkten orientiert, an denen helle Sterne auf- und untergehen. Wir lassen auch kreisförmige Monumente wie die im britischen Stonehenge (aus dem 2. Jahrtausend v. Chr.) unbeachtet, die offenbar Umkehrpositionen der Sonne – die Sommer- und Wintersonnenwende – markieren, die dann vermutlich den Lebensrhythmus der Erbauer prägten. Wir überspringen weiter die Bemühungen der alten Ägypter, die vor allem an der Perfektionierung ihrer Kalender arbeiteten, um auf die überlebenswichtigen Nilhochwasser vorbereitet zu sein. Merkwürdigerweise wird bei diesem Tun für unseren Blick nicht das Verlangen erkennbar, das umfassend Beobachtete in einem System – mit einer Theorie – erklärbar und begreifbar zu machen. Unabhängig davon wollen wir aber nicht übersehen, dass die Ägypter den aus zwölf Konfigurationen bestehenden Tierkreis aus dem damals bereits als alt geltenden Babylon in ihre Astronomie einführten, und sie unternahmen dies, nachdem Alexander der Große das Land der Pyramiden erobert hatte. Das heißt, die Ägypter übernahmen von den Griechen, was deren Astronomen wiederum bei den Babyloniern vorgefunden hatten und was bis heute viele Menschen interessiert und fasziniert, nämlich die Sternbilder am Himmel – wobei wir genauer sagen müssen: die Sternbilder an dem Teil des Himmels, der von der Nordhalbkugel der Erde aus sichtbar wird, die wir bewohnen.

Wer in unseren Tagen lieber Sternbilder deutet und sich weniger um Sternphysik kümmert, betreibt das, was man damals wie heute Astrologie nennt. Bei diesem Bemühen

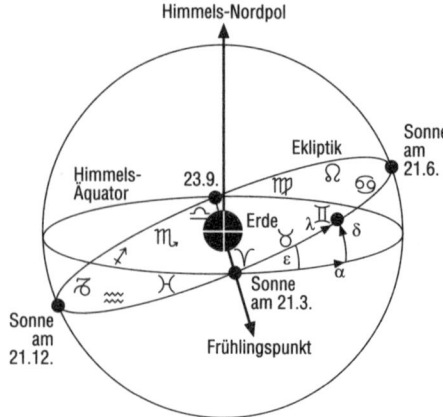

Mit der Erde als Mitte läuft die Sonne auf einer Bahn namens Ekliptik. Ihre zwölf Abschnitte markieren die Tierkreiszeichen.

geht es mehr um den Sinn (Logos) der Sterne – um das, was sie uns sagen – und weniger um die Gesetze (Nomos), die ihre Entstehung und Bewegung bedingen. Es ist verständlich, dass die Astrologie mit ihren einfachen Bildern sehr beliebt ist und bleibt, und es gilt ernst zu nehmen, dass sie uns Menschen schon seit Jahrtausenden beschäftigt und nach wie vor ihre Anhänger hat und zufriedenstellt. Es gilt aber ebenso deutlich zu betonen, dass viele Ansprüche von aktuell tätigen Astrologen – etwa zur Vorhersage der Zukunft – unsinnig sind und man bereits zu Goethes Zeiten von dem ewig gleichen und meist unverbindlichen Gemurmel der astrologischen Zunft gelangweilt war. Vermutlich sagen die Sterne uns auf direktem Wege gar nichts, selbst wenn uns mit großem Werbeaufwand in Horoskopen das Gegenteil vorgegaukelt wird. (Die Sterne kennen uns wahrscheinlich gar nicht und wir sind ihnen vollkommen gleichgültig.) Wenn überhaupt, dann sagen uns die Sterne indirekt etwas über die dramatische Dynamik einer weiten Welt, die an mindestens einem winzigen Punkt menschliches Leben ermöglicht und hervorgebracht hat, das auf diese Weise mit dem Kosmos zusammenhängt. Seine Geschöpfe gehören zu ihm und blicken zu ihm auf, um zu erkennen, woher sie denn da nun gekommen sind.

Wer die kosmische Hintertreppe mit aufsteigt, wird den sinngebenden (astrologischen) Aspekt des wissenschaftlichen Tuns erfahren, der zu den Konstanten im historischen Erforschen des Himmels gehört. Diese Tätigkeit dient doch letztlich der Bestimmung des Ortes, den wir in der Welt einnehmen. Die kosmische Hintertreppe führt also zu dem »Platze, den ich ... einnehme«, wie Kant es behutsam und eindrucksvoll zugleich ausdrückt. Diesen Platz wollen und müssen wir finden bzw. wir können ihn einkreisen und benennen im Rahmen von Vorstellungen, die wir – mithilfe der Wissenschaft – über das gigantische Gebilde entwickeln, das wir Universum, Weltall oder Kosmos nennen und für das auch noch andere Bezeichnungen existieren. Diese Vorstellungen hängen natürlich von der außen gegebenen Wirklichkeit am Himmel ab, von der wir gerne annehmen, dass sie schon da war, bevor wir auf der Bildfläche erscheinen konnten. Diese Vorstellungen hängen aber auch von den Möglichkeiten ab, die der Mensch mit seinem evolutionär erworbenen Gehirn bekommen hat, um sie registrieren und einsehen zu können. Wenn wir einmal voraussetzen, dass die Zeit, die Menschen gebraucht haben, um die Erkenntnisstrukturen und die Denkfähigkeit ihrer Gehirne zu entwickeln, sich sehr viel länger hingezogen hat als die wenigen Jahrtausende, in denen sie mit den ihnen zur Verfügung gestellten Denkwerkzeugen Himmelskunde betreiben und Sterne beobachten, dann können wir annehmen, dass wir Heutigen Zugang zu den astronomischen Grundmustern unserer Vorgänger haben. Unser Erkenntnisapparat hat sich im Grunde nicht wesentlich erweitert oder verändert, er wird nur mit neuen Daten und Bildern gefüttert und er kann natürlich lesend oder studierend erfahren, was vorher über den Kosmos und seine Körper gedacht bzw. vermutet worden ist.

Es kann bzw. sollte uns deshalb auf keinen Fall überraschen, dass die ältesten Modelle des Himmels und die jüngsten Theorien des Universums vergleichbare Strukturen – Tiefenstrukturen – aufweisen, die dann als etwas betrachtet werden können, was zum Menschen gehört. Wir werden sehen, dass dies tatsächlich der Fall ist, woraus wir lernen können, dass es unabhängig von den jeweiligen Zeiten und Epochen ein allgemein humanes Verstehen in uns gibt, das mit dem sternenübersäten Himmel über uns korrespondiert. Wenn wir in diesem Buch eine kosmische Hintertreppe ankündigen, dann hoffen wir auch, dabei einen Zugang zu diesem (psychischen) Hintergrund der Kosmologie anbieten zu können. Wir tun dies in der Überzeugung, dass es »dort oben« etwas von Dauer gibt, etwas, was ewig (im menschlichen Maßstab) gilt, was das mögliche Verstehen der Welt – des Universums – angeht und uns die Bedingungen erkennen lässt, unter denen Erkenntnis gelingen kann.

Wir sind dabei überzeugt, dass es nur einen Weg gibt, um dieses Feste zu finden und als Fundament aufzuzeigen – nämlich den historischen, der erkennen kann, was Menschen zu allen Zeiten benötigten, um mit den Modellen zufrieden zu sein, die ihren Ort in der Welt zeigten. Wir wollen diesen Weg mit der kosmischen Hintertreppe gehen und fangen auf der nächsten Seite mit der ersten Stufe an.

Der antike Himmel mit christlicher Aufladung

Wer heute zu einem wolkenlosen Himmel aufblickt, sieht dort tagsüber neben der gelblichen Sonne die Farbe Blau und nachts Sternengefunkel vor schwarzem Hintergrund, wobei sich sowohl tagsüber als auch nachts der Mond in das Bild schieben und uns sein oftmals fahles Licht zeigen kann. Wir können den Lauf des Erdtrabanten am Himmel längst in aller Genauigkeit berechnen, spüren aber zugleich im Hinterkopf (oder im Herzen) die Gewissheit, dass der Mond mehr ist als ein Objekt der Wissenschaft. Immerhin kann er – poetisch ausgedrückt – die Täler mit Nebelglanz füllen und die Menschen ansprechen, die zu ihm aufschauen.

Der Blick in den Kosmos ist von Beginn der abendländischen Geschichte an in wissenschaftlicher Absicht unternommen worden, aber die Menschen im antiken Griechenland haben in der Fülle des am Himmel Sichtbaren immer auch Ausschau nach Schönheit und Vernunft gehalten und dort oben nach einem Maßstab für ihr eigenes Leben gesucht. So gesehen könnte man von einer frühen griechischen Kosmologie sprechen und damit das Wort benutzen, das in der modernen Gelehrtensprache die wissenschaftliche Erkundung des Himmels beschreibt (wobei es offenbar niemanden stört, dass durch den Gleichklang am Ende eine Nähe zu der ansonsten verpönten Astrologie entsteht). Und doch – das Wort Kosmologie für ihre Tätigkeit hätten die Griechen trotz seiner sprachlichen Herkunft nicht verstanden. Was sie interessierte und beschäftigte, war vielmehr das, was man etwas spröde Kosmografie – gebildet wie das

Wort Geografie – oder mutiger Kosmogonie nennen könnte, wobei der letztere Begriff das Entstehen meint. Die Griechen wollten ja nicht nur wissen, woraus der Kosmos <u>be</u>steht. Sie wollten immer auch wissen, wie er <u>ent</u>steht, wie er das Aussehen bekommen hat, mit dem er sich uns darbietet.

Bekanntlich fangen die Menschen in solch einem Fall erst einmal damit an, Schöpfungsgeschichten zu erzählen. Das heißt, alles Begreifen des Kosmos – alle Kosmologie – beginnt mythisch, wobei wir annehmen, diese Phase der menschlichen Geistesgeschichte bereits hinter uns gelassen zu haben oder hinter uns lassen zu können. Wir beginnen in diesem Buch mit den Anfängen der Wissenschaft und können uns dabei sofort eines ihrer Grundmuster merken, das sich durch die ganze Sternerkundung hindurchzieht (und auch in andere Wissenschaftsbereiche hineinreicht). Auch wenn es paradox klingen man, aber Wissenschaft besteht – unter anderem – in dem Versuch, etwas, was man sieht, durch etwas anderes zu erklären, was man nicht sieht. Wir sehen Sonne, Mond und Sterne und deuten ihr Zusammenhängen und individuelles Bewegen durch Konstruktionen und Kräfte, die wir nicht sehen. Das Wissen, das wir erwerben, ist also von Anfang an merkwürdig. Aber es lohnt auf jeden Fall, sich ihm zuzuwenden.

Aristoteles (384–322 v. Chr.)

Aristoteles kennen wir vor allem als Philosophen, der den ihm bekannten abendländischen Menschentyp durch den zeitlosen Satz charakterisiert hat, »Menschen streben von Natur aus nach Wissen«. Der berühmte Grieche machte sich darüber hinaus Gedanken über das Leben, das er als Wechselspiel aus Form und Materie verstehen wollte, und er erkundete überhaupt in großer Vielfalt die Möglichkeiten unseres Erkenntnisstrebens mit seinen ethischen Konsequenzen. Seine Schriften blieben über die Jahrtausende hinweg einflussreich, auch wenn sie in physikalischer Hinsicht manche Fehler enthalten oder ab und zu etwas Unverständliches konstatieren, wie im Rückblick offenkundig und unübersehbar zu sein scheint. Wie konnte Aristoteles jemals zu der Ansicht kommen, dass eine Bewegung aufhört, wenn die Kraft nicht mehr wirkt, durch die sie zustande kommt? Jeder Stein, der geworfen wird, fliegt doch weiter, nachdem er die Hand, die ihn wegschleudert, verlassen und sich auf und davon gemacht hat!

Lassen wir die allzu sinnfällige Physik des Aristoteles beiseite und wenden uns nach einer kurzen Beschreibung seiner Lebensstationen den Vorschlägen und Analysen zu, die er dem Himmel und seinen Objekten – den Sternen und Planeten – gewidmet hat. Aristoteles stammte aus Stageira, das auf der Halbinsel Chalkidike liegt, und er sollte Arzt werden, da sein Vater Leibarzt des Königs von Mazedonien war. Zur Ausbildung ging Aristoteles nach Athen, wo er sich bald anders orientierte, in die von dem Philosophen Platon gegründete Akademie eintrat und ihr 20 Jahre lang – als Schüler und Lehrer – angehörte. Wie man hört bzw. liest, haben sich die beiden großen Philosophen nicht so recht verstanden und so nimmt es nicht wunder, dass Aristoteles das Machtzentrum Athen im Jahre 347 v. Chr. verließ und seinen Wohnsitz auf die Insel Lesbos verlegte. Hier – in dem ruhigen Örtchen Mytilene – lebte und arbeitete Aristoteles, bis ihn Philipp II., der König von Mazedonien, an seinen Hof rief, um ihn hier mit der Erziehung des Prinzen Alexander zu beauftragen, der inzwischen als »der Große« in die Weltgeschichte und die Schulbücher eingegangen ist. Als Alexander nach dem Tod seines Vaters umfangreiche Eroberungszüge startete, verließ Aristoteles seinen Herrn und Schüler. Im Jahr 334 kehrte er zurück nach Athen, wo er jetzt eine eigene Schule – das Lykeion – gründete, das als straff organisierte Denkstätte berühmt und später auch Peripatos genannt wurde. 323 starb Alexander der Große, was Aristoteles angreifbar machte, der zum Beispiel von der Existenz eines »unbewegten Bewegers« überzeugt war, dem wir als Ursprung aller Dynamik die am Himmel zu beobachtenden Umläufe der Planeten verdanken. Solch ein Gedanke konnte tatsächlich als Beleidigung der Götter aufgefasst werden. Um einem Prozess wegen dieser wissenschaftlich begründeten Gotteslästerung zu entgehen, siedelte Aristoteles nach Chalkis auf der Insel Euböa über, wo seine Mutter ein kleines Landgut besaß. Leider verblieben dem Philosophen nur noch wenige Lebensmonate an diesem Ort, bevor ihn ein Magenleiden heimsuchte, das schließlich im Jahre 322 v. Chr. seinen Tod herbeiführte.

»Über den Himmel«

Sosehr die heutigen Historiker Aristoteles wegen seiner empirischen Beiträge etwa in der Biologie loben, für die er zum Beispiel erst Baupläne von zahlreichen Tieren studiert und anschließend versucht hat, alle vergleichbaren Formen auf einer Stufenleiter anzuordnen, so wenig finden wir seine kosmischen Überlegungen durch spezielle Erfahrungstatsachen begründet – das heißt genauer, durch selbst gesammelte Daten und Beobachtungen untermauert. Er weiß natürlich als gebildeter Athener, dass man am Himmel zwischen Sternen und Planeten zu trennen hat, wobei das zweite (dem griechischen Original nachgebildete) Wort auf Deutsch »Wanderer« heißt und somit ausdrückt, worin der Unterschied besteht. Die Planeten ziehen zügig am Himmel umher, während die Sterne dort relativ feste Positionen einnehmen – also so etwas wie Fixsterne sind, wie man auch sagen kann. Wer sich damals über den Kosmos Gedanken machte, konnte also die Sterne zunächst lassen, wo sie waren. Er musste zuerst und vor allem die Bewegungen der Planeten verständlich machen bzw. in ein System bringen und darum bemühte sich Aristoteles – unter anderem – in seiner Schrift *Über den Himmel*.

Er geht dabei – was soll er auch sonst tun? – von der Erde selbst aus, von der man in seinen Tagen bereits wusste, dass sie die Gestalt einer Kugel hat. Das heißt, die Griechen wussten, dass die Erde keine flache Schale oder Scheibe ist, die auf einer Art Urozean treibt (und die Menschen haben dieses Wissen nicht vergessen; sie haben es auch noch im Mittelalter gehabt, selbst wenn es bis heute Schulbücher gibt, die uns das Gegenteil einreden wollen). Allerdings: Wie es so oft passiert, bringt eine Erkenntnis nicht nur Antworten, sondern vor allem neue Fragen mit sich. Eine von ihnen ist in diesem Fall ziemlich diffizil, denn wer die Erde als Kugel präsentiert, schafft damit das Problem, auf ihr den genauen Ort anzugeben, an dem sich die Menschen aufhalten. Noch ist nichts von einer Schwerkraft bekannt, die uns auch dann festhält, wenn wir uns auf der Rückseite der Erde befinden – da, wo heute Neuseeland ist – und somit quasi auf dem Kopf stehen. Dann müssten wir doch eigentlich – jedenfalls ohne gravitätische Hilfe – von der Erde ab- und ins Universum hinein- bzw. hinausfallen.

Leider wissen wir nicht, wie Aristoteles sich unser Umherlaufen bzw. Dasein auf der Kugel genau vorgestellt oder welchen Platz er uns auf der runden Erde zugewiesen hat. Wir wissen nur, dass er die Erde mehr oder weniger ruhen lässt, und unter dieser Vorgabe können bzw. müssen wir uns vorstellen, dass Aristoteles sich selbst und seine Landsleute gewissermaßen »oben« auf der Erde gesehen hat und nun von dieser Position aus sein Universum betrachtet und entwirft.

Als Erstes dehnt Aristoteles die Kugelgestalt der Erde aus, um eine Himmelskugel zu entwerfen, die uns umgibt und die als Sternendach sichtbar wird. Solch eine Überkugel stellte damals eine allgemein akzeptierte kosmische Konstruktion dar und wir benutzen sie heute noch, um die sogenannte Ekliptik zu definieren, mit der wir nach wie vor die Bahn der Sonne veranschaulichen bzw. die Anordnung der Sternbilder in ein astronomisches System bringen und somit rechtfertigen (vgl. dazu die Abb. der Ekliptik auf S. 38).

Aristoteles zimmert nicht nur um die Erdkugel eine Himmelssphäre. Er füllt überhaupt das Universum mit Kugeln bzw. Kreisen aus und auf, deren geometrische Form von ihm und seinen Zeitgenossen als vollkommen und somit als angemessen angesehen wird, und wenn wir heute von Himmelssphären sprechen, dann klingt in diesem Wort die antike Kugelkonstruktion immer noch durch. (Das gilt zum Beispiel auch im Englischen, wo eine Kugel mit »sphere« bezeichnet wird.) Die Sphären bzw. die Idee von kugelförmigen Strukturen des Universums halten sich bis in die Neuzeit hinein und noch Nikolaus Kopernikus wird 1453 seine moderne Erneuerung der Astronomie in einem Buch ankündigen, das von der »Umwälzung der Sphären« spricht.

Dabei ist allerdings für den Menschen des 21. Jahrhunderts etwas besonders zu beachten: Wenn wir Heutigen von den Bewegungen und Umläufen am Himmel sprechen, dann meinen wir die Bahnen der Himmelskörper. Das meinten aber weder Aristoteles noch Kopernikus und erst recht niemand in den Epochen zwischen ihnen. Vor dem 17. Jahrhundert redete ein Astronom von der Bewegung der Sphären, die die Himmelskörper in sich tragen bzw. mit sich führen. Bis um 1600 sind es nicht die (sichtbaren) Planeten, die sich bewegen, sondern die (unsichtbaren) Sphären und die Fokussierung auf diese geometrischen Gebilde bringt einen riesengroßen Vorteil mit sich, nämlich den, dass jetzt niemand nach einer Erklärung für deren Rotieren fragt. Wenn ein physikalisches Objekt seinen Ort wechselt, muss man einen Grund (eine Ursache) dafür finden. Wenn sich (himmlische) Sphären drehen, kann man das den Göttern überlassen. Man ist aus dem Schneider und kann sich weitere Konstruktionen ausdenken, die erklärungsfrei das Universum bevölkern – sie müssen nur geometrisch vollendet sein und sowohl den Menschen als auch den Göttern gefallen.

Es sei dem Autor an dieser Stelle ein Hinweis gestattet, der weniger mit der Himmelskunde und mehr mit unserem wissenschaftlichen Verstehen allgemein zu tun hat. Der Philosoph Karl Popper hat einmal darauf hingewiesen, dass wir immer dann zufrieden sind, wenn wir etwas, was wir sehen – das Fallen eines Gegenstandes, die Temperatur einer Flüssigkeit –, durch etwas erklären können, was wir nicht sehen – das Schwerefeld der Erde bzw. die Geschwindigkeit von Molekülen. Indem Aristoteles die der Beobachtung zugänglichen Planetenbahnen auf eine der menschlichen Fantasie entsprungene Sphärenrotation zurückführt, praktiziert er – sicher unbewusst – das Grundverfahren des wissenschaftlichen Verstehens, was uns vielleicht besser begreifen lässt, warum er ein so berühmter Philosoph werden konnte. Er dachte als Erster, was alle denken können und worüber alle nachdenken können.

Die sublunare Sphäre und darüber hinaus

Als Aristoteles das Weltall mit Sphären füllte, nahm er zugleich eine maßgebliche Trennung des Kosmos vor, und zwar mithilfe des Mondes, der natürlich eine eigene Kugelschale bekam und mit ihr kreisförmig rotieren konnte. Aristoteles unterschied nun mithilfe des Erdtrabanten zwischen der (irdischen) Welt unterhalb der Mondbahn – das ist die sublunare Sphäre – und der (himmlischen) Welt oberhalb der Mondbahn – das ist die supralunare Sphäre – und er machte es damit unmöglich, gleichberechtigt das Wort »Universum« für den Kosmos zu benutzen, wie wir es heute tun. Die Welt des Aristoteles war mehr ein »Duoversum« mit zwei Weltbereichen, zwischen denen eine gewaltige Differenz bestand bzw. zwischen denen Aristoteles eine solche angelegt hatte.

Schauen wir sie uns in einigen Details an: Während in der sublunaren und von uns Menschen bewohnten Welt die bekannten vier Elemente zu finden sind, mit denen die griechische Philosophie den Aufbau und die Zusammensetzung der gewöhnlichen Dinge erklären wollte – also das berühmte Quartett aus Feuer, Erde, Wasser und Luft –, setzt sich der Himmel über unserem Trabanten aus einfachen und unvermischten Körpern zusammen. Diese Gebilde der höheren

Sphäre bestehen definitiv nicht aus den vier genannten Elementen, sondern aus einem besonderen fünften Stoff, der sogar als unvergänglich angesehen wird und deshalb als wesentlich (essenziell) gilt. Aristoteles gibt dieser Substanz einen Namen, der als »quinta essentia« ins Lateinische übersetzt wurde – eine Bezeichnung, die in unserem Sprachschatz als Quintessenz überlebt hat.

Ebenso überlebt hat das zweite Wort, das Aristoteles für das geheimnisvolle und uns Irdischen unerreichbare fünfte Element am Himmel eingeführt hat. Es heißt Äther und wird uns bis zu Albert Einstein (1879–1955) beschäftigen. Dabei interessiert uns nicht der Äther, der als flüchtiger Stoff aus den Laboratorien der Chemiker sich im medizinischen Bereich (als Betäubungsmittel) und auf dem kosmetischen Sektor (mit ätherischen Ölen) als segensreich und nützlich erweist. Uns interessiert also nicht der Äther aus den Fläschchen, sondern der Äther als Füllmaterial des Universums, mit dem man bis in unsere Tage gerungen hat, um den Kosmos so zu modellieren, dass er sich den Theorien von Einstein und seinen Nachfolgern fügt.

Aristoteles hat mit seiner Quintessenz tatsächlich etwas in die Welt – an den Himmel – gesetzt, das zum Wesen sowohl des Menschen als auch des Kosmos gehört, und wir müssen verstehen, was die Qualität des Äthers ausmacht, die ihm diese Möglichkeit einräumt. Unmittelbar klar ist, dass das fünfte Element keine Basis in der beobachtbaren Außenwelt hat und folglich aus der Innenwelt der Menschen stammen muss – weshalb dieses Konstrukt auch so viel Anklang gefunden hat. Wir erlauben uns an dieser Stelle die Vermutung, dass es sich bei dem Äther um etwas handelt, das Psychologen als archetypisches Konzept bezeichnen, womit sie Urformen des Denkens meinen, die allen Menschen zugehören und sich in unserem kollektiven Unbewussten befinden. Einsichten gelingen, wenn wir – entweder mit eigenem Bemühen oder dank der Anleitung anderer – an diese Muster herankommen und einen Weg finden, sie unserem Bewusstsein zugänglich zu machen.

»All die Sphären zusammengenommen«

Wie gesagt, Aristoteles hat uns sehr viel als Philosoph zu sagen, etwa durch seine berühmte Unterscheidung von vier Ursachen (siehe Tab. 25), wobei es stets zu beachten gilt, dass naturwissenschaftliches Erklären nicht final vorgehen darf. Hier wollen wir uns vor allem auf seine astronomischen Beiträge konzentrieren, ohne dabei zu sehr ins Detail zu gehen. Denn wenn wir dies unternehmen wollten, müssten wir seine Bemühungen vorstellen, die richtige Zahl der Sphären zu finden, die benötigt werden, um die Welt als Ganzes modellieren zu können. Die Läufe der Planeten zeigten allerlei Unregelmäßigkeiten, die es in den vorgestellten Rahmen – also mit rotierenden Sphären – einzubauen bzw. in ihm aufzufangen galt, und das kann rasch so mühsam werden, dass eine Hintertreppe nicht der rechte Ort für dieses Ansinnen ist.

Aristoteles erkennt, dass, »wenn all die Sphären zusammengenommen« erklären sollen, was wir am Himmel beobachten und registrieren können, sich die Astronomen auf ziemlich komplizierte Konstruktionen einlassen und zum Beispiel zurückrollende von tragenden und anderen Sphären unterscheiden müssten, da ab und zu einmal Rückwärtsbewegungen der Planeten beobachtet werden. Er konstatiert, dass seine Zeitgenossen Eudoxos und Kallippos so etwas versucht und sich dabei an Mengen von 26 bzw. 33 Sphären versucht haben. In einigen Modellen wurden Planeten wie Saturn, Jupiter, Mars, Venus und Merkur sogar unterschiedliche Sphärenzahlen zugewiesen, um alle ungewöhnlichen Beobachtungen unter Dach und Fach zu bringen, und Aristoteles setzt dieses mühsame Spiel ein wenig lustlos fort, um zuletzt mit 55 Sphären zu hantieren, ohne dass man den Eindruck gewinnt, dass ihn solche Versuche wirklich interessieren (weshalb sie an dieser Stelle auch nicht weiter beachtet werden). Er übergeht Details und erfreut sich an der grundsätzlichen Aussicht, mithilfe von beständigen Kreisbewegungen die universalen Abläufe im Kosmos verstehen zu können, der inzwischen so hieß, weil die sphärischen Kreisbahnen die Vorstellung einer himmlischen Harmonie beförderten, was die Griechen mit dem Wort für Schmuck – eben Kosmos – anerkannten. Was Aristoteles angeht, so hatte er mit seinem oben erwähnten »unbewegten Beweger« alles, was er brauchte. Die quantitativen Schwierigkeiten zur irdischen Erklärung der himmlischen Welt werden erst nach ihm offenkundig.

Die vier Ursachen nach Aristoteles

Bez. auf Lateinisch	Bez. auf Deutsch	Beispiel
Causa materialis	Stoffursache	Baumaterial
Causa formalis	Formursache	Bauplan
Causa movens	Antrieb	Hauswunsch
Causa finalis	Zweck	Familienleben im Eigenheim

Aristarch (ca. 320–ca. 250 v. Chr.)

Der Name Aristarch sagt den meisten Lesern vermutlich nicht viel. Auf der Schule hat man kaum – wenn überhaupt – etwas von diesem griechischen Genie gehört und tatsächlich wissen auch die Historiker nur sehr wenig über das Leben, das er geführt hat. Aristarch wurde auf der Insel Samos geboren, die vor der Küste von Kleinasien liegt, und das ist auch fast schon alles, was die Quellen preisgeben. Zum Glück lag in der Nähe seines Geburtsortes die Stadt Milet, die als Zentrum ionischer Kultur bekannt geworden ist und zum Beispiel den Mathematiker und Philosophen hervorgebracht hat, den wir als Thales von Milet kennen. Wohlwollende Historiker schreiben Letzterem gerne zu, im Jahre 600 v. Chr. mit der Vorhersage einer 584 v. Chr. tatsächlich eintretenden Sonnenfinsternis den Anfang der griechischen Wissenschaft markiert zu haben, aber vermutlich stellt diese Festlegung nur eine schöne Geschichte ohne faktischen Hintergrund – oder einen Zufallstreffer – dar. So weit waren die damaligen Philosophen mit der Berechenbarkeit der himmlischen Vorgänge garantiert noch nicht gekommen, denn sie mussten auf Aristarch warten, um überhaupt quantitativ werden und kosmische Dimensionen erfassen zu können.

Unabhängig davon entfaltete sich in den letzten Jahrhunderten vor dem Beginn unserer Zeitrechnung um Milet herum der Geist der geometrischen und physikalischen Wissenschaft und was immer Aristarch erkundete, erfuhr nach ihm der Mathematiker Konon von Samos, der wiederum ein Freund des antiken Alleskönners Archimedes (287–212 v. Chr.) war. Aus dessen Schriften endlich können wir heute erfahren, was Aristarch so gemacht und für uns gedacht hat (wie wir im Folgenden noch genauer zitieren werden). Daneben ist uns sogar ein einzelner Text von Aristarch direkt überliefert, und zwar eine Schrift mit dem Titel *Über die Größen und Abstände von Sonne und Mond*, in deren Verlauf der Autor verschiedene Methoden und Rechenverfahren entwickelt und vorstellt, um Entfernungen am Himmel und die Durchmesser der dort zu findenden Körper zu bestimmen.

Was für uns eher harmlos klingt, stellt tatsächlich eine heroische Anstrengung dar, deren erfolgreicher Abschluss unsere höchste Bewunderung und Aufmerksamkeit verdient. Die quantitative Ermittlung der einem philosophischen Denken vielleicht nur lapidar erscheinenden »Größen und Abstände« am Himmel kann uns nämlich erschrecken lassen und sollte uns zum Staunen bringen. Schließlich geht es nicht um die Entfernung zwischen Städten oder Dörfern, sondern um die Distanzen zwischen der Erde und der Sonne, die selbst heute noch unsere irdischen Maße sprengt –, und dabei nehmen die Quantitäten eine neue Qualität an, die uns das Staunen lehren kann.

Wenn wir im 21. Jahrhundert die Distanz zum Zentralgestirn unseres Planetensystems angeben, dann drücken wir sie nicht in Kilometern oder Meilen aus, sondern in Einheiten, die durch das Licht bestimmt werden. Wir wissen seit Albert Einstein und seinen Zeitgenossen, dass sich die Geschwindigkeit des Lichts als eine Konstante der Natur ansehen lässt, was uns die Möglichkeit liefert, die Strecke, die das Licht in einer Zeiteinheit zurücklegen kann – eine Lichtminute etwa oder ein Lichtjahr –, zum Vergleich von Entfernungen heranzuziehen. Nach den Kenntnissen der Physiker legt Licht in einer Sekunde die (zugleich unglaubliche und unvorstellbare) Strecke von rund 300.000 (dreihunderttausend!) Kilometern zurück, was in einer Minute etwa 18 Millionen Kilometer ausmacht (siehe Tabelle unten). Wenn wir jetzt erfahren, dass die Sonne acht Lichtminuten von der Erde entfernt ist, erfassen wir mit dieser Angabe gute 144 Millionen Kilometer und an diese ungeheure Distanz wagte sich Aristarch damals heran. (Wollten wir diese kosmische Strecke wie gewohnt zurücklegen und billigten uns dafür eine Durchschnittsgeschwindigkeit von 144 km/h auf der Autobahn zu, würden wir eine Million Stunden oder weit mehr als 100 Jahre bis zur Sonne brauchen – da warten wir lieber, dass das Licht zu uns kommt.)

Die Lichtstrecken in Kilometern

Eine Lichtsekunde entspricht rund 300.000 km.
Eine Lichtminute entspricht rund 18 Millionen km.
Eine Lichtstunde entspricht rund 1,1 Milliarden km.
Ein Lichttag entspricht rund 26,4 Milliarden km.
Ein Lichtjahr entspricht rund 9,5 Billionen km.

Aristarch hatte vermutlich anfänglich keine Vorstellung davon, auf welche Dimensionen er treffen würde, und vermutlich hätte ihn der Mut verlassen, wenn er auch nur geahnt hätte, auf welches Abenteuer der Quantität er sich da einließ. Ihn muss aber die Aussicht verlockt haben, all das bloß qualitative Spekulieren der Philosophen über das Universum mit präzisen Angaben zu erfüllen und zu bereichern. Aristarch stellt ein wunderbares Beispiel dafür dar, wie die Wissenschaft mit ihren Ergebnissen dann faszinierende Einsichten ermöglicht, wenn sie nur die geeignete Frage findet und sich hartnäckig um ihre Klärung bemüht. Die geeignete – und bis heute spannende – Frage lautet, wie groß die Sonne ist, die doch – aller griechischen Rationalität zum Trotz –

das lebenserhaltende und Wärme spendende Gestirn am irdischen Himmel bleibt. Da lohnt es sich wahrlich zu wissen: Ist die Sonne größer als die Erde? Oder stimmt unser Augenschein, der uns weismachen will, die Sonne sei kleiner? Und was ist mit dem Mond? Wie groß ist dieses kleine Himmelslicht? Und wie weit sind wir von diesem unserem nächsten Landeplatz im All entfernt?

Die vier Schritte zur Größe der Sonne

Wer diese Fragen heute stellt oder gestellt bekommt, schaut einfach in einem Lexikon (oder im Internet etwa bei Google) nach oder fragt einen Lehrer (oder einen anderen Experten) (siehe Tabelle unten). Für Aristarch bestanden diese Möglichkeiten nicht. Er musste es selbst herausfinden und man kann die Fantasie und den langen Atem nur bewundern, mit denen er sich ans Werk machte.

Sonne, Mond und Erde:
Die heute bekannten Größenordnungen

Himmelskörper	Durchmesser	Faktor
Mond	3.476 km	1
Erde	12.756 km	knapp 4
Sonne	1.400.000 km	ca. 400

Aristarch ging Schritt für Schritt vor. Zunächst versuchte er etwas über die Größe des Mondes herauszufinden und die Gelegenheit dazu bot sich bei einer Mondfinsternis. Wenn man eine solche genau beobachtet, kann man zwei Zeitspannen unterscheiden (wobei wir jetzt einmal annehmen, dass Aristarch technisch und instrumentell in der Lage war, Zeiten messen bzw. vergleichen zu können). Da ist zum einen die Spanne, die der Mond braucht, um in den Erdschatten einzutreten, und da ist zum Zweiten die Dauer, die der Mond danach im Erdschatten verbleibt. Die erste Zeitspanne stellt ein Maß für den Durchmesser unseres Trabanten dar und die zweite liefert ein Maß für den Durchmesser der Erde selbst. Da die Größe der Erde bekannt ist (siehe oben), kann man aus dem Vergleich der beiden bestimmbaren Zeitspannen das Verhältnis der Größen von Erde und Mond berechnen – und damit die Ausmaße des Mondes. Er war Aristarchs Berechnungen zufolge – wie man sehen und vermuten konnte – deutlich kleiner als die Erde.

Wir wollen jetzt weder die (insgesamt erstaunliche) Genauigkeit noch die (uns kaum noch vertrauten) Einheiten im Detail vorstellen, mit denen Aristarch seine Ergebnisse angegeben hat, sondern nur betonen, dass dies einen großen Schritt in der Geschichte der abendländischen Kultur darstellt (auch wenn die wissenschaftsfernen Kulturexperten der Gegenwart dies nicht bemerken). Die quantitative Erkundung des Kosmos hatte begonnen und sie sollte bald ein Ergebnis hervorbringen, mit dem die luftigen Spekulationen der Philosophie überfordert werden.

Sobald Aristarch die Größenordnung des Mondes kannte, suchte er einen Weg, um auf dieser Grundlage die Entfernung zwischen der Erde und dem Planeten ermitteln zu können, der die sublunare Sphäre definierte und begrenzte. Was dabei überraschen muss: Der Astronom fand ihn mehr oder weniger vor den eigenen Augen. Er musste nur seine Hand ausstrecken, und zwar so weit, bis die Spitze eines Fingers den Mond vollständig abdecken konnte, wenn man mit einem Auge auf ihn blickte. Zieht man nämlich jetzt von dem offenen Auge (als Ausgangspunkt, geometrisch verstanden) Linien zur Fingerspitze und zum Mond, ergeben sich zwei Dreiecke, die zeigen, dass sich der gerade ermittelte Durchmesser des anvisierten Himmelskörpers so zu der gesuchten Entfernung verhält, wie dies der Durchmesser der Fingerspitze zur Länge des ausgestreckten Armes tut, die uns beide bekannt sind. Mit anderen Worten, wir können nach der geschilderten Messung einfach ausrechnen, wie weit der Mond weg ist (wobei dem Autor dieser Zeilen bis heute unverständlich bleibt, warum jemand, der an einer philosophischen Theorie des Erkennens arbeitet, nicht mit diesen Rechenbeispielen beginnt).

Mit dem Mond fest im quantitativen Zugriff, riskierte Aristarch den Sprung in die supralunare Sphäre hinein bis zur Sonne hin, wobei er die Phase des Halbmondes als Sprungbrett nutzte. Er stellte sich (ziemlich zutreffend) vor, dass sich diese Konstellation mit einem halb beleuchteten Mond durch ein rechtwinkliges Dreieck darstellen ließ, das er sich zwischen den Mittelpunkten von Sonne, Mond und Erde vorstellte, wobei der rechte Winkel beim Mond anzusiedeln war. In diesem gedanklichen Gerüst galt es, den Winkel zu bestimmen, unter dem die Sonne zu beobachten war, denn mit dieser Information – und den Grundkenntnissen der Euklidischen Geometrie – ließ sich bei bekanntem Abstand Erde–Mond die Entfernung zur Sonne berechnen (wobei man in meiner Jugend die dazugehörige Trigonometrie noch im Schulunterricht gelernt hat, weshalb sie hier vorausgesetzt und nicht näher ausgeführt wird).

Damit liegt der Weg frei, um das eigentliche Ziel anzuvisieren, nämlich die Größe der Sonne abzuschätzen. Wie im Fall des Mondes benötigen wir dazu eine besondere Konstellation am Himmel, nämlich eine Sonnenfinsternis. Für den irdischen Beobachter solch einer Himmelserscheinung spielt

31

der Mond die Rolle, die bei der Ermittlung seiner Größe der Fingernagel übernommen hat. Wie vorher die Fingerspitze den Mond, verdeckt jetzt der Mond die Sonne und so können wir zwei Linien von der Stelle der Finsternis ziehen, die das kleine und große Licht am Himmel (den Mond und die Sonne) umfassen, und erhalten erneut zwei Dreiecke, in dem uns drei der vier Bestimmungsgrößen bekannt sind – die Entfernungen zu Sonne und Mond sowie die Größe des Letzteren. Das versetzt uns erneut mithilfe geometrischer Konstruktionen und Kenntnisse in die Lage, die vierte Zahl – den Durchmesser der Sonne – zu berechnen, und damit sind wir am Ziel bzw. erreichte Aristarch sein angestrebtes Ergebnis.

Der Ort der Sonne

Das Resultat seiner Bemühungen ließ Aristarch – bei aller Ungenauigkeit seiner Ergebnisse, die in den Geschichtsbüchern der Astronomie nachgelesen werden können – erkennen, dass die Sonne viel größer als die Erde war, und aus dieser Erfahrungstatsache zog er einen sensationellen Schluss, über den wir aus einer Schrift namens *Sandmesser* erfahren, die der schon erwähnte Archimedes verfasst hat. Er ist uns allen bekannt als der Mann, der nackt durch die Straßen gelaufen ist, als ihm beim Einstieg in eine Badewanne einfiel, wie er den Goldgehalt einer Krone ermitteln kann, ohne sie zu zerstören – nämlich durch ihren Auftrieb nach dem Eintauchen in Wasser. Archimedes zufolge bringt die von Aristarch vorgenommene Vermessung des Universums ihn zu der Hypothese, »dass die Erde sich um die Sonne auf der Umfangslinie eines Kreises bewegt, wobei sich die Sonne in der Mitte dieser Umlaufbahn befindet«.

Mit anderen Worten, Aristarch schlägt fast 2000 Jahre vor Kopernikus die Idee einer heliozentrischen Welt vor. Er lässt die Sonne in der Mitte der Welt in aller Ruhe stehen und er formuliert diesen kühnen Gedanken trotz der für die Augen unübersehbaren Tatsache, dass die Sonne nach wie vor geht – nämlich morgens auf- und abends unter-. Wir wissen nicht genau, was Aristarch den Mut gab, den unmittelbaren Sinneseindruck als zweitrangig zu betrachten, aber die üblichen Spekulationen der Historiker, dass es die großen Entfernungen waren, die er zwischen den Himmelskörpern ermittelt hatte, wirken wenig überzeugend. Es sollte doch eher einleuchten, dass ein Planetensystem mit einer riesigen Sonne und einer winzigen Erde leichter zu betreiben ist, wenn man den großen Klotz ruhen und dafür das kleine Ding rotieren lässt. Wer ein Klavier und einen Schemel zusammenbringen will, wird auch das Klavier lassen, wo es ist, und den Schemel in die Hand nehmen.

Trotzdem – Aristarchs heliozentrischer Vorschlag traf auf wenig Zustimmung. Er schien von Anfang bis Ende nicht stimmig zu sein. Am Anfang widersprach ihm der Augenschein, denn der zeigte eine Sonne, die am Himmelszelt wanderte. Und am Ende scheiterte er an der Konsequenz, dass eine sich drehende Erde dazu führen müsse, dass man zu verschiedenen Zeiten die Sterne am Himmel unterschiedlich angeordnet sieht. Wer etwa durch einen Wald geht, kann beobachten, wie sich weiter entfernte Bäume gegenüber solchen in der Nähe scheinbar verschieben (ohne dass sie dabei ihren Ort tatsächlich ändern). Von einer kreisenden Erde aus müssten solche Umordnungen bei den Fixsternen ebenfalls festzustellen sein und als dies trotz emsiger Beobachtung nicht bestätigt werden konnte, musste Aristarch – sicher schweren Herzens – einsehen, dass seine Hypothese einer heliozentrischen Welt gescheitert war.

Wir wissen heute natürlich, dass er – trotz des Augenscheins – recht hatte, und wir wissen auch, warum er die erwünschten Beobachtungen nicht machen konnte. Ihm fehlten zum einen die geeigneten Instrumente – noch reden wir von einer Astronomie ohne jedes technische Hilfsmittel, die ganz vom menschlichen Auge abhängt – und zum anderen sind die Entfernungen zu den Fixsternen riesig groß – es geht um viele Lichtjahre –, was die Verschiebungen so winzig erscheinen lässt, dass sie den antiken Beobachtern unbemerkt bleiben mussten.

Das Beispiel zeigt unübersehbar, dass die philosophische Behauptung, Wissenschaft mache Fortschritte durch die experimentelle Widerlegung (»Falsifizierung«) von Hypothesen, auf keinen Fall universelle Gültigkeit beanspruchen kann. Wenn ein Versuch zeigt, dass eine Vermutung nicht zutrifft – also falsch ist –, dann kann es ja auch (und wahrscheinlich auch häufiger) sein, dass im Versuch unangemessene Methoden benutzt worden sind und der Beobachter unzureichend genau vorgegangen ist.

Hipparchos (um 190–ca. 120 v. Chr.)

Wenn ein Engel auf die Erde niedersteigen und uns die Wahrheit über die Welt und ihre Gesetze mitteilen oder offenbaren würde, wir würden ihn nicht verstehen. Wir würden seine Worte selbst dann nicht begreifen, wenn er ausschließlich über die physikalischen (materiellen) Dinge reden und mentale (geistige) Phänomene weglassen würde. Die Hypothese des Aristarch stellt ein einfaches Beispiel für diese häufig zu hörende und einleuchtende Feststellung unseres Unvermögens dar, die Wahrheit zu erkennen, wenn sie sich zeigt bzw. uns vor die Nase gehalten wird. Natürlich gab es einige Astronomen, die das heliozentrische Denken akzeptierten und förderten – so zum Beispiel der Chaldäer Seleukos von Seleukia, der in der ersten Hälfte des 2. vorchristlichen Jahrhunderts lebte und dem als Erstem auffiel, dass es einen zeitlichen Zusammenhang zwischen dem Mond und den Gezeiten der Meere gibt. Aber ansonsten orientierte man sich weiter an der anschaulich gegebenen und somit eindeutig scheinenden Zentralstellung der Erde und mühte sich mit genaueren Datenerhebungen und Darstellungen ab.

Zu den bedeutendsten Astronomen der beobachtenden Zunft gehört ein aus dem in Kleinasien gelegenen Bithynien stammender Mann namens Hipparchos, von dessen Leben wir noch weniger wissen, als es bei Aristarch der Fall ist. Selbst seine Schriften sind verloren gegangen – mit der winzig kleinen Ausnahme eines Kommentars, den er den Schriften anderer Astronomen und deren Verständnis der »Himmelserscheinungen« gewidmet hat. Sie heißen im griechischen Original »Phainomena«, woraus wir unser schönes Wort von den Phänomenen gebildet haben (und woraus eine philosophische Disziplin namens Phänomenologie erwachsen ist, nur dass hier der Himmel keine Rolle spielt).

Wir verwenden die Phänomene inzwischen natürlich längst über den himmlischen Bereich hinaus, was den Hinweis auf die Tatsache erlaubt, dass sich immer mal wieder der Einzugsbereich von großen Wörtern ändern kann. Während zum Beispiel für die antiken Astronomen das, was sie am Himmel sahen, noch zur Natur gehörte, denken wir bei diesem Wort mehr an etwas Lebendiges auf der Erde. Hipparchos war also noch Naturforscher, eine Bezeichnung, die wir ihm heute nicht mehr zugestehen würden, wenn wir ihn als Kosmografen vorstellen, der keineswegs auf der Suche nach Leben hinter den Sternen war. Unabhängig davon: Was er gemessen und betrachtend untersucht hat, wissen wir aus Texten von anderen Autoren, mit deren Hilfe wir seine astronomisch aktive Zeit zwischen die Jahre 161 und 127 v. Chr. legen können und auch wissen, dass er sich vorwiegend auf der Insel Rhodos aufhielt, wo er seinen Blick den verschiedenen Himmelskörpern zuwandte und das Gesehene notierte.

Hipparchos – oder Hipparch – hat sich zum Beispiel Sorgen gemacht um einige Ungleichförmigkeiten, die bei der Bewegung der Sonne beobachtet worden waren und die sich keinesfalls mit der Gleichförmigkeit in Einklang bringen ließen, die zur Physik des Aristoteles gehörte. Genaue Bestimmungen hatten gezeigt, dass die Sonne nicht mit konstanter Geschwindigkeit längs ihres Weges auf der Ekliptik unterwegs war, sondern bei ihrem Durchlaufen des Tierkreises mal schneller und mal langsamer vorankam. Um die von Aristoteles geforderte Gleichförmigkeit der Bewegung zu erhalten – um also die Phänomene zu retten, wie es später auch berühmte Philosophen versucht haben –, nahm Hipparchos fantasievoll und großzügig zugleich an, dass der Umlauf der Sonne ein vom Beobachter aus gesehen besonderer Kreis ist, den er »exzentrisch« nannte. Solch ein Kreis ist dadurch definiert, dass er um einen anderen Mittelpunkt gebildet wird als den, der zu unserer Erde gehört. Das Runde bleibt, nur sein Zentrum ist verschoben – es zeigt sich eben exzentrisch, wie das jetzt anschauliche Wort besagt. Mit dieser Konstruktion lässt sich verstehen, wie die Sonnenbahn einen ungleichförmigen Verlauf nehmen kann – das Ungleichförmige liegt eben nur scheinbar – dem Anschein nach – vor, also in der (physikalischen) Wirklichkeit gerade nicht.

Als sich im Laufe der Jahre herausstellte, dass nicht nur die Sonne, sondern auch die Planeten eher ungleichförmig ihre Runden drehen, lag zwar der Gedanke nahe, auch ihnen einen exzentrischen Charakter zuzugestehen. Doch an dieser Stelle hörte die Liebe des Hipparchos zur exzentrischen Umdeutung auf und er nahm sich vor, einen anderen – real existierenden und in der Sache steckenden – Grund für diese Phänomene zu suchen. Er widmete diesem Unterfangen sein weiteres wissenschaftliches Leben, soweit es uns bekannt ist, und er wurde dafür belohnt. Hipparchos entdeckte nämlich bei seinen zähen Bemühungen durch den Vergleich eigener mit älteren Beobachtungen um das Jahr 128 v. Chr. etwas Fantastisches. Er erkannte, dass sich die Erde langsam, aber sicher ein ganz klein wenig um ihre Nord-Süd-Achse dreht. Sie zeigt das Phänomen der Präzession, wie wir heute mit einem Wort sagen können, wobei sich das von Hipparch Beschriebene auch bei kleineren Objekten wie Kreiseln beobachten lässt. Diese Übereinstimmung erlaubt uns nicht nur nebenbei den Hinweis, dass im großen Weltenraum dieselben mechanischen Bewegungen ablaufen können wie die, die sich auch in der sublunaren

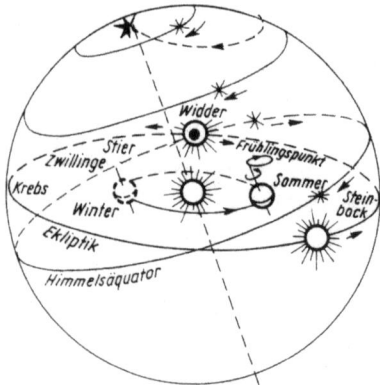

Die Erde dreht sich nicht nur um die Sonne und ihre eigene Achse, sie rotiert auch um deren Ausrichtung (die Präzession).

Sphäre beobachten lassen. Die Präzession gibt sich dabei astronomisch als langsames Vorrücken des Frühlingspunktes zu erkennen, was man auch durch den Satz ausdrücken kann, dass diese elegante Umdrehung dafür sorgt, dass sich im Laufe der Zeit die Orte (Positionen) langsam ändern, über denen für einen irdischen Beobachter die Sterne aufgehen.

Projektionen

Historiker machen Hipparchos gerne – und zu Recht – für den Richtungswechsel der griechischen Geometrie verantwortlich, bei der sie sich von einer qualitativ und geometrisch orientierten Beschreibung bzw. Betrachtung hin zu einer quantitativen und empirischen Forschungstätigkeit entwickelt hat. Er machte auch systematisch Gebrauch von der oben bereits erwähnten Tatsache, dass Objekte anderen gegenüber verschoben erscheinen, wenn sie von verschiedenen Orten betrachtet werden. In der griechischen Wissenschaft ist dafür der Begriff der Parallaxe geprägt worden (siehe Abb. S. 156); er drückt für eine Beobachtungsposition auf der Erde aus, dass sich die Verschiebung eines nahen Sterns vor dem Hintergrund der weiter entfernten Himmelskörper wie eine winzige Kopie der Bahn ausnimmt, die die Erde selbst im Laufe der Zeit durcheilt.

Wie gesagt, wir wissen nur wenig von Hipparchos, können aber annehmen, dass sein Ansehen hoch war, denn kein Geringerer als der weltberühmte Ptolemäus, dem wir uns als Nächstes zuwenden, bezieht sich mehrfach auf seine (für uns verloren bleibenden) Schriften und es gibt Historiker, die der Ansicht sind, dass »Ptolemäus wenig mehr als ein Plagiator von Hipparchos war«. Der britische Astronom John North hält diesen Vorwurf allerdings kaum einer Widerlegung für wert. Warum sollen wir uns darüber streiten, wem wir welches Wissen verdanken? Wichtiger scheint, dass wir lernen, was die Astronomen herausgefunden haben und wie sie dabei vorgegangen sind.

Zu ihrem Vorgehen gehörte natürlich die Aufgabe, all die Verschiebungen und Bewegungen, die sie an der vorgestellten Himmelskugel registrieren konnten, niederzuschreiben und etwa auf Pergamenten darzustellen. Dabei zeigte sich vor allem ein Problem, das viele Menschen über viele Jahrhunderte beschäftigen sollte. Es geht darum, das Räumliche des Himmels mit seinen drei Dimensionen (Höhe, Breite, Tiefe) auf die Ebene des Schriftstücks mit nur zwei solchen Freiheitsgraden (Höhe und Breite) zu übertragen. Die Fachwelt spricht dabei von Projektionen und sie hat inzwischen gelernt, die Erdoberfläche auf Erdkarten zu projizieren.

Hipparchos konnte das nirgendwo lernen. Er musste erst einmal auf das dazugehörige Problem einer Reduzierung von Dimensionen treffen, um anschließend sich darum zu bemühen, es zu lösen. Hipparchos konnte natürlich auf Vorläufer zurückgreifen, die eine vollständige Geschichte der Astronomie nicht unterschlagen darf – Namen wie Eudoxos von Knidos oder Appolonius von Perge wären hier zu nennen –, aber wir verdanken ihm eine neu entwickelte Art der Projektion, die sogenannte stereografische, die sich als wichtig für das Design astronomischer Instrumente erwiesen hat:

Die stereografische Projektion kann – mit einem Vorschlag von John North – leicht veranschaulicht werden, »wenn man das Netzwerk aus Kreisen, das die Himmelskugel aufspannt, als aus Draht bestehend annimmt. Wenn die Kugel mit einem ihrer Pole auf einer ebenen Platte steht und eine helle punktförmige Lichtquelle am anderen Pol platziert wird, dann bilden die auf die Platte geworfenen Schatten eine stereografische Projektion. Läge die Platte in der Äquatorebene, würde sich – das macht man sich schnell klar – dasselbe Schattendiagramm, nur halb so groß, ergeben. Darum wird die stereografische Projektion manchmal als Projektion von irgendeinem Pol auf die Äquatorebene beschrieben. Kreise gehen bei der Projektion in Kreise über und Winkel auf der Kugel in gleich große Winkel in der Ebene.«

Ohne dass wir dies im Detail ausführen könnten, liefert das eben skizzierte Konstruktionsschema zusammen mit astronomischen Daten und Linien (etwa die Ekliptik) die Möglichkeit, das berühmte Beobachtungsinstrument der Antike zu bauen, das wir als Astrolabium kennen und oftmals wegen seiner Eleganz bewundern (die wir auch wahrnehmen, wenn wir das Gerät nicht handhaben können). Es ist daher anzunehmen, dass wir Hipparch die Erfindung des Astrolabiums verdanken, dessen Entwicklung und Ausreifung weit mehr als ein Jahrtausend in Anspruch nahm und einen eigenen Diskurs verdient hätte.

Astrolabien können zur Beobachtung und zur Berechnung verwendet werden. Als Instrument der Beobachtung ließ man es vom Daumen herabhängen, um die Position eines Himmelskörpers mit einem drehbaren Lineal zu ermitteln. Als Hilfsmittel der Berechnung diente eine unbewegte Platte (mit festen kreisförmigen Koordinaten), über die ein Metallwerk aus Zeigern für die hellsten Sterne rotieren konnte.

Von den vielen kleinen Fortschritten, die Hipparchos mit dem neuen Instrument erreicht, wollen wir nur einen aufzählen, der allerdings gar nicht so unbedeutend ist, wenn man es sich genauer überlegt. Es waren ihm Texte aus babylonischen Zeiten bekannt, die auflisteten, wann Sterne dicht beieinander zu sehen waren (d.h., wann sie kumulierten). Hipparchos stellte nun die Punkte der Ekliptik zusammen, bei denen dasselbe zur selben Zeit passierte. In der Fachwelt spricht man dabei von der Mediation eines Sterns und mit ihr ist etwas möglich, was uns heute als trivial erscheint, damals aber extrem wichtig war. Mithilfe des von Hipparch gelieferten Handwerks konnten die Astronomen nämlich jetzt bei Nacht die Zeiten berechnen, zu denen sie ihre Beobachtungen machten. Keine leichte Übung ohne eine moderne Armbanduhr. Aber aller Anfang ist schwer. Immerhin haben wir den jetzt geschafft.

Claudius Ptolemäus (um 100–175)

Es wird aufgefallen sein, dass wir gerade einen Sprung über eine Zeitenwende unternommen haben, nämlich den Sprung über das Leben und Wirken von Jesus Christus hinweg, dem bislang erfolgreichsten Stifter einer Religion – weltweit. Mit ihm bekommt der Himmel die doppelte Bedeutung, die sich in der englischen Sprache durch die beiden Worte »sky« und »heaven« unterscheiden lässt. Im ersten Himmel finden wir die Sterne und andere Himmelskörper und im zweiten wohnt Gott (wobei wir manchmal sorgfältig zwischen »am« und »im« unterscheiden und den Mond am Himmel sein lassen, während der Gott in ihm wohnt).

Wir kümmern uns auf diesen Seiten nach wie vor vornehmlich um den wissenschaftlich erforschbaren »sky« und wenn wir fragen, wer dabei als nächster Astronom nach Hipparchos eine Rolle spielte, müssen wir feststellen, dass es merkwürdig viele Generationen lang zunächst nur wenig weitergeht. Erst etwa einhundert Jahre nach der Geburt von Christus – mit der wir beginnen, die Zeit als »Jahre des Herrn« vorwärtszuzählen – kommt der Mathematiker, Geograf, Astronom und Astrologe mit Namen Claudius Ptolemäus zur Welt, von dem wir – wie leider nicht anders zu erwarten – erneut nur wenig Persönliches wissen. Bekannt ist vor allem, dass er im ägyptischen Alexandria gewirkt und dabei ein umfangreiches Werk geschaffen hat, dem die Nachwelt und wir mit ihr das berühmte »ptolemäische Weltbild« entnommen haben, das mehr als ein Jahrtausend als Darstellung der kosmischen Relationen überlebt hat und bis heute dem Namen nach bekannt geblieben ist.

Während der Vorname, Claudius, andeutet, dass Ptolemäus (oder Ptolemaios) ein römischer Staatsbürger war, weist sein Familienname auf eine ägyptische Abstammung hin, was ihm ein Leben in Alexandria ermöglichte, das sich damals zur Hochburg der griechischen bzw. hellenistischen Wissenschaft entwickeln konnte. Ptolemäus hat zu diesem Aufstieg beigetragen und uns ein erstaunlich umfangreiches Schrifttum mit vielen Texten hinterlassen, in denen er das Wissen seiner Zeit zusammenfasst. So kennt man zum Beispiel seine *Syntaxis mathematike* oder seine *Megiste techne* – also seine mathematischen Abhandlungen und seine Darstellung der (mathematisch gemeinten und entsprechend untermauerten) Kunst bzw. Kunstfertigkeit.

Berühmt – und für unsere Zwecke von eigentlicher Bedeutung – ist seine aus insgesamt dreizehn (!) Bänden bestehende Abhandlung zur Astronomie, die als *Almagestum* bzw. als *Almagest* bekannt geworden ist. Das Wort meint – wie in seinen anderen Werken – eine Zusammenstellung, aber es gilt zu beachten, dass Ptolemäus mehr als nur kombiniert und kompiliert hat, was Vorläufer oder Zeitgenossen beobachtet und berechnet hatten. Er fügt eine Menge eigener Daten zu dem wissenschaftlichen Korpus seiner Tage hinzu. Dabei gelingt es ihm sogar, ein erstes Bewegungsmodell zu entwickeln, das sowohl den bekannten Positionen der Planeten Rechnung tragen als auch die akzeptierten physikalischen Theorien übernehmen konnte. Es ist daher nicht verfehlt, den Almagest des Ptolemäus als erstes Beispiel für das zu nennen, was die Wissenschaft der modernen Jahrhunderte als Handbuch kennt und anstrebt. Es ist ein Text, in dem verlässlich Fakten und Theorien nachzulesen und nachzuschlagen sind und aus dem sich ein dynamisches Verständnis der ins Auge gefassten Phänomene gewinnen lässt.

Der Almagest und seine Kreise

Die ersten der 13 Bände des Almagest geben eine allgemeine Einführung in die geometrischen Methoden, die Ptolemäus zur Erfassung des Himmels einsetzen möchte, und liefern die Begründung dafür, dass er sich an die Physik des Aristoteles hält, die man mit guten Gründen als die Physik des gesunden Menschenverstandes bezeichnen kann. Sieht man denn nicht, dass schwere Körper schneller fallen als leichte? Und kommen die Bewegungen der Dinge nicht dadurch zustande, dass sie ihrem natürlichen Ort zustreben – ein Stein fällt nach unten, während Dampf aufsteigt?

Ein Vorteil der aristotelischen Physik besteht darin, dass sie die kosmischen Sphären oberhalb der Mondbahn davon befreit, sich an die Naturgesetze zu halten, die in der vergänglichen unteren Welt gelten, in der wir uns (auf der Erde) aufhalten. Das heißt, Ptolemäus kann in der himmlischen Welt allein Geometrie betreiben und sich fragen, wie die vielen sonderbaren Beobachtungen der Astronomen mit den von Aristoteles geforderten Kreisbahnen in Einklang zu bringen sind. Ptolemäus greift zu diesem Zweck zwar auf die von Hipparchos zum Verständnis der Sonnenläufe eingeführte Idee exzentrischer Kreise zurück, aber er wendet seine Hauptaufmerksamkeit der Konstruktion sogenannter Epizyklen zu, die vor ihm vor allem Apollonius von Perge betrieben hat. Ptolemäus ist von der Gleichwertigkeit beider Konzepte überzeugt, und so kann er sich in vielen Bänden des Almagest daran versuchen, zum einen die Mondbahnen und zum anderen die Bewegungen der fünf damals bekannten Planeten – Saturn, Jupiter, Mars, Venus und Merkur – zu erfassen und verständlich zu machen.

Obwohl er die Anpassungsfähigkeit der beiden Modellierungen bis zum Äußersten ausreizt, muss Ptolemäus zusätzlich eigene Tricks und Einsichten anwenden, um die von der Erde aus mit jeder Beobachtung ungleichförmig erscheinenden Bewegungen des Mondes und der Planeten als raffiniertes Resultat von sich überlagernden oder zusammengehörenden gleichförmigen Kreisbahnen darstellen zu können. Die Idee von Hipparchos erweitert Ptolemäus durch den mutigen Vorschlag, auch dessen exzentrischen Mittelpunkt rotieren zu lassen (ein Albtraum für Berechnungen), und um die apollonischen Epizyklen (und mit ihnen die Aristotelische Physik) zu retten, führt er einen sogenannten Ausgleichskreis um einen Ausgleichspunkt mit der folgenden komplizierten Bedingung ein:

Der Mittelpunkt der Epizyklen bewegt sich auf einem relativ zur Erde gesehen exzentrischen Kreis, und zwar mit gleicher Winkelgeschwindigkeit, wenn man sie auf den Ausgleichspunkt bezieht, der außerhalb des Weltzentrums – also der Erde – liegt.

Wer das nicht verstanden hat bzw. verstehen will und für zu kompliziert hält, befindet sich in guter Gesellschaft. Es war nämlich diese Konstruktion, die der legendäre Nikolaus Kopernikus im 16. Jahrhundert weder einsehen wollte noch konnte, und es war dieses komplizierte Chaos, das ihn dazu gebracht hat, einmal ganz anders zu versuchen, Ordnung in bzw. an den Himmel zu bringen. Das heißt, so ganz anders vorgegangen ist Kopernikus dann doch nicht, denn das versessene (oder gar besessene) Festhalten an Kreisbahnen, bei dem auch Ptolemäus nicht einen Moment ins Wanken kommt, selbst wenn die Schwierigkeiten noch so groß werden, zeigt sich auch bei Kopernikus (und erfordert daher eine gründliche psychologische Erklärung, was wir hier schon einmal ankündigen, ohne versprechen zu können, sie in der nötigen Qualität zu liefern).

Feinheiten

Ptolemäus war sicher ein großer Zusammenfasser. Aber er war auch ein äußerst feiner – ein sehr sorgfältiger – Beobachter. Er stellte zum Beispiel fest, dass es neben der seit dem Altertum bekannten Merkwürdigkeit der Mondbahn, sich nicht mit gleichförmiger Winkelgeschwindigkeit zu vollziehen und dadurch die Position des Trabanten gegenüber einer mittleren Stellung schwanken zu lassen, eine zweite Abweichung von einer ungestörten Regelmäßigkeit gab. Sie gibt sich etwa alle 32 Tage zu erkennen und wird heute nach dem lateinischen Wort *evectum* (deutsch: hinausgeführt) als Evektion bezeichnet. Ptolemäus entging auch nicht eine weitere Subtilität, die wir in unseren Tagen als »Zeitgleichung« bezeichnen und die John North näher beschreibt:

»Die Tagesbewegung der Sonne über dem Himmel wurde fast in der ganzen Geschichte zur Messung von kurzen Zeitintervallen herangezogen. Diese Bewegung ist jedoch doppelt unregelmäßig. Wie vom Exzenter-Modell [der Theorie des Hipparchos] wiedergegeben wird, variiert die Geschwindigkeit der Sonne entlang der Ekliptik im Lauf des Jahres; aber auch die Bewegung um die Pole (d.h. die auf den Himmelsäquator bezogene Bewegung) ist variabel, weil die Sonne in einer Ebene (die Ebene der Ekliptik) läuft, die gegenüber der Äquatorialebene um mehr als 23 Grad geneigt ist. Ptolemäus erklärte, wie diese Unregelmäßigkeiten auszugleichen sind. Bis auf den heutigen Tag tragen die besten Sonnenuhren eine Tabelle, um der Zeitgleichung zu genügen, und dieser Korrekturterm geht direkt auf Ptolemäus zurück.«

Ptolemäus als Astrologe

Wie gesagt – zwischen Hipparchos und Ptolemäus lässt sich kein berichtenswerter Fortschritt in der Astronomie feststellen, und Historiker sind sich inzwischen einig, dass wir Ptolemäus allein den Aufbau einer Astronomie verdanken, die auf einem zusammenhängenden Satz fundamentaler Prinzipien aufbaut. Er zeigte sich in der Lage, Phänomene aus seinen geometrischen und anderen Annahmen heraus zu erklären, und konnte auf diese Weise dort, wo seine Vorläufer Muster gefunden hatten, erste Gründe für die beobachtete Ordnung am Himmel angeben, die den Namen Kosmos rechtfertigte. Sein Almagest wurde daher berühmt und um das Jahr 800 herum zum ersten Mal in die arabische Sprache übersetzt. Gut dreihundert Jahre später kam die astronomische Schrift aus diesem Kulturraum in das christliche Europa zurück, in dem die Gebildeten Lateinisch sprachen, und in diese Sprache übertrug zum Beispiel Gerard von Cremona das große Werk des Ptolemäus um 1175 herum.

Doch bei aller Liebe zur Wissenschaft in unserem Sinne – es gab und gibt immer auch andere Wege, sich um die Sterne und ihre himmlischen Ordnungen zu kümmern, und einer davon ist als Astrologie bekannt. Wie jeder Sternengucker der alten Zeit hat sich auch Ptolemäus um die Deutung der sphärischen Dimensionen und ihrer Körper gekümmert und dazu ebenfalls einen klassischen Text verfasst, der als ein Werk aus vier Teilen vorliegt und deshalb *Tetrabiblos*, also Viererbuch, genannt wird. Es trat neben einen anderen weitverbreiteten astrologischen Text der antiken Welt, der einem »dreimal großen Hermes« – Hermes Trismegistos – zugeschrieben wurde. Diese legendäre Figur heißt so, weil das Werk ägyptische, griechische und römische Traditionen aufgenommen und vermengt hat. Wir wollen den hermetischen Sterndeutungen und den vielen merkwürdigen Interpretationen der sich darum bemühenden Gelehrten in diesem Rahmen zwar keinen großen Raum zugestehen, dürfen es trotz dieses Vorsatzes aber nicht versäumen, darauf hinzuweisen, dass Ptolemäus wohl die am wenigsten spekulative Form der Astrologie entworfen hat. Man kann vielleicht sagen, dass die anderen Deutungstexte zu seinem Viererbuch in demselben Verhältnis stehen wie »eine Kristallkugel zu einem professionellen Wirtschaftsexperten« (John North). Beide können sowohl unzuverlässige Vorhersagen abgeben als auch von unredlichen Motiven geleitet sein. Trotzdem liegen zwischen ihnen Welten, wenn man auf die verwendete Technik blickt. Ptolemäus bleibt nämlich der festen Überzeugung, dass die Einflüsse der Himmelskörper auf das irdische Dasein rein physikalischer Natur sind und deshalb keinen Platz für Aberglauben bieten. Das erlaubt ihm, sich zum Beispiel Gedanken über kosmische Einflüsse auf das Wetter zu machen, denen wir aber hier nicht weiter nachgehen wollen (weil wir keiner Quelle entnehmen können, ob seine Hinweise bzw. Vorhersagen nun zutreffend waren oder daneben gelegen haben).

Die Höhe des Himmels

Wir haben uns bislang um die Bahnen der sichtbaren Himmelskörper gekümmert und die Frage unbeachtet gelassen, ob das, was sich da über unseren Köpfen ausdehnt, irgendwo ein Ende hat. Irgendwie nahm die astronomisch tätige Menschheit lange Zeit an, dass die Fixsterne so etwas wie einen Abschluss des ganzen Gebildes darstellen, das wir als unseren Kosmos kennen. Die Frage, was dahinter liegt, wurde nicht gestellt.

Auch nicht von Ptolemäus, der die das Universum abschließende Fixsternkugel unmittelbar an die äußere Begrenzung der Saturnsphäre anschließen ließ und sich in diesem Zusammenhang fragte, von welchen Größenordnungen dabei die Rede ist. Er kalkulierte mit verschiedenen Methoden und kam zu dem Ergebnis, dass der Durchmesser der gesamten Welt bei knapp 20.000 Erddurchmessern liegen müsste. Diese Angabe wurde von Anhängern seines geozentrischen Weltbildes bis in das 17. Jahrhundert hinein – mit einigen Modifikationen – anerkannt und benutzt. Auch die islamischen Autoren bedienten sich dieser Entfernungen und seiner Systematik, in der es weder leere Räume noch Überlappungen der Sphären gab. All diese Zahlen und Kreise wurden in eine Zusammenfassung des Almagest eingebaut, die im Mittelalter zum Lehrplan europäischer Universitäten wurde. Auf diese Weise inspirierte Ptolemäus mit seinen Auffassungen den legendären Dante Alighieri, den gefeierten Dichter der *Göttlichen Komödie*, die ihre eigene Kosmologie liefert, auch wenn darin nicht ihr Hauptzweck besteht. Dantes Kosmos wollen wir uns jetzt zuwenden, weil wir von ihm bis heute lernen können.

Dante Alighieri (1265–1321)

Als wir Weltbild und Wirken des Ptolemäus beschrieben haben, sind wir mit keinem Wort auf seine Ergänzung des aristotelischen Himmels eingegangen, die ihre Wirkung mehr als ein Jahrtausend später entfalten wird – nämlich bei dem Dichter der *Göttlichen Komödie*, bei Dante Alighieri. Der griechische Kosmos des Aristoteles war nach dem Modell von Zwiebeln aus kugelförmigen Schalen gebaut, von denen es acht Stück gab, die eine ganz innen sitzende (unbewegliche) Erde umhüllten. Die erste Schale enthielt den Mond, darüber spannten sich fünf weitere für die bekannten Planeten (Merkur, Venus, Mars, Jupiter, Saturn), zwischen denen noch eine Sonnenschale eingelagert war, und über all diesen Gebilden drehte sich die Sternensphäre, die als erhaben galt und in der man das Göttliche vermutete oder erblickte – jedenfalls bis sich Ptolemäus der Sache annahm. In seiner Vorstellung der »Hypothesen über die Planeten« umhüllte er die acht klassischen Schalen mit einer neunten Sphäre, in der er die Ursache aller kosmischen Bewegungen unterbrachte, die man deshalb als »Primum Mobile« bezeichnete – als das erste Bewegungsprinzip. Für diesen Schritt hatte Ptolemäus einen handfesten astronomischen Grund, nämlich die bereits erwähnte Beobachtung des Hipparchos, dass der Himmelspol, um den sich alle Gestirne täglich von Osten nach Westen drehen, selbst eine Bewegung um den Pol der Ekliptik auszuführen scheint, und zwar ebenfalls von Osten nach Westen.

Diese Erscheinung ist in der modernen Astronomie unter dem Stichwort Präzession bekannt, weil der sogenannte Frühlingspunkt – der himmlische Ort der Sonne bei Frühlingsanfang – allmählich nach Westen voranschreitet und der Infinitiv dieses Verbs auf Latein »praecedere« heißt. Diese Wanderbewegung vollzieht sich zwar sehr langsam – Hipparch schätzte ihre Schnelligkeit auf gerade mal ein Winkelgrad pro Jahrhundert –, aber diese Tatsache ändert nichts an der Einsicht, dass damit eine einzelne Sphäre gezwungen war, eine doppelte Bewegung zu machen, und das konnten die astronomischen Rechenkünstler selbst in ihren besten Modellen und mit den raffiniertesten Epizyklen nicht hinbekommen. Die tägliche Rotation und die Präzession – so entschied Ptolemäus –, das sind zwei Bewegungen, und zwei Bewegungen erfordern zwei Sphären. Als Folge dieser Festlegung platzierte er über den Fixsternhimmel eine neunte Sphäre. Sie sollte die Drehung des gesamten Kugelschalensystems übernehmen und durch die Besonderheit ausgezeichnet sein, keine irgendwie gearteten Himmelskörper zu enthalten. Die neunte Sphäre sollte ein reiner, durchsichtiger Kristallhimmel sein – und »in dieser Gestalt hat der griechische Kosmos Eingang in die christliche Kultur des Abendlandes gefunden«, wie Bruno Binggeli in seinem Buch *Primum Mobile* beobachtet, in dem der schweizerische Astronom und leidenschaftliche Dante-Verehrer das, was die *Göttliche Komödie* ihren Lesern über den Himmel mitteilt, auf die Einsichten der modernen Kosmologie bezieht.

Dantes Diesseits und seine Jenseitsreise

Ein Grund, warum christlich orientierte Menschen Gefallen an dem heidnischen Kosmos mit seinen geometrischen Grundzügen finden konnten, ergibt sich aus der merkwürdigen Tatsache, dass die Stellung, die wir selbst in solch einer

51

geozentrischen Welt einnehmen, äußerst bescheiden ist. Tiefer als bis zur Mitte können wir nicht sinken, auch wenn dies für einen aufgeklärten Zeitgenossen überraschend wirken muss, der ein Zentrum als eine privilegierte Position anzusehen gewohnt ist. Doch im antiken Zwiebelmodell mit seinen Kugelschalen befinden wir uns tief unten (oder innen), wo wir dann – in christlicher Erweiterung – darauf warten, den göttlichen Willen von hoch oben (von außen) zu empfangen.

Im mittelalterlichen Europa musste es zwangsläufig unter den Gebildeten zu einer Verbindung zwischen der griechischen Kosmologie und dem christlichen Glauben kommen und wer wissen will, wie sich das antike zum mittelalterlichen Weltbild gewandelt hat, kann fündig werden, wenn er sich lesend aufmacht, Dante auf der Jenseitsreise zu begleiten, die er in seiner *Göttlichen Komödie* unternimmt. Wie ist sie entstanden? Und wann hat er sie geschrieben?

Dante Alighieri stammte aus Florenz und gehörte einem alten Patriziergeschlecht an, das aber von Emporkömmlingen überflügelt wurde. Die Gesellschaft seiner Zeit öffnete sich einem freien Bürgertum, was zahlreiche Spaltungen und Familienzwiste zur Folge hatte, in die Dante verwickelt wird und die Gefahren mit sich bringen. Er wird 1301 wegen einer angeblichen Verschwörung gegen den Papst verurteilt und aus der Toskana verbannt. Dante muss seine Heimatstadt Florenz verlassen, die er nicht wiedersehen wird. Er verbringt viele Jahre in Verona, wo heute auf dem Marktplatz ein Denkmal von ihm zu sehen ist, und stirbt 1321 in Ravenna.

Wenn von Dante die Rede ist, dauert es nicht lange, bis der Name seiner Geliebten, Beatrice, fällt, der er im Alter von neun Jahren erstmals begegnet. Neun Jahre später erscheint ihm Beatrice – die »Seligmachende« – erneut, und zwar zur neunten Stunde des Tages, was deshalb erwähnt wird, weil die Neun für Dante eine große Rolle spielt. Dies hat nicht zuletzt mit der heiligen Dreizahl (Trinität) zu tun, die hier mit sich selbst multipliziert (potenziert) vorliegt und die selbst in der Versform der *Göttlichen Komödie* eine zentrale Rolle spielt, die in Terzinen – Einheiten aus drei Verszeilen – verfasst ist. Als Beatrice 1290 stirbt, sehnt sich Dante danach, ihr ins Paradies zu folgen, was für uns heute bedeutet, dass er Beatrice am Ende der *Göttlichen Komödie*, in der er beschreibt, wie er vom Fegefeuer aus in den Zustand der Glückseligkeit gelangt, als seine Führerin einsetzt.

Nachdem Dante Florenz verlassen musste und in Verona aufgenommen worden war, plant er seine *Divina Comedia*, die in drei Teilen einen Weg aus der Hölle (»Inferno«) über den Läuterungsberg (Fegefeuer oder »Purgatorio«) bis in das »Paradiso« schildert. Der Aufstieg kommt zum Abschluss, wenn er mit Beatrice vom Gipfel des Läuterungsberges abhebt und durch alle Himmelssphären hindurchschwebt, um zuletzt in einem Raum zu landen, den man bereits im frühen Mittelalter als »Empyreum« oder »Feuerhimmel« bezeichnet hatte. Diese alleroberste Sphäre erhebt sich über der Kristallkugel des Ptolemäus – dem Primum Mobile –, und diese Topografie bringt uns zur Astronomie zurück. Denn wer liest, wie Dante in der *Göttlichen Komödie* seine Vorstellungen vom Aufbau der Welt von Stufe zu Stufe niederschreibt, erkennt sofort das antike Schema von Aristoteles und seinen Nachfolgern:

Im Zentrum befindet sich eine umfassend mit Wasser bedeckte Erdkugel, an die sich erst der sub- und dann der supralunare Bereich mit den zu ihm gehörenden Planetensphären anschließen. Das Primum Mobile selbst lässt Dante durch Beatrice beschreiben, als beide im Feuerhimmel ankommen, wobei wir die Stelle in der Übersetzung von Binggeli zitieren:

Das Weltgetrieb, das in der Mitte stillhält,
und alles andere um sich her bewegt,
beginnt von hier aus, hier ist seine Grenze,
und dieser Himmel schwebt in keinem Raum;
in Gottes Geist, da flammt ihm Kraft und Liebe,
dass er im Kreise schwingt und Einfluss spendet.
Von Licht und Liebe ist er rings umhegt,
wie er die anderen Himmel hegt, und seine
Umfassung weiß allein der Allumfasser.
Sein Umschwung hängt von keinem anderen ab,
die andern aber regeln sich nach ihm,
wie sich die Zehn aus Zwei und Fünf ergibt.
Und wie die Zeit in dieser Sphäre wurzelt,
und wie sie in den andern wächst und grünt,
kann dir nun auch nicht mehr verborgen bleiben.

Die Ähnlichkeiten

Natürlich ist Dante kein Astronom, aber er zeigt uns, wie antike (heidnische) Vorstellungen mit damals modernen (christlichen) Gedanken verwoben werden können und dass es Strukturelemente gibt, die dabei erhalten bleiben. Der erwähnte Bruno Binggeli hat überzeugend dargestellt, dass diese morphologischen Ähnlichkeiten auch dann erhalten bleiben, wenn wir von Dantes Mittelalter in unsere Gegenwart springen und sein geozentrisches Modell mit Primum Mobile mit unseren Vorstellungen vergleichen. In diesen stehen wir als Beobachter auf unserer Erde und rechnen bzw.

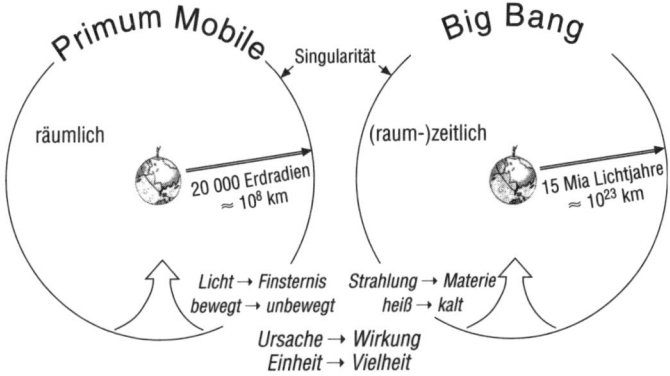

Das geozentrische Weltbild der Antike (links) lässt sich analog zu den Vorstellungen unserer Zeit darstellen (rechts).

blicken bis zu einem Urknall zurück, der sich auf diese Weise als unsere Version eines Primum Mobile erweist (siehe Abb. oben und auf S. 283). In der Tat sollten wir uns an den Gedanken gewöhnen, dass der Big Bang »ganz wörtlich das Primum Mobile« ist und vielleicht besser von uns auch mit diesen Worten benannt werden sollte.

Wir können diese Analogie natürlich erst dann ausarbeiten, wenn wir mehr über die Idee eines Urknalls wissen und die diesem Konzept zugrunde liegende Physik bzw. Kosmologie kennen. Dazu müssen wir aber erst einmal in das 20. Jahrhundert kommen, was aber noch seine Zeit dauert. Dabei soll es nicht darum gehen, Dante wie einen Visionär des Urknalls aussehen zu lassen, sondern darum, sich zu verdeutlichen, dass es zu allen Zeiten Menschen sind, die Modelle vom Kosmos entwerfen, und diesen Menschen – uns allen – sind Grundmuster des Denkens und Verstehens gegeben, ohne die wir uns gar nicht einigen und verständigen können. Diese (unbewussten) Vorgaben beim (bewussten) Treiben von Wissenschaft mit zu berücksichtigen, kann dem allgemeinen Verständnis von astronomischen bzw. kosmologischen Einsichten nur dienen.

Dantes Hölle

Der Rückgriff auf die *Göttliche Komödie* kann aber noch einen anderen Wesenszug von Wissenschaft deutlich machen, der von ihren Vertretern gerne übersehen wird. Er hängt mit der Tatsache zusammen, dass man zu keiner Zeit alles wissen kann und dass man bereit sein muss, dies offen zuzugeben. Der Blick in die Vergangenheit – der Entstehungszeit der *Göttlichen Komödie* im frühen 14. Jahrhundert – zeigt uns, was Dante zum Beispiel nicht wissen konnte – den Ort der Hölle etwa, die Dante noch für real existierend hielt, oder den Ort der Reinigung (»Purgatorio«), den die Kirche nie genau festgelegt hatte.

Nun könnte man sagen, wir wissen weder, wo die Hölle liegt, noch, wo die Reinigung stattfindet, aber so sind Menschen nicht. Wir sind – wie die Neurobiologie inzwischen allgemein nachgewiesen hat – mit einem Gehirn ausgestattet, das anfängt, Geschichten zu erzählen, wenn das Wissen überfordert wird. Wir ergänzen unser Weltbild, wo es unvollständig bleibt, und Dante ist da wie wir alle, nur besser. Das heißt, seine Ideen sind so gut, dass sie uns überzeugen und wir sie akzeptieren. Uns gefällt bzw. leuchtet ein, wenn Dante die Hölle auf die Rückseite der Erde legt (die damals im mittelalterlichen Europa niemand mit eigenen Augen gesehen hatte) und das Purgatorium auf der Erdoberfläche stattfinden lässt, »denn nur hier, zwischen Himmel oben und Hölle unten, kann es eine Auseinandersetzung zwischen Gut und Böse geben«, wie Binggeli notiert, um dann fortzufahren:

»Da man im Mittelalter nur den nördlichen, bewohnten Teil der Erdoberfläche einigermaßen gut kannte, war Dante frei, das Purgatorium irgendwo in der südlichen, wasserbedeckten Hemisphäre anzusiedeln.« Dante wählte dafür einen Berg, der himmelhoch aus den Fluten des Weltmeeres herausragte und auf der Jerusalem entgegengesetzten Seite lag, und er nahm zusätzlich den schon vor ihm formulierten Gedanken ernst, dass sich das irdische Paradies auf solch einer Erhebung finden lasse. Folglich richtete Dante auf dem Gipfel des von ihm auserkorenen Berges den Garten Eden ein.

»Als Dante seine Komödie schrieb, war der mittelalterliche Kosmos in seinem Innersten schon dem Tod geweiht, denn mit der Scholastik hatte sich das kritische Denkvermögen endgültig (wieder) etabliert. ... Dantes Komödie erscheint uns so wie die letzte Reifung einer goldenen Frucht, kurz bevor diese vom Baum fällt. Es sollte ein langer, freier Fall ins Leere sein.«

Ein kultureller Zwischenschritt

Wir haben mit Ptolemäus den Schritt in die christliche Zeitrechnung getan und mit Dante das europäische Mittelalter und sein christliches Gedankengut erreicht, mit dem die Voraussetzungen für eine Astronomie geschaffen werden konnten, die als Gottesdienst zelebriert wird. Dabei wird aber bald das Fernrohr eingeführt, mit dem die Himmel sehr viel näher rücken und sich so völlig anders zeigen, dass eine neue Astronomie entstehen kann, auf die wir sogleich eingehen.

Bei diesem Vorgehen lassen wir natürlich gigantische Lücken kultureller und persönlicher Art und bitten dafür um Nachsicht. Wir ignorieren das antike China mit seiner Staatsastronomie, wir übersehen japanische und koreanische Blicke an den Himmel, wir kümmern uns weder um die Himmelskunde der Maya noch um die der Azteken oder eines anderen südamerikanischen Volkes. Wir schauen ebenfalls nicht nach Persien, lassen Indien unbeachtet und die islamische Welt weitgehend unberücksichtigt, und zwar sowohl in ihrer östlichen als auch in ihrer westlichen Ausprägung, also auch in Andalusien oder überhaupt in Spanien. Natürlich hat es überall Bemühungen um den bestirnten Himmel über uns gegeben und wir können auch Namen von zahlreichen Gelehrten angeben, die kosmologische Daten gesammelt und geordnet haben – etwa den in Basra geborenen und im lateinischen Mittelalter Alhazen genannten Mathematiker und Physiker Abu Ibn Al-Haitham, der um das Jahr 1000 herum lebte, zuletzt in Kairo. Aber was immer dabei erkannt und gedacht wurde, es scheint nicht merklich in das Weltbild eingeflossen zu sein, das wir uns –

von den griechischen Quellen und ihren Vorläufern ausgehend – in unseren Breiten machen, und auf diese Entstehungsgeschichte und ihr Ergebnis kommt es uns vor allem
an. Es kommt uns auch darauf an, das zu erkunden, was
eigentlich menschenmöglich ist, wenn es um die Erforschung des Kosmos geht, also um eine Welt bzw. Wirklichkeit, die wir niemals mit eigenen Augen sehen können, obwohl wir sie unentwegt vor Augen haben. Wir wollen wissen, ob es so etwas wie Grundelemente jeder Kosmologie
gibt, die unabhängig von der empirischen Datenlage auftauchen, wenn das Universum in einem Bild dar- und vorgestellt wird. Die Kreise, die Aristoteles im Himmel an-
brachte, gehören sicher dazu und wir haben sie bei dem
Dichter wiedergefunden, der das erste Kapitel abgeschlossen hat. Er suchte ebenfalls eine kosmische Ordnung und
mit ihr einen Platz für den Gott, zu dem er wollte, um Erlö-
sung finden zu können. Dieser Weg musste durch die Sphären hindurch- bzw. an den Kugelschalen entlanggehen, die
sich seit der Antike dort drehen. An ihnen kommen auch
die Christen nicht vorbei. Sie stecken in jedem Menschen –
und wir werden sie auch in der Moderne finden.

Die Wenden zur Neuzeit

Nikolaus Kopernikus (1473–1543)

»Nikolaus Kopernikus ist der Urheber der heliozentrischen Revolution in der neuzeitlichen Astronomie. Die kopernikanische Revolution gehört zu den wichtigsten Ereignissen der Geistesgeschichte. Dieser Umbruch bildete den Auftakt zur wissenschaftlichen Revolution, die 150 Jahre später in der klassischen Mechanik ihre Vollendung fand.«

So oder so ähnlich klingen Ankündigungen von oftmals äußerst lesenswerten und gescheiten Büchern über den im polnischen Thorn geborenen Nikolaus Kopernikus, dessen Vater Niklas sich noch Koppernigk schrieb, solange er es nicht geschafft hatte, zu den wohlhabenderen Bürgern seiner Wohngemeinde zu gehören. Und tatsächlich – mit dem Namen seines Sohnes, Nikolaus Kopernikus, verbinden wir eine dramatische Umwälzung im Verständnis des Himmels und weiterer Objekte unserer Begierde, ohne allerdings zu merken, dass (fast) jeder an etwas anderes denkt, wenn er sich auf die Leistungen und den Namen des Mannes bezieht, dessen bekanntestes Porträt ihn mit einem Maiglöckchen zeigt. Das Blümchen soll der Welt dabei zeigen, dass sich Kopernikus als Arzt verstanden hat, wobei anzumerken ist, dass er die Ausübung dieses Berufes ebenso wenig als seine zentrale Aufgabe gesehen hat wie seine Bemühungen um den Himmel.

Der zu einer deutschstämmigen Kaufmannsfamilie gehörende Kopernikus – sein Geburtsort Thorn war 1466 an Polen abgetreten worden – nahm ab 1510 hauptamtlich eine Domherrenstelle in Frauenburg ein, die von ihrem Inhaber vor allem juristische Qualifikationen und ab und zu auch einige medizinische Tätigkeiten verlangte. Kopernikus hatte sich auf diese Vielfalt durch seine Studienzeit vorbreitet, die er unter anderem in Krakau, Padua und Bologna verbracht hatte und während der er sich um die Gesetze des Körpers (Medizin) und des Staates (Jura) bemühte und schließlich sogar zum Doktor des Kirchenrechts promovierte. Daneben beschäftigte ihn die Astronomie, die ihn im Verlauf des 16. Jahrhunderts immer mehr in ihren Bann schlug – wozu sowohl ein Leseerlebnis als auch eine Enttäuschung mit nachfolgender Herausforderung beigetragen haben. Das Leseerlebnis verdankt Kopernikus der Tatsache, dass während seines Italienaufenthaltes noch am Ende des 15. Jahrhunderts die erste gedruckte Ausgabe des Almagest von Ptolemäus erscheint und von Kopernikus emsig studiert wird. Mit der hierdurch erworbenen Kenntnis beeindrucken ihn zunächst eine Konjunktion (Ausrichtung) von Saturn und Mond und eine Mondfinsternis, die beide im Jahre 1500 zu beobachten sind. Kopernikus sieht nun voller Erwartung dem Jahr 1503 entgegen, in dem eine Konjunktion der Hauptplaneten zu erwarten ist. Sie findet tatsächlich statt – allerdings sehr viel später, als die Astronomen vorhergesagt hatten. Das war die Enttäuschung, die nur einen Schluss zuließ, nämlich den, dass vielleicht doch etwas nicht ganz stimmen konnte mit der seit mehr als einem Jahrtausend akzeptierten Beschreibung der Himmelsbewegungen – wie sich auch Martin Luther zu bemerken nicht verkneifen konnte, als er in seinen damaligen »Tischreden« die »Unordnung« am Firmament beklagte.

Die heliozentrische Idee

Kopernikus will diese Unstimmigkeiten beseitigen, ohne sich zu übereilen, und die kosmischen Gedanken reifen in aller Stille im Laufe von mehr als einem Jahrzehnt in ihm heran. Sie werden durch die Möglichkeit gefördert, in der abgeschiedenen Ruhe seiner Domherrenstelle die Planeten in aller Ruhe und ganz genau zu beobachten – natürlich immer noch ohne besondere Hilfsmittel, wie sie etwa Fernrohre darstellen, die erst rund 100 Jahre später zur Verfügung stehen. 1514 ist Kopernikus zum ersten Mal so weit, seine neuen Vorstellungen der Himmelsordnung in Worte zu fassen, was konkret bedeutet, dass er es riskiert, einen kleinen Kommentar – einen *Commentariolus* – zu verfassen, in dem es unter anderem kurz und bündig heißt:

»Alle Sphären drehen sich um die Sonne, die im Mittelpunkt steht. Die Sonne ist daher das Zentrum des Universums.«

In diesen Sätzen erkennen wir einen neuen und einen alten Gedanken, die es beide zu beachten gilt. Das Alte steckt in den Sphären, die Kopernikus nach wie vor als die bewegten Elemente des Himmels betrachtet (und deren kreisförmige Drehung keine physikalische Erklärung braucht, wenn man sich auch wundern könnte, warum eine Sphäre so viel länger braucht als eine andere, um sich zu drehen). Er hält daran bis zum Ende seines Lebens fest, das zeitlich zufällig mit dem Erscheinen seines Hauptwerkes zusammenfällt, in dem Kopernikus seine kosmischen Vorstellungen sogar durch eine hübsche Illustration veranschaulicht (siehe Abb. S. 64).

Das Neue finden wir natürlich in der Position der Sonne, wobei wir wissen, dass dieser Gedanke so ganz unbekannt nicht war – ohne dass der antike Vorläufer damit die Leis-

net, in quo terram cum orbe lunari tanquam epicyclo contineri diximus . Quinto loco Venus nono menſe reducitur, Sextum deniꝗ locum Mercurius tenet, octuaginta dierum ſpacio circū currens, In medio uero omnium reſidet Sol. Quis enim in hoc

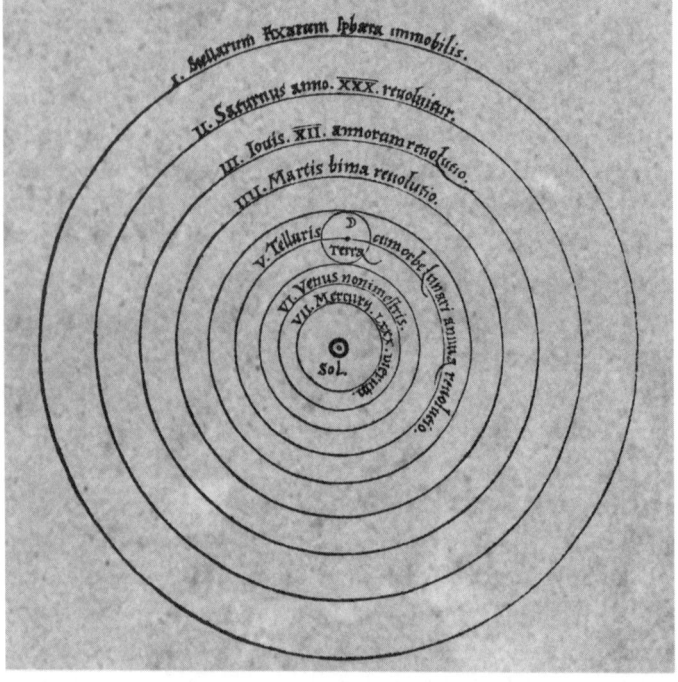

Das heliozentrische Modell der Welt, das Kopernikus 1543 vorgelegt hat; die Sphären sind lateinisch beschriftet.

tung des Domherrn schmälern soll oder kann. Der Hauptgrund, der Kopernikus veranlasst, das geozentrische System des verehrten Ptolemäus durch ein heliozentrisches Modell zu ersetzen, besteht ganz sicher in dem geschilderten Versagen der überlieferten Astronomie. Daneben muss es aber noch andere Beweggründe gegeben haben, von denen einige vermutlich ästhetischer Natur sind. Es ist einfach schöner, die strahlende Sonne ins Zentrum der Welt zu stellen, und zudem bestand mit diesem Schritt die Hoffnung, »eine vernünftigere Art von Kreisen zu finden«, wie Kopernikus in seinem kleinen Kommentar schrieb, um damit anzudeuten, dass ihm die vielfach verschachtelten und höchst künstlich wirkenden Zirkelkonstruktionen des Ptolemäus mit all ihren ausgleichenden Kreisen (Epizyklen) ein Graus waren, den es abzuschaffen galt. Es musste einfacher und eleganter möglich sein, den Lauf der Planeten darzustellen, und so schlug Kopernikus eine neue Ordnung am Himmel mit der Sonne in der Mitte vor, was wir bis in unsere Tage als heliozentrische Revolution feiern.

Irrtümer

An dieser Stelle ist es unumgänglich, auf drei Grundirrtümer hinzuweisen, die mit dieser Wende verbunden sind und die leider auch beim besten Willen nicht aus der Welt zu schaffen sind. Die Öffentlichkeit bleibt stur:

Da ist zum einen die Mär, dass Kopernikus in seinem Schema mit weniger Hilfskonstruktionen als Ptolemäus auskommt und zugleich genauer als sein antiker Vorgänger die zahlreichen Himmelsbewegungen vorhersagen kann. Tatsächlich bleibt das heliozentrische System quantitativ ebenso unbefriedigend wie sein geozentrischer Vorläufer und signifikant reduzieren kann Kopernikus die Zahl der Kreisbewegungen nicht, die auch im heliozentrischen System einzuführen sind, um die beobachteten Positionen und vielfach merkwürdigen Verläufe der Planeten berechnen zu können.

Wir wollen uns auf diese technischen Details nicht weiter einlassen, um auf einen zweiten – viel schlimmeren – Irrtum zu sprechen zu kommen, und wir meinen damit die – vor allem seit den Tagen und in den Schriften von Sigmund Freud – verkündete Behauptung, Kopernikus habe mit seinem Modell den Menschen aus der Mitte vertrieben und an den Rand der Welt verdrängt. Freud redet gar von einer der großen Beleidigungen für die Menschheit und niemand merkt bzw. will zur Kenntnis nehmen, wie unsinnig diese Darstellung des Selbstdarstellers aus Wien ist, der sich selbst für die Mitte der Welt hält.

Die Behauptung, Kopernikus habe die Menschen erniedrigt, kann nur aufstellen, wer das Zentrum für einen bevorzugten und erstrebenswerten Ort ansieht. Das mag heute so sein, es war damals aber gerade nicht der Fall. Die Mitte wurde – im Gegenteil – als der tiefste Punkt angesehen, zu dem man herabsinken kann. Im Zentrum der Welt war man so weit wie möglich von den Göttern entfernt, deren Platz außen war, wie wir gesehen haben. Indem Kopernikus uns aus der Mitte holt und in eine Umlaufbahn um die Sonne bringt, rückt er uns näher an die Götter heran. Mit anderen Worten – Kopernikus erniedrigt uns nicht. Er erhöht uns Menschen vielmehr und befreit uns aus einer demütigenden Lage, nämlich der Bodensatz – der Abtritt – der Welt zu sein. Der französische Essayist Michel Montaigne (1533–1592) drückt das durch die deutlichen Worte aus, dass der Mensch – vor Kopernikus – »im Schlamm und Kot der Welt, ... im niedrigsten Stock des Hauses, am weitesten vom Himmelsgewölbe entfernt« untergebracht war – bis ihn das heliozentrische Schema in engere Tuchfühlung mit den Göttern brachte, die sich vielleicht nun sogar großzügig dazu herablassen, auf ihn aufmerksam zu werden bzw. sich zu erkennen zu geben.

Mit diesen Bemerkungen erledigt sich der dritte Irrtum um Kopernikus schon fast von selbst, der mit dem kirchlichen Verbot zu tun hat, das untersagte, sein Werk in den Seminaren der Hochschulen zu lesen. Dieses Verbot gibt es zwar – es ist tatsächlich 1616 ausgesprochen worden –, aber es hat nichts damit zu tun, dass die Lehre des Kopernikus eine Gefahr für irgendein Dogma darstellen würde. Die päpstlichen Hüter der Lehre waren berechtigterweise über etwas ganz anderes besorgt, nämlich die unvorstellbar große Zahl der Fehler, die sich in dem Buch fanden – »innumerables errores«, wie sie es ausdrückten. Es ging also um Fehler, nicht um Irrtümer. Und die Fehlermenge des legendären Buches lässt sich leicht erklären: Kopernikus erhielt nämlich das erste Exemplar erst in dem Moment, als er auf dem Totenbett lag, und da konnte und wollte er auch beim besten Willen keine Korrekturfahnen mehr lesen. Als 1620 endlich eine verbesserte Ausgabe der *Revolutiones* fertig war, durfte sie selbstverständlich wieder im kirchlichen Lehrbetrieb benutzt werden. Das Buch enthielt jetzt weniger Fehler – und immer noch keine Irrtümer.

Die zweite Drehung des Kopernikus

Die heliozentrische Wendung, mit der Kopernikus die Erde in Bewegung setzte, brachte eine Konsequenz mit sich, die wenig auffiel (und auch heute kaum bemerkt wird), die lange übersehen wurde und vielleicht auf diese Weise einen festen Platz im allgemeinen Denken gefunden hat. Gemeint ist die Tatsache, dass unser Planet durch die kopernikanische Verschiebung ganz nebenbei zu einem Himmelskörper unter anderen wurde, wodurch die tradierte antike Unterscheidung zwischen irdischer und himmlischer Materie hinfällig wurde. Es gab jetzt nicht mehr die zwei Welten, die Aristoteles eingeführt hatte und die sich an der Mondsphäre schieden. Es gab von jetzt an nur noch eine Welt, in der es überall physikalisch zuging. Und diesen neuen Kosmos würde man bald mit dem neuen Wort Universum bezeichnen.

Zwar ist das schon aufregend genug. Doch bei Kopernikus gibt es etwas, was noch mehr Spannung in die Geschichte des Himmels bringt, und das ist eine zweite Bewegung, die der polnische Domherr unserer kosmischen Heimat zumutete bzw. zutraute. Sie betrifft die Drehung der Fixsterne am Firmament, die bekanntlich leicht zu beobachten ist. Kopernikus kommt auf die wahrhaft wunderbare und erstaunliche Idee, die Kreisbewegung der Fixsterne als etwas zu betrachten, das es in Wirklichkeit gar nicht gibt, das vielmehr durch unseren Standpunkt als Beobachter auf der Erde bedingt und wahrgenommen wird. Nicht die Fixsterne drehen sich, schlägt Kopernikus vor, sondern die Erde und dieses Rotieren um eine Achse (die wir heute vom Nord- zum Südpol laufen lassen) lässt uns die kreisförmigen Bewegungen am Himmel beobachten, die nur scheinbar stattfinden und uns von unseren Sinnen vorgespiegelt werden. Er drückt das in dem bereits zitierten *Commentariolus* in dessen fünftem Satz so aus:

»Alles, was an Bewegung am Fixsternhimmel sichtbar wird, ist nicht von sich aus so, sondern von der Erde aus gesehen. Die Erde also dreht sich mit den ihr anliegenden Elementen in täglicher Bewegung einmal um ihre unveränderlichen Pole. Dabei bleibt der Fixsternhimmel unbeweglich als äußerster Himmel.«

Leider erlaubt uns Kopernikus keinen Einblick in den tieferen Grund, der ihn zu dieser Umkehrung geführt hat. Eine Überlegung, die ihn geleitet haben könnte, ging vielleicht von den seit dem Spätmittelalter nachweisbaren Bemühungen aus, die Distanzen zwischen der Erde und den Fixsternen abzuschätzen. Man war dabei zu dem Ergebnis gekommen, dass die Entfernungen unfassbar für den menschlichen Geist sind – was die Anmerkung erlaubt, dass dies bis heute der Fall ist, denn wer kann es wirklich fassen, wenn von Millionen Lichtjahren die Rede ist?

Wie dem auch sei – wenn die Abstände so immens waren, dann mussten da draußen gigantische Körper sein, da sie trotz der Entfernung sichtbar waren, und diese Riesen mussten zudem unvorstellbare Wege für ihre Drehbewegungen bewältigen. Das war alles unfassbar. Wenn hingegen wir selbst es waren, die sich drehten, dann war alles nicht nur einfacher vorstellbar. Dann konnte Kopernikus zudem ein die damalige Kirche unangenehm bedrängendes Problem besser lösen, nämlich das Datum des Osterfestes genau zu bestimmen. Wie Kopernikus nämlich zu seinem Verdruss feststellte, wurde die Auferstehung des Herrn zu seiner Zeit bereits neun Tage später gefeiert, als es von den Kirchenvätern auf dem Konzil von Nicäa (im Jahre 325) beschlossen worden war. Kopernikus wollte den kirchlichen Festkalender reformieren und dazu diente ihm die tägliche Drehung der Erde, die wir zwar nicht spüren, wenn wir auf ihr stehen, die wir aber trotzdem als Bewegung der Fixsterne sinnlich registrieren können, wenn wir dem Vorschlag des Frauenburger Domherrn folgen.

Die philosophische Wende

Viele Zeitgenossen sind ihm gefolgt und im 18. Jahrhundert hat die zweite Drehung des Kopernikus ihre eigentliche Bedeutung bekommen, und zwar durch den Philosophen Immanuel Kant (1724–1804), der wie sein astronomischer Vorgänger einen Standortwechsel vollziehen wollte, und zwar in der Philosophie der Erkenntnis. Kant schien es nämlich besser, davon auszugehen, dass die Naturgesetze von uns Menschen stammen und der Natur gewissermaßen vorgeschrieben werden, als zu denken, dass die Naturgesetze in der Natur selbst liegen und dort von uns gefunden werden. Es heißt in seiner *Kritik der reinen Vernunft* aus dem späten 18. Jahrhundert:

»Es ist hiermit ebenso als mit den … Gedanken des Kopernikus bewandt, der, nachdem es mit der Erklärung der Himmelsbewegungen nicht gut fortwollte, wenn er annahm, das ganze Sternenheer drehe sich um den Zuschauer, versuchte, ob es nicht besser gelingen möchte, wenn er den Zuschauer sich drehen und dagegen die Sterne in Ruhe ließ. In der Metaphysik kann man nun, was die *Anschauung* der Gegenstände betrifft, es auf ähnliche Weise versuchen«, nämlich wie oben angedeutet, indem man sagt, dass die Gesetze der Natur nicht aus ihr, sondern aus uns kommen. Wir machen sie. Wir erfinden die Form, mit der wir die Natur verstehen.

Es ist dieser Gedanke aus der *Kritik der reinen Vernunft*, der in der Philosophie als kopernikanische Wende bezeichnet wird – und der überhaupt nichts mit dem heliozentrischen Weltbild zu tun hat –, und die Frage lautet, ob dies eine passende Beschreibung ist. Das Verrückte besteht darin, dass in den meisten Fällen eine kopernikanische Wende darin besteht, den Menschen aus einer Mitte zu entfernen. Kant unternimmt aber das Gegenteil. Er setzt uns erneut in das Zentrum des Geschehens. Er führt also eher so etwas wie eine ptolemäische Gegenrevolution aus, die man dann umdeuten kann, wenn eingeräumt wird, dass der Mensch seine Erkenntnisfähigkeit zunächst in Anpassung an die Natur – von ihr – bekommen hat. Dies gelingt im Rahmen einer evolutionären Epistemiologie, die den Menschen erneut aus der zentralen Position herausnimmt, die Kant ihm

zugewiesen hat, um ihn zu einem Teil des gesamten kosmischen Geschehens zu machen. Kopernikus hätte diese Wendung gefallen und wir sollten uns ihr anschließen – sofern
uns nicht bei dem vielen Hin und Her schwindlig geworden
ist. Kopernikanische Wenden haben es in sich.

Tycho Brahe (1546–1601)

Wenn wir soeben geschrieben haben, dass Kopernikus die antike Trennung des Weltalls in zwei mondgetrennte Sphären aufgehoben hat, um uns das eine Universum zu schenken, von dem wir heute reden können, dann muss ergänzt werden, dass dieser Gedanke bei ihm nur sanft eingeführt und mitgedacht, aber nicht explizit ausgesprochen wird. Tatsächlich konkret verworfen wird die aristotelische Spaltung erst bei Johannes Kepler (1571–1630), der auf diese Weise den Kosmos vollständig der Physik zugänglich macht – und damit der menschlichen Fähigkeit zur Erklärung, die sich nun herausgefordert sieht. Kepler ist es auch, der die Lehren des Kopernikus wissenschafts- und gesellschaftsfähig werden lässt, da er sie in lesbaren Texten in deutscher Sprache vorstellt. Wir müssten jetzt also eigentlich direkt über ihn reden, aber die historische Reise von dem berühmten Domherrn zu dem großen Astronomen macht einen Zwischenhalt. Hier treffen wir auf den aus Schonen in Dänemark stammenden Tycho Brahe, der über die genannte Mittelposition zwischen Kopernikus und Kepler hinaus eine Schnittstelle in der Geschichte der Himmelserkundung markiert. Ihm fällt nämlich die eigentümliche Charakterisierung zu, der letzte Beobachter der Sterne und des Himmels gewesen zu sein, der ohne Fernrohr auskommen und sich nur auf seine Augen verlassen musste. Ohne die optische Hilfe dieses erst ein knappes Jahrzehnt nach seinem Tod verfügbaren Instruments mit seinen geschliffenen Linsen konnte Brahe nur die traditionellen Beobachtungshilfen des menschlichen Sehorgans vergrößern. Ein berühmter Kupferstich aus dem Jahre 1598 zeigt den Meister in seiner Sternwarte Uraniborg

Tycho Brahe in seiner Sternwarte mit vielen Instrumenten, zu denen das Fernrohr noch nicht gehört. Das kam nach ihm.

mit einem riesigen Mauerquadranten und einem entsprechend dimensionierten Winkelmessgerät (siehe Abb. S. 73), die er mit zwei Assistenten – und im gelassenen Beisein eines seelenruhig schlafenden Hundes – betreibt. Die Arbeit auf der Sternwarte begann sehr früh, was konkret bedeutet, dass alle Astronomen – nicht nur die von der Nachtschicht – spätestens um vier Uhr morgens ihren Dienst anzutreten hatten. Immerhin gab es dann ein warmes Frühstück.

Die genannte Sternwarte, deren Name übersetzt »Himmelsburg« bedeutet, konnte Brahe auf einer kleinen Insel mit Namen Hveen errichten, die zwischen Kopenhagen und Helsingör liegt. Dieser Weiler ist dem deutschen Bildungsbürger vertraut, weil er den Ort der Handlung für Shakespeares Drama *Hamlet* abgibt, das zwischen 1589 und 1601 entstanden ist. Die Insel wurde Brahe 1576 vom dänischen König Friedrich II. zu Lehen übertragen, nachdem das Gerücht aufgekommen war, dass sich der umtriebige Sternengucker, der sich als Astronom längst einen Namen gemacht hatte, Richtung Basel absetzen wollte, weil er hier landgräfliche Förderung erfahren würde.

Brahe hatte seine himmlischen Grundkenntnisse in Rostock und Wittenberg erworben, was erneut eine Erinnerung an Hamlet auftauchen lässt, der ebenfalls in dem zuletzt genannten Städtchen studiert hat. Brahe wandte sich in jungen Jahren der damals weitverbreiteten und umfassend praktizierten Alchemie zu, deren Instrumente er sogar auf seine Insel mitgenommen und im Observatorium aufgestellt und benutzt hat, wie die Retorten und andere Gerätschaften zeigen, die im Hintergrund der obigen Abbildung mit dem großen Mauerquadranten und seinem kleinen Guckloch zu sehen sind.

Ein neuer Stern

Tatsächlich scheint es so zu sein, dass der junge Brahe eigentlich Alchemist werden wollte. Aber dann war am 11. November 1572 eine Erscheinung am nächtlichen Firmament zu beobachten, die ihn nach innen packte und zur Himmelskunde bekehrte, deren Auswertung ihn dann nach außen berühmt machte und uns bis heute beschäftigt. Brahe und viele andere Menschen registrierten in der genannten Nacht einen ungewöhnlich strahlenden Punkt am Himmel, der vorher nicht da gewesen oder zumindest nicht aufgefallen war. Das Phänomen wurde sofort und übereinstimmend

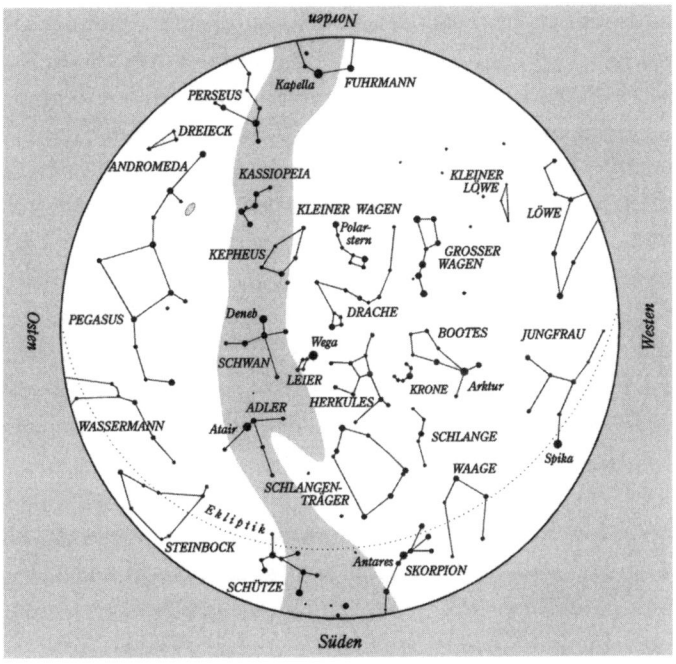

Der Himmel mit Sternbildern, wie sie in Sommernächten sichtbar werden; die Ekliptik ist gestrichelt gezeichnet.

als das helle Aufleuchten eines neuen Sterns gedeutet. Sein feuriges Licht flackerte im Sternbild Kassiopeia, dessen Hauptsterne ein W bilden (siehe Abb. S. 75), was jetzt aber kaum noch zu erkennen war.

Es ist sicher übertrieben, die Wirkung dieses Strahlens mit der des Sterns von Bethlehem zu vergleichen. Aber beschäftigt hat das kurze Leuchten die Leute doch, denn selbst Shakespeare (1546–1611) lässt die Wachen in der Eröffnungsszene seines *Hamlet* noch darüber staunen, wenn einer von ihnen (Bernardo) von dem Stern erzählt, der »vom Pol westlich« zu sehen war und »so die Bahn zog, dort den Himmel zu erhelln«. Anders als das biblische Ereignis, das durch das Auftreten von Planeten in einer Reihe (eine Konjunktion) sachlich erklärt werden kann (ohne ihm seinen Zauber zu nehmen), geht es bei Brahes neuem Stern tatsächlich um ein rätselhaftes individuelles Objekt am Himmel, das vorher nicht erkennbar gewesen war und folglich gerade erst vor unseren Augen er- bzw. geschaffen worden sein musste. Das Gestirn wurde in den folgenden Tagen immer heller und es konnte zwei Wochen lang sogar am Taghimmel gesehen werden. Im April 1574 verschwand der Stern dann aus dem Blickfeld der Menschen, weil das bei seiner Schaffung entstandene Licht bis zu diesem Zeitpunkt die Erde passiert hatte.

Die moderne Astronomie deutet Brahes Beobachtung als Entdeckung einer Supernova (vom Typ Ia, wie weiter unten noch erklärt werden wird, wenn wir über Fritz Zwicky reden) und Vertreter der modernen Wissenschaft konnten vor Kurzem das in der Vergangenheit so hell aufleuchtende Objekt durch einen raffinierten Trick erneut sichtbar machen. Im Jahre 2008 haben Mitarbeiter des Max-Planck-Instituts für Astronomie in Heidelberg das betrieben, was sie mit einem witzigen Ausdruck als »posthume Spektroskopie« bezeichnen. Sie meinen damit das Registrieren von Lichtechos, die durch Reflexionen des ursprünglichen Lichtblitzes an Gaswolken oder anderen astronomischen Gebilden entstanden sind und durch den längeren Weg, den sie bis zu uns zurücklegen mussten, eben erst mehr als 400 Jahre später bei uns eintreffen. Die Astronomen konnten so Brahes neuen Stern tatsächlich noch einmal beobachten und durch die empfangenen Daten auch genau klassifizieren – nämlich als »thermonukleare Explosion eines weißen Zwergsterns«, wie die Pressestelle des Max-Planck-Instituts mitteilte. Brahe hätte kein Wort davon verstanden und auch wir brauchen noch einige Jahrhunderte, um die sicher korrekte Ausdrucksweise der Forscher in unsere Wissensmenge einordnen zu können (was noch gelingen wird).

Brahes berechnender Blick

Was Brahe unter dem schönen Titel *De stella Nova* beschrieb, beeindruckte die Himmelsgucker und andere Menschen seiner Zeit nachhaltig, weil die Erscheinung nach systematischem Prüfen eine neue Gesamtsicht auf die Welt ermöglichte. Denn durch präzise Entfernungsbestimmungen in aufeinanderfolgenden Nächten und der Feststellung, dass der neue Stern beharrlich seinen angestammten Platz im Sternbild Kassiopeia behielt (ohne eine Eigenbewegung zu unternehmen), konnte Brahe sich und anderen klarmachen, dass der strahlende Himmelskörper nicht zwischen Erde und Mond lag, sondern dass der neue Stern sehr viel weiter von der Erde entfernt sein musste als der Trabant. Er musste in der supralunaren Sphäre liegen, wie Aristoteles sie genannt hatte. In Brahes eigenen Worten: »Dieser Stern befindet sich nicht in den oberen Schichten der Luft dicht unterhalb der Mondbahn, auch nirgendwo näher bei der Erde, sondern weit oberhalb der Mondsphäre in der achten Sphäre« – gemäß der weiter oben ausgeführten kosmischen Zählung des Aristoteles.

Diese Entfernungsbestimmung, die wissenschaftlich präzise und nicht philosophierend spekulativ unternommen worden war, brachte spätestens Probleme mit sich, nachdem der Stern verschwunden war. In der supralunaren Sphäre war schließlich alles auf Ewigkeit und Unveränderlichkeit angelegt. Brahes nachdrücklicher Blick auf den neuen Stern zeigte also, dass die aristotelischen Vorstellungen schieflagen und die Menschen ein neues Weltbild brauchten, um den Kontakt zur Realität nicht zu verlieren, und Keplers Universum sollte das – mit den kopernikanischen Vorgaben – bald liefern.

Brahe ist bei seinen Analysen übrigens auf ein weiteres Problem gestoßen, das erst Albert Einstein in unseren Tagen in den Griff bekommen hat. Es handelt vom Äther, der – ebenfalls Aristoteles zufolge – den Kosmos anfüllen soll. Dieser Stoff musste den neuen Beobachtungen zufolge so beschaffen sei, dass Licht von Sternen ihn passieren konnte, was Konsequenzen für die Sphären mit sich brachte, die die Planeten mit sich führten und die ebenfalls mit dem ubiquitären Äther angefüllt waren. Diese Sphären konnten nämlich jetzt auf keinen Fall mehr so undurchdringlich sein, wie es ihre ursprüngliche Aufgabe erforderte, und er (der Äther) musste neu bedacht werden (was – wie gesagt – erst im 20. Jahrhundert gelungen ist). Mit anderen Worten – der kleine Blitz im November 1572 brachte nach und nach das große Gedankengebäude der philosophischen (scholastischen) Himmelskunde zum Einsturz und so etwas sollte sich im Laufe der Wissenschaftsgeschichte oft wiederholen, nämlich immer dann, wenn ein hässliches Faktum auftauchte, das sich der ach so schönen Theorie des Tages nicht fügen wollte – wobei es natürlich auch passieren kann, dass erst die Theorie hilft, das richtig zu verstehen, was man gesehen hat.

Die Marsbahn

Der neue Stern – stella nova – machte aus Brahe endgültig einen Astronomen, der sich jetzt daranmachte, seine Sternenburg zu bauen, um im großen Stil den Himmel zu durchmustern, wie das später heißen wird. Er stützt sich dabei im Grunde auf – aus unserer Sicht – primitive Hilfsmittel, und zwar vor allem Geräte, die es erlauben, Winkel zu messen. Er geht systematisch vor, lässt alle Messungen vielfach wiederholen, sucht nach Fehlerquellen, stellt Korrekturtabellen auf und erreicht so eine bis dahin unbekannte Genauigkeit seiner Daten – die im frühen 17. Jahrhundert vor allem Kepler zugutekommen wird.

Es gibt guten Grund, Brahe zu loben, aber er lädt auch zum Stirnrunzeln ein. Einen Großteil seiner Himmelbeobachtungen treibt er nämlich nur, weil er Horoskope erstellen will und ständig Astrologisches im Auge hat, und als Kind seiner Zeit kommt er ebenso wenig von der Alchemie los. Was die reine Wissenschaft angeht, so patzt er dadurch, dass er versucht, ein Sonnensystem zu entwerfen, das zwischen dem alten (geozentrischen) des Ptolemäus und dem neuen (heliozentrischen) des Kopernikus vermitteln will, indem es die Planeten um die Sonne kreisen lässt, die wiederum die Erde umrundet. Vertrackter geht es nicht, aber das soll uns nicht ablenken von den großen Schätzen, die Brahe der Menschheit geliefert hat, und das sind die Aufhebung der aristotelischen Sphären und die Daten der Marsbahn. Um sie spinnt sich eine spannende Geschichte, in der gar von einem Mord die Rede ist, einem Mord, der – ausgerechnet – Kepler angelastet wird.

Bevor sie erzählt wird, sei ein letzter Blick auf Shakespeare erlaubt, dessen Hamlet bekanntlich gegen den bösen König Claudius kämpft. Nun ist es im astronomischen Kontext unmöglich, bei »Claudius« nicht an Ptolemäus zu denken, der so mit Vornamen hieß, weshalb sich das große Drama auch als Wettstreit zwischen den Weltbildern deuten lässt, die um 1600 erörtert wurden. Der König vertritt natürlich den gescheiterten Geozentrismus, und Hamlet repräsentiert Kopernikus und das heliozentrische Denken. Die Position von Tycho Brahe nehmen die Höflinge Rosenkranz und Güldenstern ein, in dessen Namen nicht nur der Stern aufscheint, sondern in denen auch die Namen zweier dänischer Gesandter in London, Rosenkrantz und Gyldenstierne, aufklingen, die – believe it or not – mit Brahe verwandt waren.

Kommen wir von dem mörderischen Bühnengeschehen zu einem scheinbar ebensolchen Lebensdrama. Es beginnt damit, dass Kepler im Jahre 1600 Brahes Assistent wird, nachdem die beiden sich am kaiserlichen Hof in Prag getroffen hatten. Hier bekleidete Brahe seit 1599 die Stelle eines Hofastronomen, wobei der Ortswechsel deshalb erfolgt war, weil die Zuschüsse für seine dänische Sternenburg nach dem Tode von Friedrich II. nach und nach ausgeblieben waren und dessen Nachfolger wenig Interesse an den Sternen zeigten. Das war anders in Prag, wo Kaiser Rudolf II. sich an einer Durchforstung des Himmels interessiert zeigte – eine Eigenschaft, die der Nachwelt zu den Rudolfinischen Tafeln verholfen hat, die Sternorte katalogisierten und eine Vorhersage der Planetenstellungen und eventueller Reihungen erlaubten. Der Kaiser richtete nicht nur eigens die genannte Position für Brahe ein, er stellte ihm sogar ein Schloss als Wohn- und Arbeitsstätte zur Verfügung. Brahe agierte in dieser herrlichen Umgebung – bis der Astronom im Jahre 1601 plötzlich und unerwartet verstarb. Das heißt, es gibt die abenteuerliche These, dass der bis dato kerngesunde Brahe einer Quecksilbervergiftung zum Opfer fiel und also ermordet wurde, und zwar von Kepler, der dies wenigstens nicht aus niederen Motiven, sondern im Namen der Wissenschaft getan haben soll – um an die Daten für die Marsbahn zu kommen, die Brahe nicht herausgeben wollte – wenigstens nicht ohne Kampf.

Brahes Tod

Wir glauben davon kein Wort, müssen aber als Tatsache zur Kenntnis nehmen, dass sich am Ende allen Trauerns, Bestattens und Verabschiedens die dicken Beobachtungsjournale, die Brahe über Jahre hinweg geführt und als »einzigartigen Schatz an Himmelsbeobachtungen« seinen Erben überlassen wollte, in dem Gepäck befanden, mit dem der Magister Johannes Keplerus, wie er damals hieß, der Stadt Prag den Rücken kehrte, in der er die letzten 18 Monate als Assistent des berühmten Brahe gearbeitet hatte. Kepler sollte diese Daten gut gebrauchen und nutzen können, wie wir noch sehen werden, was aber die Frage nach dem frühen Tod seines Prager Chefs nicht klärt.

Bereits im 19. Jahrhundert hatte es Gerüchte um den Tod Brahes gegeben, was zur Folge hatte, dass die Prager Stadtväter 1901 sein Grab öffnen ließen. Man konnte die Überreste gut identifizieren, da Brahe als Jugendlicher seine Nase durch eine Metallprothese hatte ersetzen lassen müssen (nach einer wilden Prügelei), die tatsächlich gefunden wurde. Die analytische Wissenschaft ist auch bei 300 Jahre alten Leichen in der Lage, altes Gewebe von jungem zu unterscheiden, also Körperteile auszumachen, die in den Tagen vor dem Tod gewachsen sind. Ihre Analyse zeigte ungewöhnlich hohe Konzentrationen von Quecksilber in Brahes Gewebe, was von Historikern so verstanden wird, dass er sich eigenständig alchemistische Tinkturen bereitet hat, die zur Behandlung der Blasenerkrankung dienten, unter der Brahe nachweislich litt. Quecksilber galt damals als geeignete Arznei, bei der man sich aber mit der Dosierung schwertat. Sie muss falsch gewesen sein. Denn als Brahe im Oktober 1601 an einem Bankett teilnahm, wurde er krank. Elf Tage musste er mit Schmerzen das Bett hüten, bevor er in ein Delirium verfiel und starb.

Johannes Kepler (1571–1630)

Wir fangen mitten in Keplers Leben an, nämlich zu der Zeit als der noch nicht 30-jährige Deutsche bei dem kaum 50-jährigen Tycho Brahe um 1600 in Prag tätig war, wie im letzten Porträt erwähnt – siehe oben. Damals kam Kepler nicht nur in den Besitz der begehrten Messergebnisse der Marsbahn, wie ebenfalls gerade geschildert wurde. Ihm fiel zu dieser Zeit auch das Buch des englischen Arztes William Gilbert (1544–1603) in die Hände, in dem die Idee vorgestellt wird, die Erde könne ein riesiger Magnet sein (was sie auch ist, wie wir heute wissen). Gilbert hatte genau analysiert, wie Kompassnadeln durch den Ort beeinflusst werden, an dem man sich befindet und sie betrachtet, und er hatte ziemlich umfangreiche kugelförmige Magneten gebaut, um seine Theorie mit ihrer Hilfe durch Experimente zu untermauern.

Kepler gefiel das Konzept – zum einen konnte man die magnetischen Kräfte gut im kopernikanischen System mit seinen Erdbewegungen verstehen, von denen Kepler ebenso überzeugt war wie Gilbert, und zum Zweiten kam auf diese magnetische Weise immer mehr Physik in den Weltraum, mit der man sich zurechtfinden und quantitativ orientieren konnte. Er bekam damit noch mehr Grund, die Daten aus Brahes Schatz unter diesem Aspekt zu betrachten, obwohl sein alter Lehrer aus Tübingen, Michael Mästlin, dringend dazu riet, »die Physik aus dem Spiel zu lassen« und alle Berechnungen »mit den Mitteln der Geometrie« durchzuführen, wie es noch die Astronomie der Renaissance vorgegeben hatte.

An dieser Stelle wird deutlich, worin – langfristig – eine von Keplers fantastischen Leistungen bestand, nämlich überhaupt den Mut zu entwickeln, die Bewegungen am Himmel nicht nur zu beschreiben, sondern durch Rückführung auf physikalische Ursachen (Kräfte) auch zu erklären, und dann auch noch die Ausdauer zu haben, den entsprechenden Weg zu gehen. Kopernikus hatte die kosmische Welt neu geordnet, aber er hatte dies unternommen, ohne dabei eine Spur von Physik zu verwenden. Bei ihm drehten sich Sphären, ohne dass er fragte, wer die Kraft dafür lieferte oder wie viel Zeit dabei verging. Bei Kopernikus drehte sich auch die Erde, ohne dass eine physikalische Ursache dafür ins Auge gefasst wurde. Kepler konnte das im 17. Jahrhundert nicht mehr akzeptieren. Er wollte jetzt die Ordnungen am Himmel mit physikalischen Erklärungen verständlich machen und als Startpunkt wählte er die Marsbahn, weil der Rote Planet eigentlich nicht so recht in das gesamte Planetensystem passte. Er ging damit genau so vor, wie das in der Wissenschaft bis heute passiert, wenn Forscher versuchen, das Regelmäßige dadurch zu erfassen, dass sie kleine Abweichungen von der Norm analysieren, die genau dokumentiert sind.

Die Marsbahn war genau dokumentiert und Kepler dachte zuerst, er brauche eine Woche oder zwei, um sich Klarheit über die Bewegung dieses Planeten zu verschaffen. Er ahnte nicht, auf was er sich da eingelassen hatte. Mehr als 900 Seiten musste er mit mühsamen Berechnungen anfüllen und mehr als einmal – nämlich 70-mal – packte ihn dabei der Überdruss, wie er selbst schreibt. Trotz aller Mühe kam und kam Kepler lange Monate und Jahre mit den Daten nicht zurecht, wobei ihn zusätzlich ärgerte, dass seine Frau Barbara eine ganz andere wurde, als sie es zum Zeitpunkt ihrer Heirat gewesen war, nämlich »einfältig im Geist und fett am Leib«. Dabei bot die Stadt Prag ein reiches Angebot an Künsten und zeigte sich zudem gesellschaftlich reizvoll.

Die Gesetze der Marsbahn

Erst nach einigen konzentrierten Jahren des Rechnens kam Kepler auf eine Idee, die sein Gedankengebäude schlagartig veränderte und zur Geburtsstunde der modernen Astronomie wurde. Er erinnerte sich an eine Bemerkung des Kopernikus, dem aufgefallen war, dass die Erde im Winter der Sonne etwas näher kommt als während der übrigen Zeit. (Das stimmt tatsächlich – woraus der Schluss gezogen werden muss, dass sich die Jahreszeiten nicht durch die Entfernung der Erde von der Sonne erklären lassen. Im Sommer sind wir weiter von der Wärmequelle weg!)

Wenn – so überlegte Kepler – die Erde dichter an die Sonne herankommt und wenn – so vermutete er in seinem physikalischen Rahmen – die Sonne der Erde die Energie gibt, die sie für ihre Umlaufbewegung braucht, dann könnte es doch sein, dass sie sich in dem Fall und an dieser Stelle schneller bewegt. Die Historiker Couper und Henbest haben in ihrer *Geschichte der Astronomie* (2007) anschaulich beschrieben, was ihrer Ansicht nach dann im Detail passierte:

Kepler setzte sich nämlich jetzt hin »und rechnete aus, wie sich die Geschwindigkeit der Erde auf ihrer Bahn um die Sonne änderte«. Dann entwickelte er »Diagramme aus geometrischen Formen, die diesen verblüffenden Vorgang am Himmel anschaulich machten. Dabei setzte er den Kreismittelpunkt der Erde ein Stückchen neben den Mittelpunkt des Planetensystems, die Sonne [das hatte Kopernikus bereits als Möglichkeit erwogen]. Um die Position der Erde für jeden Tag des Jahres zu bestimmen, zog er Verbindungslinien von der Erde zur Sonne – wie bei einer in keilförmige Segmente geschnittenen Pizza. Wenn der Abstand zwischen Erde und Sonne groß war, fielen die Segmente spitz und dünn aus; sechs Monate später, wenn sich die Erde der Sonne näherte, wurden sie breiter und kürzer [siehe Abb. nächste Seite unten: Keplers zweites Gesetz]. Kepler fiel es wie Schuppen von den Augen. Obwohl die Pizzastücke an jedem Tag eine andere Form annahmen, blieb deren Flächeninhalt immer gleich. Die Veränderungen in der Entfernung zur Sonne und der Geschwindigkeit der Erde hoben sich gegenseitig auf. Kepler hatte sich aus den Ketten befreit, in denen Astronomen seit dem Altertum gefangen waren: von der Vorstellung, dass sich Planeten auf geometrisch exakten Kreisbahnen mit gleichbleibender Geschwindigkeit bewegten.«

Jetzt wandte er sich erneut der Marsbahn zu und er versuchte das, was offenbar keinen Kreis ergab, erst nur zusammenzustauchen »wie eine Wurstscheibe«, wie er selbst es drastisch ausdrückte. Doch da zerquetschte Kreise ein schlechtes Hilfsmittel darstellen, versuchte es Kepler nach einigen frustrierenden Jahren mit der Ellipse und zu seinem grenzenlosen Erstaunen passte jetzt alles zusammen. Planeten bewegen sich nicht auf Kreisbahnen, vielmehr laufen sie ellipsenförmig um ihr Zentralgestirn, wie Kepler feststellte und als erstes Planetengesetz formulierte. Ihm war damit zwar eine großartige Entdeckung gelungen – er hatte den »Schlüssel zum Universum entdeckt«, wie manchmal zu lesen ist –, aber die eigentliche Aufgabe lag noch vor der Wissenschaft, nämlich die Kraft aufzuspüren, die zu den Ellipsen führt. Kepler wusste das, aber er schrieb trotzdem erst einmal alles auf, was er herausgefunden hatte, und seine »Neue Astronomie«, die *Astronomia Nova*, erschien 1609. Sie ist so dicht gepackt mit Daten, dass man kaum merkt, dass Kepler Gesetze gefunden hat, nach denen die Bewegungen der Planeten ablaufen.

Die Kepler'schen Gesetze

1. Die Umlaufbahnen der Planeten haben die Form einer
   Ellipse.
2. Eine Linie, die von der Sonne zu einem Planeten gezogen
   werden kann, überstreicht in gleichen Zeiten gleiche Flächen (siehe Abb. unten).
3. Bei der Bewegung eines Planeten ist das Quadrat seiner
   Umlaufzeit proportional zur dritten Potenz der großen
   Halbachse.

Das dritte – und höchst kompliziert klingende – Gesetz
taucht bei Kepler allerdings erst später auf und wird an einer ganz anderen Stelle publiziert, nämlich im fünften Buch
seines Hauptwerkes, das den schönen Titel von der »Harmonie der Welt« trägt, *Harmonices mundi*, und erst 1619

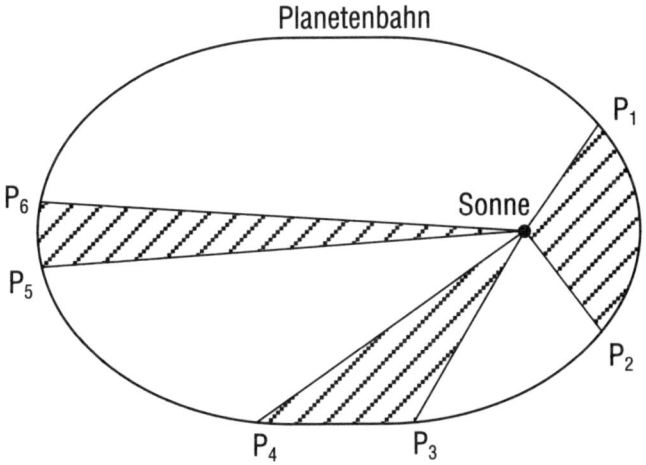

Das zweite Gesetz von Kepler besagt, dass die Verbindungslinie Sonne–
Planet in gleichen Zeiten gleiche Flächen abdeckt.

erscheint. Kepler versteckt die nur noch in der mathematischen Sprache fassbare Beziehung zwischen messbaren physikalischen Größen zwar so tief in seiner Schrift – er führt sie im dritten Kapitel des fünften Buches aus und listet sie als achten von dreizehn Hauptsätzen –, dass es eines anderen Genies bedurfte, um sie zu finden und für die Nachwelt zu retten (gemeint ist Isaac Newton, der uns noch stark beschäftigen wird). Doch ist bekannt, dass es diese Proportionalität war, die ihn in einen Rauschzustand versetzte, als er sie erkannte bzw. als sie ihm klar und einsichtig wurde. Kepler hat in der Folge Tage in »heiliger Raserei« zugebracht und er war Gott dafür dankbar, dass er ihm dieses Erkennen und dieses Erleben ermöglicht hat.

Wer sich fragt, was so umwerfend an dem dritten Gesetz ist, kann zwei Antworten bekommen. Zum einen beweist bzw. erhärtet der Befund, dass Planeten tatsächlich nicht auf Kreisbahnen – sondern auf Ellipsen – unterwegs sind, und die Gesetze zeigen zusammen, dass der Weltraum endgültig ein Terrain der Naturwissenschaft geworden ist und philosophisches Spekulieren über vollkommene Bahnen ausgedient haben. Konkrete Ursachen sind am Himmel nun ebenso gefragt wie die quantitativen Beweisführungen, um die sich das alte Denken gerne herumgedrückt hat.

Dieser rationalen Antwort gesellt sich eine unbewusste Dimension hinzu, die bei Kepler noch an anderer Stelle ausfindig gemacht werden kann – und von Wissenschaftshistorikern gerne übergangen, hier aber weiter unten besprochen wird. Was Kepler in seinem dritten Gesetz entdeckt hat, nennen wir eine Proportionalität und mit diesem Wort erfasst man das Gleichbleiben des Verhältnisses von zwei Größen, wenn beide sich ändern. Was sich nun bei Kepler ändert, sind keine gleichartigen, sondern verschiedenartige Größen – die eine erfasst den Raum (die Länge der Achsen), die zweite die Zeit (des Umlaufs). Raum und Zeit hängen offenkundig zusammen, wie hier früh sichtbar und erst 400 Jahre später mit Einsteins Relativität auf- und eingelöst wird. Kepler muss geahnt haben, dass er mit der proportionalen Relation zwischen Raum und Zeit etwas Fundamentales über die Welt entdeckt hatte, ohne dass er damals bereits in der Lage gewesen wäre, dies in sein Bewusstsein zu integrieren und symbolisch auszudrücken.

Das harte Leben

Es wird Zeit, das harte Leben des Johannes Kepler wenigstens in Umrissen zu schildern, wobei das Erzählte uns erst recht staunen und fragen lässt, wie jemand vor und mit diesem Hintergrund so große Leistungen vollbringen konnte. Kepler kommt am 16. Mai 1571 in Weil der Stadt zur Welt, also zwischen Schwarzwald, Neckar und Rhein. Er wächst als schwächliches Kind eines haltlosen Vaters in armseligen Verhältnissen auf und bekommt im Anschluss an eine Pockeninfektion (Blattern) ein Augenleiden, das ihn viele Jahre hindurch alles Gesehene vielfach wahrnehmen lässt. Seine Mutter betätigt sich als Kräuterkennerin und Wunderheilerin, was ihr später – in den Jahren 1620/21 – eine Anklage wegen Hexerei einbringt, um deren mühevolle Widerlegung sich ihr Sohn kümmern muss.

Der kleine Johannes besucht zuerst eine Lateinschule in Leonberg – irgendjemand hat wohl erkannt, dass hier ein Talent heranwächst – und dann die Klosterschule von Adelberg. Sein Gesundheitszustand wird endlich in den Jahren besser, in denen er auf die höhere Stiftsschule von Maulbronn geht, wo er 1588 ein Examen ablegt. Er darf anschließend am Tübinger Stift Theologie studieren, versäumt es dabei aber nicht, sich ebenfalls in Mathematik und Astronomie schulen zu lassen, und sein Lehrer wird hier der bereits erwähnte Michael Mästlin, der den Schützling schon früh mit den Gedanken des Kopernikus vertraut macht – allerdings nur in privater Runde. Dank einer Empfehlung von Mästlin bekommt Kepler nach dem Abschluss seiner Studien eine Anstellung in Graz, und zwar als Lehrer an der protestantischen Landschaftsschule. Kepler konnte sich Landschaftsmathematiker nennen, was ihm eine Vielzahl von Aufgaben übertrug, unter anderem das Anfertigen astrologischer Kalender. Zwar wird Kepler diese unwissenschaftliche Art der Himmelskunde irgendwann als »lästerliches Affenspiel« und »schrecklichen Aberglauben« bewerten und von sich weisen. Aber zunächst prägt ihn noch die Ansicht, »dass der Himmel den Menschen etwas tut« und wir mit ihm verbunden bzw. an ihn gebunden sind. Deshalb versucht Kepler auch, die astrologischen Wege zum Wissen im Detail zu nutzen, um Vorhersagen treffen zu können, und er hat bei seinem ersten Versuch großes Glück. Seine Prognosen, die einen schweren Winter für 1595/96 ankündigen und Unruhen unter den Bauern in Oberösterreich erwarten, treten beide ein und so wächst sein Ansehen in Graz. Trotzdem kann er hier nicht bleiben, als es 1598 zu einer Gegenreformation in der Steiermark kommt und alle aufrichtigen Protestanten aus der Stadt vertrieben werden. Kepler gehört dazu. Er verliert seine gesamte Habe und kommt im August 1600 als mittelloser Flüchtling bei Tycho Brahe in Prag an, der ihn aufnimmt bzw. einstellt.

In der kurzen Zeit des unbeschwerten Glücks – 1596/97 – hat Kepler sein damals bewundertes und uns heute noch verwunderndes Werk *Mysterium Cosmographicum* geschaffen, in dem er zum ersten Mal eine neue Deutung des

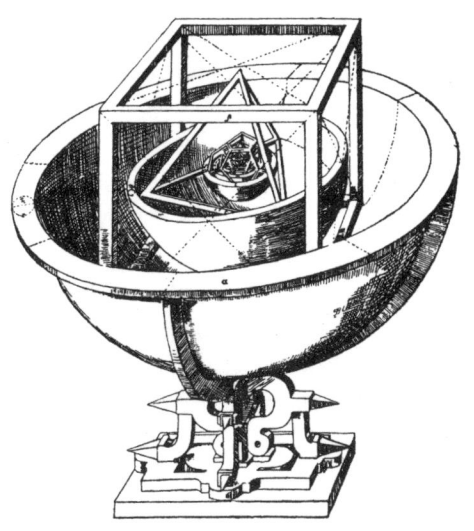

Keplers Weltgeheimnis – er verschachtelt geometrische Körper, sodass die Kugeln um sie herum die Planetensphären ergeben.

Kosmos gibt (siehe Abb. oben). Wir wollen uns im Folgenden auf das Physikalische in Keplers Existenz konzentrieren und deshalb an dieser Stelle notieren, was seine Grundüberzeugung in den Glaubensfragen war, die damals über Tod und Leben entscheiden konnten. Das Bekenntnis, an dem Kepler stets festhielt und das für ihn nicht verhandelbar war, ist Theologen als Augsburger Bekenntnis des Luthertums bekannt. Die umfangreiche *Confessio Augustiana* von 1540 besagt zum Beispiel, dass alle Menschen in Sünden empfangen und geboren sind und dass Christus als Sohn Gottes Mensch geworden ist und die menschliche und göttliche Natur in einer Person vereinigt. Darüber hinaus trat Kepler nur für eine symbolische Anwesenheit Christi beim Abendmahl ein. Das heißt, für Kepler *ist* der Wein nicht das Blut Christi, der Wein *bedeutet* es nur. Diese Einstellung weist auf Keplers Fähigkeit hin, in Symbolen zu denken – auch mathematische Zeichen stellten für ihn Symbole dar, das heißt, sie konnten neben den rationalen auch emotionale Dimensionen entfalten und ihn so logisch und freudig zugleich vorankommen lassen.

Das Weltgeheimnis

Kepler ist 25 Jahre alt, als ihm beim Nachdenken über die Frage, warum es nur eine bestimmte Anzahl von Planeten und nicht beliebig viele gibt, der Gedanke kommt, dass es darauf eine geometrische Antwort geben müsse. Er studiert die Texte von Euklid und findet, dass der griechische Geometer nur fünf Körper kennt, deren Begrenzungsflächen gleich sind. Mehr gibt es nicht. Die bekanntesten Beispiele für solche »Gleichflächner« sind die Pyramide, die aus vier Dreiecken besteht, und der Würfel, der aus ebenso vielen Vierecken zusammengesetzt ist. Euklid hat darüber hinaus noch das Oktaeder (aus acht Dreiecken), das Dodekaeder (aus zwölf Fünfecken) und das Ikosaeder (aus 20 Dreiecken) angegeben und Kepler sieht, dass sich all diese regelmäßigen Körper so von Kugeln umhüllen lassen, dass ihre Spitzen an die Oberfläche stoßen. Damit lassen sich die fünf Körper ineinanderschachteln und Kepler gelingt es, sie so anzuordnen, dass die Radien der Kugelschalen genau die Bahnradien ergeben, die im kopernikanischen System erwartet werden.

»Kepler ist entzückt und glaubt, das Geheimnis der Welt entdeckt zu haben«, wie der Astrophysiker Rainer Kayser einmal geschrieben hat, und so nennt er denn auch das Buch, in dem er seinen Aufbau der Welt mitteilt, *Mysterium Cosmographicum*. Die Lektüre des Buches zeigt aber nicht nur Keplers unglaubliche Raffinesse als Mathematiker. Es gibt auch die eigentliche Quelle seines Entzückens preis, wenn er voller Begeisterung schreibt, dass er glaubt, am

Himmel »das körperliche Abbild Gottes« gefunden zu haben. Kepler drückt sich dabei leider etwas umständlich aus, wenn er schreibt:

»Das Abbild des drei-einigen Gottes ist in der Kugel (-fläche), nämlich des Vaters im Zentrum, des Sohnes in der Oberfläche und des Heiligen Geistes im Gleichmaß der Bezogenheit zwischen Punkt und Zwischenraum (oder Umkreis).«

Anders gesagt: Die vom Mittelpunkt zur Oberfläche verlaufende Ausdehnung der Kugel wird zum Sinnbild der Schöpfung und die Oberfläche symbolisiert das ewige Sein Gottes und das alles kann man im kopernikanischen System machen, wenn die Sonne im Zentrum steht.

Die unbewussten Vorgaben

Spätestens an dieser Stelle muss eine psychische Deutung ins Spiel kommen, denn wie anders können wir verstehen, wie aus einer rationalen Einsicht ein emotionales Entzücken wird? Leider scheuen die traditionell argumentierenden Wissenschaftsphilosophen vor solchen spirituellen bzw. seelischen Deutungen bis heute zurück. Dabei hat der große und mit dem Nobelpreis für sein Fach geehrte Physiker Wolfgang Pauli (1900–1958) bereits in den frühen 1950er-Jahren auf diese irrationale Dimension des Erkennens im Rahmen seiner Kepler-Studie hingewiesen. In ihr konstatiert Pauli zunächst, was damals noch ungewohnt war, heute aber von jedem akzeptiert wird, dass nämlich jeder Forscher in einem bestimmten Paradigma verfangen argumentiert bzw. sich an einen bestimmten Denkstil hält. Bei Kepler handelt es sich um unbewusste Vorgaben, die Pauli als »Urbilder der Seele« deutet und die man auch als Archetypen

verstehen kann. Sie liegen bei Kepler klar vor Augen, nämlich die Dreieinigkeit Gottes bzw. die Trinität, und so erklärt
sich zwar zwanglos und überzeugend, aber trotzdem überraschend, was ihn an der kopernikanischen Ordnung fasziniert. In Paulis Worten (und mit seiner Betonung):

»Weil er [Kepler] Sonne und Planeten mit diesem archetypischen Bild [der Trinität] im Hintergrund anschaut,
glaubt er mit religiöser Leidenschaft an das heliozentrische
System – nicht etwa umgekehrt, wie eine rationalistische
Auffassung annehmen könnte. Dieser heliozentrische Glaube, dem [der Protestant] Kepler seit seiner frühen Jugend
treu ist, veranlasst ihn, nach den wahren Gesetzen der Proportion der Planetenbewegung als dem wahren Ausdruck
der Schönheit der Schöpfung zu suchen.«

Tatsächlich war Kepler »fasziniert von der alten pytha-
goräischen Idee der Sphärenmusik«, wie Pauli weiter
schreibt, und der gläubige Astronom »suchte in der Bewegung der Planeten nach denselben Proportionen, die bei
den harmonischen Klängen der Töne und bei den regulären
Polyedern vorkommen.« Alle Schönheit liegt ihm als ech-
tem geistigen Nachkommen der Pythagoräer in der richti-
gen Proportion, denn »Geometria est archetypus pulchritu-
dinis mundi«, wie seine eigenen Worte in lateinischer Sprache lauten, die man mit »Die Geometrie ist das Urbild der
Schönheit der Welt« übersetzen kann.

Kepler verwendet die Begriffe Archetypus und Geometrie häufig zusammenhängend. Pauli zitiert seinen Satz, »Die
Spuren der Geometrie sind in der Welt ausgedrückt, wie
wenn die Geometrie gleichsam der Archetypus des Kosmos
wäre«, und er findet in Keplers Hauptwerk *Harmonices
mundi* genau die Auffassung der Erkenntnis, der er selber
anhängt. Es heißt bei Kepler (wobei an einigen Stellen das
lateinische Original mit angegeben wird):

»Erkennen heißt, das äußerlich Wahrgenommene mit den inneren Ideen zusammenbringen und ihre Übereinstimmung (congruum) beurteilen, was Proclus [der Keplers Lieblingsautor war] sehr schön ausgedrückt hat mit dem Wort ›Erwachen‹ wie aus einem Schlaf. Wie nämlich das uns außen Begegnende uns erinnern macht an das, was wir vorher wussten, so locken die Sinneserfahrungen, wenn sie erkannt werden, die intellektuellen und innen vorhandenen Gegebenheiten (ante intus praesentia) hervor, sodass sie dann in der Seele aufleuchten (reluceant in anima), während sie vorher wie verschleiert (in potentia) dort verborgen waren.«

Was Kepler als Aufleuchten der Seele bezeichnet, kann man auch als Entzücken oder Glücksempfinden bezeichnen, wie es der zitierte Astrophysiker getan hat, und es muss vielen Forschern als das wunderbare Gefühl der Zufriedenheit bekannt sein, das sich als Folge einer gelungenen Entdeckung einstellt. Leider haben die dazugehörigen Philosophen diese emotionale Dimension nicht mitbekommen. Sie suchen stattdessen immer noch nach der kalten Logik der Forschung. Sie aber kann keinesfalls die Wärme erfassen, die der Wissenschaftler fühlt, dessen Seele aufleuchtet, weil die geeigneten Bilder zur Deckung gekommen sind und eine Art Erkenntnis gelungen ist, wie wir es bei Kepler erlebt haben.

Sehr vieles fehlt noch, um ein umfassendes Bild von Johannes Kepler zu bekommen, der es trotz häufiger Krankheit und oft ausbleibender Gehalts- und Honorarzahlungen geschafft hat, insgesamt 17 Kinder aus zwei Ehen großzuziehen. Kepler hat nicht nur über den Himmel gearbeitet, sondern sich auch Gedanken über das Auge gemacht, mit dem wir zu ihm aufblicken. Dabei ist ihm als Erstem aufgefallen, dass die Linse des Auges dafür sorgt, dass das Abbild auf der Netzhaut auf dem Kopf steht, woraus zumindest folgt, dass das Auge allein nicht für das Bild der Welt zuständig ist, das uns bewusst wird. Kepler ahnt, dass es beim Sehen einen Beitrag von uns selbst gibt, nämlich durch die inneren Bilder, von denen oben die Rede war.

1615 wagt sich Kepler an die Aufgabe, einen »Bericht vom Geburtsjahr Christi« zu geben, in dem er versucht, das Erscheinen des berühmten Sterns von Bethlehem genauer zu bestimmen, von dem babylonische Astrologen Kunde gegeben haben. Sie haben genauer über eine Konjunktion von Saturn und Jupiter berichtet, bei der die beiden Planeten erst zu verschmelzen und sich rückwärtslaufend zu trennen schienen. Solch eine kosmische Konstellation meinte Kepler zeitlich genau lokalisieren zu können. Als es ihm gelang, kam es zu einer nicht unbeträchtlichen Verschiebung des wichtigsten aller Geburtsjahre. Kepler zeigte nämlich – in seinen Worten und der damaligen Rechtschreibung –, dass »unser Herr und Hailand Jesus Christus nit nur ein Jahr vor dem anfang unserer heutige tags gebreuchlichen Jahreszahl geboren sey, sondern fünff gantzer Jahre davor«.

Und so könnte man immer weiter von Kepler erzählen, der Wissenschaft als Gottesdienst verstand, der es albern fand, in der Bibel ein Lehrbuch der Astronomie zu sehen, und der die Welt vielfach mit seinen Einsichten überraschte und einmal von ihr überrascht wurde. Im Jahre 1609 klopfte ein Freund in heller Aufregung an seine Tür, um ihm mitzuteilen, dass ein italienischer Astronom namens Galileo Galilei (1564–1642) vier neue Planeten entdeckt habe. Kepler traute seinen Ohren nicht. Vier neue Planeten – wo sollten die in seinem Weltenplan Platz finden? Zum Glück hatte sich der Berichterstatter geirrt. Was Galilei entdeckt hatte, waren vier Monde bei Jupiter. Das Zeitalter des Fernrohrs hatte begonnen.

Galileo Galilei (1564–1642)

Keine Frage – Galileo Galilei hat Großartiges geleistet und
Geniales zustande gebracht. Zu bewundern ist sein Gedankenexperiment, mit dem er einen alten Irrtum des Aristoteles entlarvte, der behauptet hatte, schwere Körper fallen
schneller zur Erde als leichte (was viele Menschen heute
noch glauben). Galilei konnte diesen Fehler des gesunden
Menschenverstandes widerlegen, ohne dass er eigens deswegen den Schiefen Turm von Pisa besteigen musste. Er zeigte,
wie man allein durch Nachdenken herausfinden kann, dass
alle Körper gleich fallen. Es sieht nur so aus, als ob ein Stein,
den eine Hand loslässt, schneller den Boden erreicht als das
Blatt, das gleichzeitig losgelassen wurde. Aber das liegt nicht
am unterschiedlichen Gewicht der beiden Gegenstände,
sondern an dem unterschiedlichen Einfluss, den die Luft auf
sie ausübt. Ein Blatt schwebt mehr, als dass es stürzt, und
die Wissenschaft interessiert sich seit Aristoteles primär allein für den freien Fall und nicht für den Auftrieb. Wenn
man sich jetzt zwei verschieden schwere Körper vorstellt, die
fallen – so das geniale Gedankenexperiment des Galilei –,
und sich dann fragt, was passiert, wenn man sie zusammenklebt und loslässt, dann gibt es zwei Möglichkeiten: Entweder fällt das Duo gleich schnell wie ein Einzelteil, dann erreichen beide die gleiche Geschwindigkeit; oder das Duo fällt
schneller als ein Einzelteil, dann hat man aber ein Problem,
nämlich die Kraft anzugeben, die für die Zunahme der Geschwindigkeit sorgt. Nun gibt es solch eine Kraft nicht, wie
Galilei klarmachte, woraus folgt, dass alle Körper – im luftleeren Raum – gleich schnell fallen, und zu dieser Widerlegung von Aristoteles' sinnlich bedingtem Irrtum braucht es

das öffentlichkeitswirksame Experiment nicht, von dem die Legende erzählt (über das die Leute besser Bescheid wissen als über die Physik, die dahintersteckt).

Galileis Größe

An dieser Stelle lohnt ein Augenblick des Innehaltens, denn Galilei zeigt, wie der gesunde Menschenverstand in die Irre führen kann, wenn man ihn zur Erklärung des Wirklichen verwendet. Er und der Augenschein können uns täuschen und wir sollten für die verbleibenden Stufen auf unserer kosmischen Treppe gewarnt sein und vom Common Sense nicht zu viel erwarten. Galilei zeigt auch, dass konsequentes Festhalten an Rationalität helfen kann, und er setzt sie erneut bei einer wunderbaren Betrachtung ein, bei der er das, was jemand an Bord eines Schiffes erlebt, mit dem vergleicht, was jemandem im Hafen passiert. Unser Held konzentriert sich auf einfache Bedingungen wie die, dass das Schiff mit gleichmäßiger Geschwindigkeit geradeaus fährt und die beiden Beobachter – einer unterwegs mit dem Schiff und der zweite in Ruhe an Land – mit einem Ball spielen, indem sie ihn hochwerfen oder fallen lassen. Wie wir jetzt alle nachvollziehen können, macht es unter den genannten Bedingungen überhaupt keinen Unterschied, ob wir an Bord eines Schiffes Federball spielen oder dies im Hafen tun. Und das Glas, das mir aus der Hand rutscht, fällt in der Bar an Land genauso zielstrebig und schnell zu Boden wie in der Bar an Bord.

Das wissen wir zwar, aber Galilei macht es uns in seinen Schriften erneut klar, um hieraus eine dramatische Folgerung zu ziehen. Sie lautet, dass ein mathematisch formuliertes Naturgesetz unabhängig von dem Bezugssystem sein muss, in dem es aufgestellt wird – wenn nur solche Systeme zugelassen werden, die sich gleichförmig gegeneinander bewegen, wie es im Beispiel mit dem Schiff der Fall war. Wenn das Schiff anfängt, Wendemanöver zu machen, ändert sich die Lage. Die Physik wird dann so kompliziert, dass sich erst Einstein nach 1900 darum kümmern konnte.

Es ist doch klar, sagt Galilei – der Ball fällt auf dem Schiff so auf den Boden wie an Land, was bedeutet, dass das Naturgesetz, das diesen Vorgang erfasst, unabhängig davon sein muss, ob ich Position und Bewegung des Balles in einem System beschreibe, das auf dem Schiff oder im Hafen verankert ist. Die Wissenschaft kennt diese Forderung an (bzw. die Bedingung für) ein Naturgesetz als Galilei-Invarianz und sie ist von großer Bedeutung für die Geschichte der Wissenschaft geworden. Wir wollen diese aber nicht weiter verfolgen, sondern – im Gegenteil – noch einmal in die Zeit vor diesem Postulat zurückgehen, denn auch da zeigt sich Galilei wirkungsmächtig. Er ist es nämlich, der überhaupt erst auf die Idee kommt, dass es mathematisch formulierbare Naturgesetze geben kann bzw. sollte, indem er behauptet bzw. als seine Vision verkündet, dass das Buch der Natur in der Sprache der Mathematik geschrieben ist – wobei die Geometrie dazugerechnet wird.

Das berühmte geometrische Glaubensbekenntnis findet sich in Galileis Werk *Il Saggiatore* und lautet wörtlich: »Das Buch der Natur kann man nur verstehen, wenn man vorher die Sprache und die Buchstaben gelernt hat, in denen es geschrieben ist. Es ist in mathematischer Sprache geschrieben und die Buchstaben sind Dreiecke, Kreise und andere geometrische Figuren und ohne diese Hilfsmittel ist es menschenunmöglich, auch nur ein Wort davon zu begreifen.«

Merkwürdig an dieser These ist zum einen, dass Galilei sie aufstellt, ohne selbst solch ein Gesetz zu kennen – er ist bekanntlich bei seinen Versuchen gescheitert, die Strecke, die ein Körper beim freien Fallen zurücklegt, mit der Zeit zu verknüpfen, die dabei vergeht. Heute lernt man im Physikunterricht, dass sich die bewältigte Strecke s aus der benötigten Zeit t mithilfe einer Konstanten g – der berühmten Gravitationskonstanten, die Newton entdeckt hat und auf Seite 116 beschrieben wird – berechnen lässt, und zwar dank der keineswegs simplen Formel $s = \frac{1}{2} gt^2$, die Galilei aber verborgen geblieben ist (was einen nicht wundert, wenn man sich klarmacht, dass es zu seiner Zeit kaum möglich war, Zeiten ausreichend genau zu messen; es gab keine Chronometer und man musste Pulsschläge zählen).

Merkwürdig an seiner These ist zum Zweiten, dass wir sie sofort akzeptiert haben und Galileis Worte bis heute für die Verkündigung einer Wahrheit halten. Dabei ist es in den 400 Jahren, die seit Galileis Reden vom Buch der Natur vergangen sind, bestenfalls in der Physik – genauer: in einigen ihrer Bereiche – gelungen, mathematische Formeln mit Gesetzescharakter aufzustellen. Die Biologie kann selbst im molekularen Bereich so nicht erfasst werden und von der Psychologie und den Wissenschaften mit noch komplexeren Objekten muss sicher dasselbe gesagt werden. Und abgesehen davon gibt es Physiker, die ganz sicher die Natur verstanden haben, auch wenn sie Schwierigkeiten mit der Mathematik hatten – als historisch überragendes Beispiel kann auf den Briten Michael Faraday (1791–1867) verwiesen werden.

Galileis Durchblick

Wir sehen, Galilei wirkt, auch wenn es manchmal an Substanz mangelt, wobei man besser sagen sollte, Galileis Worte wirken, und tatsächlich loben alle, die über ihn schreiben, seinen eleganten Stil und den Lesegenuss, den seine oft als Dialoge verfassten Texte erlauben. Es ist auch leicht vorstellbar, dass Galilei ein großer Rhetoriker war, der donnernd und dramatisch seine Einsichten verkünden konnte, der keinen Widerspruch scheute und keinen Streit ausließ.

Keine Frage, Galilei war ein mutiger Mann und es ist diese Qualität, die ihn – nicht sofort, aber früh genug – gegen mancherlei Widerstände das neue Instrument ergreifen und benutzen ließ, das ihm vermutlich bereits im Sommer 1609 in die Hände fiel, als ein Händler aus Paris in Italien eintraf, der ein Gerät mit zwei Linsen aus Holland mitbrachte, das bald Fernrohr – Teleskop – hieß. Ein Jahr zuvor hatte ein Brillenmacher namens Hans Lipperhey zwei Linsen – eine konkav und eine konvex geformt – so in einer Röhre angeordnet, dass beim Durchschauen ferne Gegenstände näher (größer) schienen.

Galilei sah sofort, dass das Teleskop mehr als ein Spielzeug und zum Beispiel von militärischem Nutzen war, um feindliche Schiffe früher erblicken zu können, und es wird spekuliert, dass es dieser Aspekt ist, mit dem Galilei bei seinen Dienstherren Aufsehen erregen und seine Bezüge verbessern konnte. Er lehrte damals an der Universität Padua, die als wissenschaftliches Zentrum der Republik Venedig galt. Mit dem hervorragenden Glas, das auf der Insel Murano erzeugt werden konnte, und dank seiner technischen Begabung gelang es Galilei, bessere Teleskope als die bisher angebotenen herzustellen, und so konnte er den venezianischen Honoratioren mit ausreichendem Vergrößerungsfaktor und mit großem Vergnügen vorführen, wie man damit den Feinden – etwa aus dem Osmanischen Reich – voraus sein und sie früher sehen könne – wobei er dies alles unternahm, um neben seinen Bezügen auch seinen Rang zu verbessern, die er beide für viel zu niedrig hielt.

Erst nach dieser militärisch-politischen Vermarktung fiel es Galilei ein, das Instrument der Fernsicht zu wissenschaftlichen Zwecken einzusetzen, aber sobald er das tat, was ihn in unseren Augen berühmt macht, rieselte es schöne und gefährliche Entdeckungen über den Himmel. Bevor wir auf sie eingehen, gilt es aber, seinen bislang unbeachteten Lebensfaden aufzugreifen und vorzulegen.

Galilei wurde 1564 in Pisa als Sohn eines Musiktheoretikers geboren, der eine »musica speculativa« entworfen hatte, seinen Sohn privat unterrichten ließ und mit der Familie zwischen Pisa und Florenz hin- und herpendelte. Der junge Galileo hält dieses Leben bis zum 18. Geburtstag aus, um dann an der Universität seiner Heimatstadt erst Medizin zu studieren, sich dann aber immer mehr für Mathematik und Physik zu interessieren. Am meisten fasziniert ihn das Werk von Archimedes und hier sind es vor allem schwimmende Körper, deren Bewegungen mit ihrem Auf und Ab Galilei faszinieren. Er ersinnt in dem Zusammenhang das Instrument, das als Galilei-Thermometer sich heute in vielen Wohnzimmern großer Beliebtheit erfreut. Obwohl Galilei den mechanischen Konstruktionen viel Zeit widmet und etwa mit einer hydrostatischen Waage brilliert, bekommt er als erste Anstellung eine Professorenstelle in Pisa, auf der er Mathematik treiben soll.

Er ist unzufrieden, vor allem mit dem Gehalt, das nur ein Zehntel der Summe ausmacht, die den Medizinern gezahlt wird, und er sinnt auf Abhilfe, wie sie später etwa mit dem Fernrohr gelingt. Zur Not fertigt er auch Horoskope an. 1592 übernimmt er eine besoldete Professur für Mathematik in Padua, wo er die nächsten 18 Jahre verbringt, die er als glücklich bezeichnet, was Historiker nicht zuletzt der Zuneigung zuschreiben, die Galilei dort durch die Venezianerin Marina Gamba erfährt, die ihm drei Kinder schenkt,

ohne dass es ihr gelingt, ihn in den Hafen der Ehe zu manöv-
rieren.

Allmählich erwacht sein Interesse an den Sternen und es
bereitet ihm Vergnügen, dem großen Aristoteles Irrtümer
nachzuweisen bzw. ihn zu korrigieren und ihm zu widersprechen. Galilei gibt dabei der Wissenschaft ein neues Programm vor: nämlich bei einer Bewegung – auch der von
Himmelskörpern – weniger wissen zu wollen, *warum* sie so
verläuft, sondern eher zu fragen, *wie* sie sich vollzieht. Das
geht allgemein: Wie fallen Steine? Wie strömen Bäche? Wie
steigen Nebel auf? Das geht aber auch konkret: Wie kommt
es etwa zu den massiven Verschiebungen der ozeanischen
Wassermengen, die wir Ebbe und Flut nennen?

Galilei überlegt, ob es eine Drehung der Erde ist, die als
Ursache dafür infrage kommt, wobei wir diese Überlegung
deshalb anführen, weil Galilei sich dabei auf das Werk von
Kopernikus bezieht, in dem dieser genau solch eine Rotation beschreibt. Eigentlich müsste sich Galilei dann auch mit
der heliozentrischen Idee anfreunden und sie gegen die Kir-
chenansicht einer ruhenden Zentralerde vertreten. Aber
noch bewegt er sich nicht.

Der Blick durch das Fernrohr

Wir müssen auf das 17. Jahrhundert – auf das Erscheinen
des Fernrohrs – warten, bevor es in Galileis Leben so dramatisch zugeht, wie wir erwarten. Dann allerdings geht es
tatsächlich rund und am Ende steht er vor der Inquisition,
bevor er schuldbewusst niederknien und Abbitte leisten
wird, und das vor allem (wenn auch nicht nur), weil die
kirchlichen Würdenträger Angst vor einem kleinen Instrument mit Glaslinsen haben, das Galilei virtuos beherrscht.

Nachdem er das erste Fernrohr in Händen gehalten hatte, besorgte sich Galilei Glas für Linsen und Bleirohre und konstruierte mit ihrer Hilfe ein wohl außerordentlich gutes Instrument, mit dem er das für die damalige Zeit größte Teleskop auf den Himmel richten konnte. Die vom Herbst 1609 an folgenden Monate erlauben es Galilei, eine neue Welt »wie im Rausch zu erobern«, wie Albrecht Fölsing einmal geschrieben hat. Neun Monate nach dem ersten Blick durch das neue Gerät fertigt Galilei den ersten Bericht über seine weitreichenden Einsichten an. Das fertige Buch trägt den Titel *Sidereus Nuncius*, was sich sowohl als »Sternenbote« als auch als »Botschaft von den Sternen« lesen lässt. Galileis selbstbewusste Keckheit legt es natürlich nahe, dass er sich als Sternenbote versteht, und er hat uns eine Menge aus den himmlischen Sphären mitzuteilen, die uns umgeben.

Wie nicht anders zu erwarten und wie wir selbst es auch gemacht hätten, widmet sich Galilei zuerst dem Mond, von dem er herrliche Zeichnungen anfertigt (siehe Abb. S. 106). Es sind nicht nur die Blätter selbst, die Galilei als Künstler erscheinen lassen; es sind auch die Einsichten, die das Gesehene ergeben, die auf einen künstlerischen Geist verweisen, und der erkennt etwas für die damalige Welt Sensationelles. Galilei deutet die gezackten Linien, die der teleskopische Blick auf den Mond dem Auge liefert, nämlich als Schatten. So etwas kennt ein Landschaftsmaler, der zudem sofort weiß, dass Schatten dieser Ausmaße von Gebirgen kommen. Und diese teleskopische Wahrnehmung lässt nur einen Schluss zu, nämlich den, »dass der Mond keineswegs eine sanfte und glatte, sondern eine raue und unebene Oberfläche besitzt und dass er, ebenso wie das Antlitz der Erde selbst, überall mit ungeheuren Schwellungen, tiefen Mulden und Krümmungen dicht bedeckt ist«.

Galileis Blick auf den Mond
mit einem Fernrohr lässt
ihn Schatten erkennen,
aus denen er auf Berge
schließt, die sie werfen.

So schreibt Galilei selbst als »Sternenbote« und diese Worte und die in ihnen ausgedrückte Einsicht überwinden (erneut) die Zweiteilung des Kosmos und bringen das Universum zuwege, in dem keine vollkommenen und perfekten göttlichen Kreationen versammelt sind, sondern in dem sich unvollkommene und physikalisch formbare Körper auf Trab halten, deren Kausalmechanismen es nun zu erkunden gilt.

Galilei möchte dieselben Einflüsse physikalischer Kräfte gerne auch bei den Fixsternen erkennen können, aber sein Instrument reicht dazu nicht aus. Es zeigt ihm beim Betrachten dieser weiten bzw. hohen Sphären trotzdem etwas Neues, nämlich dass das Band der Milchstraße dort überhaupt kein kontinuierliches Gebilde ist. Im Teleskop löst sich das galaktische Band vielmehr in zahlreiche Punkte auf und Galilei ist sicher, dass er ein Universum mit sehr viel mehr Einzelsternen betrachtet, als wir uns träumen lassen.

Als Nächstes wendet sich Galilei den Planeten zu und er entdeckt, dass der Saturn einen Ring hat wobei wir sagen sollten, dass das damals verfügbare Fernrohr ihm nur ge-

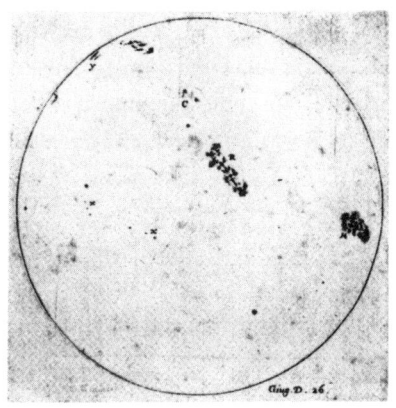

1613 zeichnet Galilei
Sonnenflecken; sie zeigen,
dass unser Zentralgestirn
nicht vollkommen rein,
sondern dreckig ist.

stattete, etwas Irreguläres an der Oberfläche von Saturn zu
orten. Die spannendsten Beobachtungen gelingen Galilei
beim Jupiter und sie betreffen die den Kollegen Kepler ver-
wirrenden vier Monde, die diesen großen Planeten umrun-
den. Galilei nennt sie zunächst noch nicht so, vielmehr bezeichnet er sie als Satelliten – ein Wort, das in die Umgangs-
sprache eingeht und unseren modernen Ohren in vielen
Kontexten vertraut ist. Die Existenz der Satelliten (Monde)
des Jupiter – und damit das Vorhandensein eines Sonnensystems im Kleinen bei diesem Planeten – liefert Galilei das
deutlichste Argument dafür, dass das kopernikanische Modell des Universums etwas taugt. Er hat ja funktionierend
vor Augen, dass der größte Körper zentral positioniert zu
sein hat – also die Sonne im Fall des großen Systems, von
dem unsere Erde ein planetarer Teil ist.

Bei dieser Sonne bemerkt Galilei 1613 – er ist inzwischen
in Florenz tätig – die Erscheinung, die wir heute immer
noch als Sonnenflecken bezeichnen, ohne dass wir damit
ausdrücken wollen, dass die Sonne schmutzig ist und gerei-
nigt werden müsste (siehe Abb. oben). Genau auf solch ei-

nen Schmutz aber wollte Galilei hinweisen, um auf diese Weise unüberhörbar zum Ausdruck zu bringen, dass die von der Kirche erfahrungsfrei verbreitete Ansicht, die Sonne sei rein und vollkommen, als Unfug zu erkennen ist.

Der Kampf mit der Kirche

Damit nähern wir uns einem Thema, das nicht übergangen werden kann, wenn Galileis Name auftaucht, nämlich seiner Kontroverse mit der kirchlichen Autorität, die viele Menschen auch amtlich noch bis in unsere Tage beschäftigt. Formal geht es um sein Bekenntnis zum heliozentrischen System bzw. um die Frage, ob die Wissenschaft das Modell eines Universums, in dem die Erde nicht im Mittelpunkt der Welt steht, sondern sich auf einer Umlaufbahn um die Sonne befindet, beweisen kann oder ob sie damit eine Hypothese anbietet, deren Evidenz noch fraglich und zu erbringen ist. Galilei hat sich lange Zeit zurückhaltend benommen und es hat ihn auch niemand gefragt, was denn nun richtig sei. Er war Hofmathematiker fern vom Zentrum der kirchlichen Autorität und also kaum für astronomische Fragen mit theologischer Bedeutung zuständig.

Die Lage ändert sich mit der »Botschaft der Sterne«, die Galilei berühmt macht und ihm den Titel »Erster Mathematiker und Philosoph des Großherzogs der Toskana« einbringt. Er zieht dazu nach Florenz – ohne Marina, die Mutter seiner Kinder – und findet von nun an offenbar Gefallen daran, die Autoritäten zu ärgern. Im Fall Galilei geht es immer auch um persönliche Eitelkeit, was aber hier nur angemerkt werden soll, da in dem sich entspinnenden Streit ein grundsätzliches Thema steckt, das uns bis heute zu schaffen macht. Es geht bei der Auseinandersetzung zwischen Galilei und der Kirche um das Verhältnis von Glauben und Wissen.

In Galileis Welt und Zeit dominiert deutlich der Glaube, der sich nicht nur auf einen Gott bezieht, sondern sich aufschwingt, auch dort das Sagen zu haben, wo man Wissen durch Erfahrung sammeln könnte, wenn man sich nur daranmachte. Galilei unternimmt diese Arbeit. Er will den Glauben in seine Schranken verweisen und er überschätzt dabei (weder als Erster noch als Letzter), was man wissen kann bzw. was sich tatsächlich beweisen lässt. Er steht einem klugen Papst gegenüber, der ein Jugendfreund von ihm ist und aus diesen Tagen zum einen wohl weiß, wie genau Mathematiker etwas beweisen können, und der darüber hinaus zum anderen klar sieht, wie wenig die Mathematik letztlich mit der Wirklichkeit zu tun hat, um die es Galilei geht.

Galilei versucht mit der Kirche, was Kopernikus bei der Erde gelungen ist, sie nämlich in Bewegung zu versetzen, aber die klerikalen Institutionen erweisen sich als träge und widerspenstig. Als er sich in den 1630er-Jahren offen für das heliozentrische Weltbild ausspricht, geht die Kirche zum Gegenangriff über, indem sie eine obskure Aktennotiz von 1616 zitiert, die es Galilei angeblich verboten hat, das kopernikanische System zu lehren. Er darf es – als eine nette Hypothese – erwähnen, aber er darf es als akademischer Lehrer nicht als tatsächliches Modell der Welt vorstellen.

Inzwischen ist klar, dass es sich bei der erwähnten Notiz um eine der vielen Lügen und Fälschungen handelt, die in kirchlichen Kreisen und mit päpstlicher Zustimmung an der Tagesordnung sind und über die die Öffentlichkeit mit einem merkwürdigen Achselzucken hinweggeht. Vielleicht kann man in Kirchenkreisen deshalb so gerne und bedenkenlos lügen und betrügen, weil man zum einen glaubt, damit einem höheren Zweck zu dienen, und weil es zum anderen möglich ist, inbrünstig für die Vergebung dieser Sünden zu beten.

Die gefälschte Notiz kommt 1632 ins Spiel, als Papst Urban VIII., der einst ein Freund Galileis war, sich über den *Dialog über die beiden Weltsysteme* ärgert, in dem seine Position von einem Simpel namens »Simplicio« vertreten wird, was vom Autor vielleicht etwas zu dick aufgetragen ist. Der Ärger des Papstes ist menschlich verständlich. Galilei wird vor die Heilige Inquisition zitiert, wo es bekanntlich nicht fair zugeht, sondern mit Fälschungen und Folterandrohungen und zuletzt mit Hinweisen auf den Scheiterhaufen gearbeitet wird, auf dem Giordano Bruno 1600 qualvoll gestorben ist – alles natürlich im christlichen Auftrag aus reiner Menschenliebe und zur Rettung unschuldiger Seelen (oder so ähnlich). Auf diese Weise gelingt es, Galilei in und auf die Knie zu zwingen und ihn demütig der kopernikanischen Lehre förmlich abschwören zu lassen. Doch was er im Juni 1633 tatsächlich tut, bringt bekanntlich nichts, da die kopernikanische Überzeugung in seinem Herzen bewahrt bleibt. Hier, im unverfügbaren Innen denkt und empfindet er ganz sicher, was dann als realiter ausgestoßener Ruf kolportiert wurde – »Und sie bewegt sich doch!«, die Erde nämlich, und zwar dann, wenn sie die Sonne umkreist und die Jahreszeiten ermöglicht, die auch der Papst genießt, ohne sie anders erklären zu können.

Natürlich bleibt das große Galilei-Thema trotz aller Urteile offen. Auf Fragen der Art, was wir glauben müssen und wissen können bzw. was wir durch Glauben wissen können und was wir von unserem Wissen nur glauben, geben uns Urteile eines Inquisitionsgerichts keine Antwort. Es sind unlösbare, das heißt im menschlichen Rahmen offen bleibende und aus ihm hinausweisende Fragen, deren Debatte lange vor Galilei begonnen hat und die durch ihn nur pointiert – auf seine Person und sein Leben gerichtet – wurde und die lange nach dem Tod des Sternenboten weitergeht. Viele der heute Lebenden haben mitbekommen, wie zuletzt Papst Johannes Paul II. mit dem Fall Galilei gerungen hat. Es ist sicher zu begrüßen, dass der Pontifex Maximus – der größte Brückenbauer – im Jahre 1992 nach 350 Jahren die Verdammung Galileis aufgehoben und der Wissenschaft die Hand zur Versöhnung gereicht hat. Aber es hilft wenig, wenn dabei festgelegt wird, Galileis Verurteilung sei das Ergebnis »eines tragischen wechselseitigen Unverständnisses zwischen dem Pisaner Wissenschaftler und den Richtern der Inquisition« gewesen. Es gilt, die Quellen für dieses Unverständnis zu finden. Sie liegen tiefer, als viele meinen.

Die wissenschaftliche Eroberung des Universums

Isaac Newton (1642–1727)

Zeitlich bemerkt man den Übergang in die moderne Physik kaum. Newton wird in dem Jahr geboren, in dem Galilei stirbt.[1] Aber was der Engländer in seinem Lebenswerk zustande bringen wird, ergibt eine völlig neue Qualität der Wissenschaft von der Natur, wobei sich dieses Wort zu Newtons Lebzeiten immer noch auf die Sterne und den Weltraum bezieht, was uns heute schwerfällt. Newtons großer und wahrlich umwerfender (revolutionärer) Beitrag zur menschlichen Kultur gelingt ihm bereits als junger Mann, und zwar im Jahr 1665, in dem Newton sich am Trinity College in Cambridge aufhält. Er ist von seinem Onkel dorthin gelotst worden, da der kleine Isaac ohne seinen Vater, einen Farmer, aufwachsen musste, der drei Monate vor der

---

1 An dieser Stelle ist eine Fußnote nötig, da seit 1582 in Europa zwei Kalender in Gebrauch sind, der julianische und der gregorianische, an den wir uns heute halten. England zählte bis 1752 julianisch und hiernach kommt Newton am Weihnachtstag 1642 zur Welt. Gregorianisch gezählt ist Newton am 4. Januar 1643 geboren worden. Ähnlich kompliziert wird es mit dem Sterbedatum. Im julianischen Kalender – also im England Newtons – begann das Jahr am 25. März. Nun ist Newton in diesem Monat gestorben, julianisch gezählt am 20. März 1726. Gregorianisch ist das der 31. März 1727. Wir müssten also schreiben: Newton (1642/43–1726/27). Auf jeden Fall und nach jeder Zählung ist das Genie 85 Jahre alt geworden.

Geburt seines Sohnes gestorben ist. Der kränkliche Knabe wird zunächst allein von seiner Mutter in Woolsthorpe (Lincolnshire) großgezogen. Dann wird der Zwölfjährige auf eine Lateinschule in Grantham geschickt, wo er bei dem Apotheker vor Ort wohnen kann. Newton kehrt nie mehr nach Hause zurück. Er trifft 1661 – im zarten Alter von 19 Jahren – in Cambridge ein, wo er die nächsten 35 Jahre bleiben wird. Als er nach vier Jahren sein Studium der Naturwissenschaften abschließt, erfährt er zugleich in kürzester Zeit einen kreativen Schub, der in der Geschichte der Menschheit seinesgleichen sucht. Newton hat selbst dargestellt, mit welchen Einsichten er der Physik das Gesicht gab, das sie eigentlich immer noch trägt – auch wenn es beim ersten Lesen schwer ist, dies seinen Worten zu entnehmen. Es lohnt sich trotzdem, sie in einem Rutsch und ohne Beachtung der Details zu lesen, wobei die für die kosmische Hintertreppe wichtigen Einsichten etwa von der Mitte an zu finden sind:

»Zu Beginn des Jahres 1665 fand ich die Methode der Reihenapproximation und die Regel, nach der eine beliebige Potenz eines beliebigen Binominalausdrucks auf eine solche Reihe zurückgeführt wird. Im Mai des gleichen Jahres fand ich die Tangentenmethode und im November hatte ich die Methode der Ableitungen und im nächsten Jahr im Januar hatte ich die Theorie der Farben und im folgenden Monat erhielt ich Zugang zur Integralrechnung. Und im gleichen Jahr begann ich darüber nachzudenken, dass sich die Gravitationswirkung bis zur Mondbahn erstreckt, und (nachdem ich herausgefunden hatte, wie die Kraft zu berechnen ist, mit der ein kugelförmiger Körper, der innerhalb einer Kugelschale umläuft, auf die Kugelschale drückt) ausgehend von Keplers Regel [gemeint ist das dritte Gesetz], nach der sich die Umlaufzeiten der Planeten verhalten wie die 1,5te Potenz ihrer Abstände vom Zentrum ihrer Bahn, leitete ich ab, dass die Kräfte, welche die Planeten auf ihrer Umlaufbahn halten, sich umgekehrt proportional zum Quadrat des Abstands zum Zentrum, um das sie umlaufen, verhalten. Dabei verglich ich die Kraft, die nötig ist, um den Mond auf seiner Umlaufbahn zu halten, mit der Gravitationskraft auf der Erdoberfläche und ich fand sie in recht guter Übereinstimmung«, wie Newton höchst befriedigt konstatiert, um noch eine allgemeine Bemerkung über die Leistungsfähigkeit von Forschern anzufügen und die Zeit zu charakterisieren, in der er der Welt dieses Geschenk machte: »All das war in den beiden Pestjahren 1665–66. Denn in diesen Tagen war ich in meinem besten Alter für Entdeckungen und kümmerte mich mehr um Mathematik und Philosophie als zu irgendeiner anderen Zeit danach.«

Das heißt, rund zwei Jahrzehnte später konzentriert sich Newton erneut auf die exakten Naturwissenschaften, um im Jahre 1687 sein Hauptwerk mit dem Titel »Mathematische Prinzipien der Naturphilosophie« – *Naturalis philosophiae principia mathematica* in der Originalfassung – vorzulegen, das gerne und zutreffend als das wichtigste Einzelwerk bezeichnet wird, das sich in der Geschichte der exakten Naturwissenschaften finden lässt. Mit einer genialen Festlegung (Definition) löst Newton darin ganz am Anfang auf, worauf ihm »alle Schwierigkeiten der Physik« zu beruhen scheinen, nämlich »aus den Erscheinungen der Bewegung die Kräfte der Natur zu erforschen und hierauf durch diese Kräfte die übrigen Erscheinungen zu erklären«. Die Festlegung besteht darin, die Änderung des Bewegungszustandes (Beschleunigung), die ein Körper erfährt, durch die Kraft auszudrücken, die auf ihn ausgeübt wird, wobei die alltägliche Beobachtung berücksichtigt wird, dass die Beschleunigung eines Gegenstandes abhängig von seiner Masse erfolgt und mit ihrer Größe unterschiedlich ausfällt.

Mit anderen – genial konzipierten – Worten, die heute als Newton'sches Bewegungsgesetz bekannt sind: Kraft ist gleich Masse mal Beschleunigung, was sich in der mathematischen Sprache mit den Anfangsbuchstaben der benutzten Begriffe der Alltagssprache als K = mb äußerst verkürzt formulieren lässt. So steht es bei Newton und er hat es im Buch der Natur gelesen, wenn man Galilei vertraut (siehe Kasten S. 117 und S. 123).

Ansichten zu und Einsichten von Newton

Einige Sachverhalte sind unbestritten: Newton war sowohl ein überragendes Genie als auch ein großer Angeber, was beides im Text seines Hauptwerks, den *Mathematischen Prinzipien der Naturlehre* von 1687 deutlich wird, in dem er überhaupt keine Rücksicht auf seine Leser nimmt. Newton war vermutlich auch ein Ekel, das generell rücksichtslos gegen eventuelle Konkurrenten vorging, aber all das gehört in eine umfangreiche Biografie, die wir hier nicht schreiben wollen. Dafür wollen wir aber näher auf den oben zitierten autobiografischen Text eingehen und uns dabei von unten nach oben vorarbeiten, wobei wir das Mathematische, das ganz am Anfang steht, übergehen, da es nicht für den Himmel relevant ist, aber unbedingt bei den Farben haltmachen, die wir am Himmel finden, nämlich als Regenbogen.

Dass sich Newton nach 1666 kaum noch um Physik gekümmert hat, trifft leider zu, wie man insgesamt konstatieren muss, dass Newton auf sein ganzes Leben bezogen weniger ein moderner Wissenschaftler und mehr ein merkwürdiger Alchemist war. Jedenfalls hat er sehr viel mehr alchemis-

Newtons Uhrwerk

Wenn Newton schreibt, Kraft ist gleich Masse mal Beschleunigung, dann versteht er dies als Definition der Kraft. Dass dies gleichzeitig als Bewegungsgleichung dienen kann, zeigt, dass physikalische Gesetze Schöpfungen des menschlichen Geistes sind. Es handelt sich nicht um Entdeckungen, wie vielfach gemeint wird, sondern um Erfindungen. Kant wird dies später so verallgemeinern, dass er sagt, die Gesetze der Natur finden wir nicht in der Natur, wir schreiben sie der Natur vielmehr vor (wobei dieses »Vorschreiben« etwas von einem preußischen Kasernenton an sich hat).

Newtons Bewegungsgleichungen (vgl. unten seine Erfassung der Schwerkraft) gelten nicht nur auf der Erde, sie erstrecken sich vielmehr auf das Ganze, eben auf das Universum. Dass die Welt von Gleichungen erfüllt ist, hat manche zu der Ansicht geführt, dass im Kosmos alles wohlbestimmt – determiniert – zugeht. Dieses physikalisch funktionierende und nach den Bewegungsgleichungen ablaufende Universum hat den Namen »Newtons Uhrwerk« bekommen. Nach Newton befinden wir uns in einer Konstruktion, die so präzise und vorhersehbar abläuft wie eine Uhr – was Gott leider nur die Aufgabe lässt, sie ab und zu einmal aufzuziehen.

Stimmt das? Ist das Universum jetzt determiniert und festgezurrt? Natürlich nicht. Was Newton geliefert hat, sind Gleichungen. Was wir suchen, sind Lösungen. Wie sich bald herausstellt, gibt es mehr Unbekannte im Universum als Gleichungen. Und in dem Fall lassen sich keine eindeutigen Lösungen finden, wie wir noch in der Schule gelernt haben. Das Universum läuft nicht wie ein Uhrwerk ab, es benimmt sich eher wie eine Wolke am Himmel, die natürlich auch physikalischen Gesetzen unterliegt, die aber weder daran denkt, immer gleich zu sein, noch vorhat, immer gleich zu erscheinen.

tische als wissenschaftliche Schriften hinterlassen, was Historiker zum einen noch nicht so lange wissen und zum anderen immer noch nicht ohne Mühe und Widerwillen zur Kenntnis nehmen. Dabei lässt sich einfach erklären, warum sich New-

ton nach seinem jugendlichen Geniestreich an den überlieferten Schriften von Alchemisten orientierte. Er hoffte hier – wo
auch sonst? – eine Antwort auf die Frage zu finden, woher
die Schwerkraft eigentlich kommt und wo sie entspringt.
Newton hoffte, in dem geheimen Wissen fündig zu werden,
das Gott den Verfassern alchemistischer Texte offenbart haben musste. Für den streng gläubigen Newton lag es auf der
Hand, dass es »Gottes große Alchemie« war, die aus einem
Urchaos die Ordnung der Welt geschaffen hatte, die wir jetzt
wahrnehmen und in der die Gravitation und andere Kräfte
wirken. Sie führen zu einem dynamischen Wachsen und
Wandeln, was Newton auf einen »vegetativen Geist« zurückführte, den er sich als »außerordentlich feine und unvorstellbar kleine Materiemenge« vorstellte, die alle Stoffe durch-
dringen kann und von Gott geschaffen worden ist.

Pest und Farben

Wir wollen nicht mehr über Newtons Alchemie wissen und
dafür auf die Pestjahre 1665/66 hinweisen, in denen allein
in London mehr als 100.000 Menschen den Tod finden. Die
Katastrophe fand ihren Dichter in Daniel Defoe, der das
heute noch lieferbare und lesbare *Journal of the Plague Year*
verfasste. Newton entgeht der lebensgefährlichen Infekti-
onskrankheit durch eine Landflucht und er spielt während
dieser Zeit mit einem Prisma. Er beobachtet dabei, wie ein
weißer Lichtstrahl der Sonne in farbige Komponenten zerlegt wird, die selbst nicht weiter aufgespalten werden können (siehe Abb. S. 119), und entwickelt mit der anschaulichen Vorgabe des so erzeugten Lichtspektrums eine Theorie
der Farben, mit der sich auch der Regenbogen erklären lässt
– also das Zeichen Gottes, dass er einen Bund mit den Men-

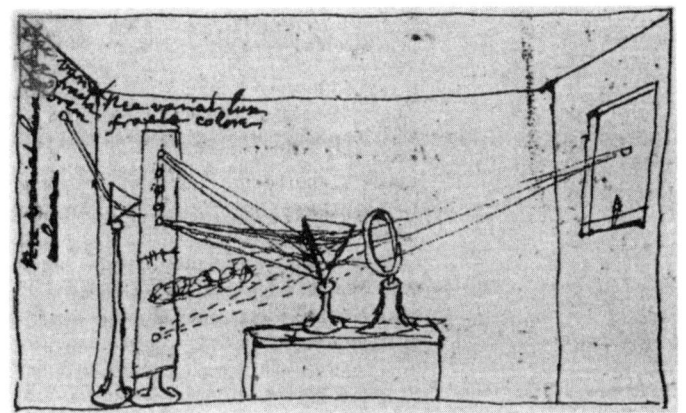

Newton zerlegt das Sonnenlicht mit dem Prisma in Farben, die sich selbst – links gezeigt – nicht weiter zerlegen lassen.

schen geschlossen hat. Weil Newton die Farben dabei auf ein physikalisches Phänomen reduziert, zieht er sich den Ärger Goethes zu, der mehr als ein Jahrhundert später an die psychischen Dimensionen des Farberlebnisses erinnert.

Doch die Farben machen Newton nicht nur stolz, sie machen ihm auch Sorgen, und zwar dann, wenn man ein Fernrohr mit Linsen bauen will. Wer Galileis Teleskop technisch verbessern und eine stärkere Vergrößerung erreichen will, der braucht mehr Linsen und damit erhöht sich das, was in der Wissenschaft bald Farbfehler genannt wird. Solche Fehler entstehen durch die unterschiedliche Ablenkung, die die von Newton entdeckten verschiedenen Farbkomponenten des Lichts erfahren, wenn sie Glas durchlaufen, ohne senkrecht aufzutreffen. Linsen, die weißes Licht wie eine Lupe auf einen Fokus hin sammeln, erzeugen im Grunde nicht einen, sondern viele Brennpunkte, nämlich für jede Farbkomponente einen. Abbildungen von bunten Objekten können also rasch unscharf werden, wenn sie viele Linsen durchlaufen, und Newton dachte darüber nach, wie sich das vermeiden ließ.

Die Lösung liegt im Verzicht auf Linsen und so baute er 1668 ein erstes Spiegelteleskop, das heißt genauer, Newton verbesserte eine zuerst von dem Briten James Gregory (1638–1675) vorgeschlagene Anordnung, in die man von der Seite hineinblickt. Wer dies unternimmt, sieht das Licht, das von einem sogenannten Fangspiegel ausgeht, der selbst von einem konkaven Hauptspiegel beleuchtet wird, der im Laufe der Jahrhunderte immer wieder verbessert wurde und heute als sogenanntes Rotationsparaboloid geliefert wird. Die Leistungsfähigkeit solch eines Teleskops hängt neben der Qualität des Spiegels von der Größe der Öffnung ab. Für den Amateurbereich werden heute bevorzugt Öffnungen von 114 mm geliefert, die ausreichend gute Beobachtungen erlauben – und einen viel mehr Himmelskörper sehen lassen, als Galilei und Newton zusammen zugänglich waren.

Die Schwerkraft

Uns steht mit dieser Technik – wenn wir sie nutzen – der ganze Himmel bzw. der ganze Weltraum zur Verfügung, der von Newton nur gedanklich erobert werden konnte, und zwar durch eine wunderbare Idee. Gemeint ist die Idee der Schwerkraft oder Gravitation. Die Legende weiß dabei von einem Apfel zu berichten, der Newton auf den Kopf fällt und dessen Innenleben in Gang bringt, und die Geschichtsschreibung hat in dem Nachlassverwalter John Conduitt, der mit Newtons Nichte verheiratet war, tatsächlich eine Quelle gefunden, die diesen Vorfall bestätigt. Dem ist hinzuzufügen, dass Newtons Apfelerlebnis seine historische und wissenschaftliche Bedeutung deshalb bekommen konnte, weil der Physiker zur rechten Zeit einen alchemistischen Gedanken unter dem Schädeldach hatte, das von dem Obststück getroffen wurde. Dieser Gedanke stammt aus der *Tabula smaragdina* des ausschließlich legendären Hermes Trismegistos und formuliert ein kosmisches Prinzip: »Die Dinge unten sind wie die Dinge oben.«

Das heißt, wenn der Apfel auf den Boden fällt, muss man fragen, warum der Mond dies nicht auch tut. Und die Antwort Newtons lautet, weil er durch seine Umlaufbewegung eine Fliehkraft entwickelt, die als Gegenkraft in Aktion tritt und die Balance mit der Kraft hält, die den Mond wie den Apfel zur Erde hinzieht – physikalisch gesprochen: beschleunigt. Newton tauft diese Wirkung der Erdanziehung »Schwerkraft« bzw. »Gravitation« und er erkennt in seinen Wunderjahren nicht nur, »dass sich die Gravitationswirkung bis zur Mondbahn erstreckt«, wie er oben schreibt, sondern er bemerkt zudem, dass die Gravitation nicht nur von der Erde, sondern von jeder Masse ausgeübt wird. Es klingt zwar kurios, aber es ist nicht nur die Erde, die einen Apfel anzieht. Es ist auch der Apfel, der die Erde anzieht (auch wenn das nicht sichtbar wird). Die Gravitation ist ein universales Phänomen. Sie ist die große Kraft, die sich in allen Ecken des einen Universums findet.

Die Idee der Gravitation liefert gute Lösungen und Probleme zugleich. (Was sonst? Jede gute Antwort bringt bekanntlich neue Fragen mit sich!) Die Schwerkraft löst zum Beispiel endlich das uralte irdische Rätsel, wieso Menschen auf einer runden Erde zugleich zum Beispiel in Europa und Australien wohnen können. Wieso fallen die Neuseeländer nicht einfach von der Erde hinunter und stürzen in den Weltraum? (Wobei Neuseeländer natürlich anders herum fragen, warum wir Europäer nicht auf diese Weise verschwinden?) Die Antwort liefert in beiden Fällen die Schwerkraft, die uns sicher auf der Erde festhält (was sich vor allem dann hinderlich erweist, wenn wir Hochsprung üben).

Die Schwerkraft löst zudem das kosmische Rätsel, wie sich all die Himmelskörper – Planeten, Sterne, Kometen – gegenseitig beeinflussen und anziehen, und das besondere Wunder besteht darin, dass Newton ihr eine geschlossene mathematische Form geben kann (siehe Kasten S. 123). Diese Form bzw. Formel wird in den kommenden Jahrhunderten zum Vorbild und Traum aller Wissenschaftler und jeder Disziplin. Sie alle fangen an, wie Kant es ausdrückt, von einem »Newton des Grashalms« zu fantasieren, der analog zu der Schwerkraftformel eine »Wachstumsformel«, eine »Reaktionsformel« oder das zu Papier bringt, was in der jeweiligen Wissenschaft im Zentrum steht. Galilei hat gesagt, dass das Buch der Natur in der Sprache der Mathematik geschrieben ist, und Newton hat uns gezeigt, wie wir sie lesen und verstehen können.

Bei allem Triumphieren hat Newton aber nicht übersehen, dass er sich mit der von ihm entdeckten Gravitation auch neue Probleme eingehandelt hatte, sowohl was ihre Ursache als auch ihr Wirken angeht. Zum Beispiel stellte sich die Frage, wie die Schwerkraft es eigentlich schafft, durch den Raum zu kommen. Übt die Natur da eine Fernwirkung aus? Oder benutzt sie Zwischenträger oder irgendein Medium? Newton wusste es nicht. Und er wusste erst recht nicht, was der Ursprung der Gravitation sein könne, wie eine Masse überhaupt entsteht und die Kraft hervorbringt, die von ihr ausgeht.

Wir wissen es bis heute nicht – obwohl wir darüber natürlich beliebig dicke Bücher schreiben könnten – und wir geben zurzeit Milliarden Euro aus, um Geräte (Beschleuniger) zu bauen und zu betreiben, mit deren Hilfe wir Antworten auf die Fragen nach dem Ursprung der Masse bekommen wollen. Wir wissen inzwischen wenigstens etwas besser über das Medium Bescheid, welches die Schwerkraft vermittelt, und seit dem 19. Jahrhundert sprechen wir dabei von einem Schwere- bzw. Gravitationsfeld, das sich im Raum ausbreitet und die Massenanziehung als Nahwirkung gelingen lässt. Den großen Meister der Felder werden wir in der Person von Einstein noch kennenlernen, der ein großer Fan von Newton war und zum Beispiel gedichtet hat:

Seht die Sterne, die da lehren,
Wie man soll den Meister ehren.
Jeder folgt nach Newtons Plan
Ewig schweigend seiner Bahn.

Raum und Zeit

Newtons Leistungen stellen eine unendliche Geschichte dar, zu der auch seine Einsicht gehört, dass eine Bewegung, die einmal begonnen hat, so lange weitergeht, bis eine Kraft in Erscheinung tritt, die sie beeinträchtigt bzw. verändert. Es ist also gerade anders herum, als bei Aristoteles nachzulesen ist, der geschrieben hat, dass eine Bewegung aufhört, wenn die Kraft zum Erliegen kommt, die für sie zuständig ist. Newton nannte den Grund für das mechanische bzw. dynamische Beharrungsvermögen »Trägheit« – vom lateinischen »inertia«, was im Englischen ähnlich klingt und genauso geschrieben wird. Diese Trägheit stellt den Grund für die Bewegung der Planeten dar, die irgendwann einmal in Gang gekommen ist und jetzt einfach weiterläuft – wobei erneut diese schöne Lösung das neue und alte Problem mit sich bringt, wer denn die Bewegung ganz am Anfang – als erster unbewegter Beweger – angestoßen hat.

Für Newton war das keine Frage. Er vertraute einem – seinem – Gott und dachte auch, dass Er es war, der durch seine Ausströmungen (Emanationen) die Grundvoraussetzungen dafür geschaffen hat, dass es dieses ganze Bewegen all dieser Körper geben kann, und diese Vorbedingungen von allem Treiben und Sein nennen wir seit alters Raum und Zeit. Der Raum erlaubt mit seinen drei Dimensionen, dass sich Dinge vor-, neben- oder/und übereinander befinden können, und die eindimensionale Zeit erlaubt, dass etwas nacheinander passiert bzw. abläuft. Materielle Dinge benötigen Raum und Zeit, mentale Phänomene kommen mit der Zeit aus, wie es scheint, was wir aber nicht präzisieren wollen. Literatur – und auch dieser Text – entfaltet sich vor allem in der Zeit und ein Gemälde (oder eine Skulptur) beansprucht nur Raum.

Bevor wir aber weiter ins Fantasieren geraten, müssen wir zurück zu Newton, der es einem Gott zuschreibt, der Schöpfer von Raum und Zeit zu sein, die auf diese Weise beide absolut gesetzt werden und »ohne Beziehung« für sich sind und bleiben, wie Newton am Anfang seiner *Principia* unmissverständlich bestimmt:

»Der absolute Raum ist unvergänglich und bleibt vermöge seiner Natur ohne Beziehung auf einen anderen Gegenstand stets gleich und unbeweglich.« Und »die absolute, wahre und mathematische Zeit fließt vermöge ihrer Natur ohne Beziehung auf einen anderen Vorgang gleichförmig ab«.

Das klingt klar, das wirkt schön und klug, das erscheint sinnvoll – aber all das gelingt in dieser Form nur, weil der Mittzwanziger Newton dem gesunden Menschenverstand erliegt und wir geradezu bedingungslos bereit sind, ihm darin zu folgen. Zeit und Raum – sie scheinen überhaupt nichts miteinander zu tun zu haben, außer dass sie beide berechenbar und messbar zu sein scheinen und sich einfachen Rechenoperationen fügen. Newton ist auch sicher, die Geometrie des Raumes zu kennen, nämlich diejenige, die der Grieche Euklid vor fast 2000 Jahren aufgeschrieben und die von den Renaissance-Künstlern benutzt wurde, um mittels der Zentralperspektive den dreidimensionalen Raum auf einer flächigen (zweidimensionalen) Leinwand korrekt wiederzugeben.

Dieser Hinweis auf die Geometrie ist bei Newton deshalb wichtig, weil ein Blick in seine *Principia* zeigt, dass seine physikalischen Theorien als geometrische Sätze – als Sätze mit geometrischen Elementen wie Punkten und Linien – formuliert sind. In seiner Bewegungsgleichung bewegt sich ein Punkt (ein Massenpunkt) entlang einer berechenbaren Linie. Newton hielt die Geometrie – wörtlich »Weltvermessung« – für eine göttliche Wissenschaft, deren Gegenstände wie der Raum keineswegs durch säkulare Eigenschaften, sondern als sakrale Qualitäten zu verstehen waren – der Raum zum Beispiel als »tamquam effectus emanativus«, als die schon erwähnte Ausströmung Gottes also. Newton verehrt Raum und Zeit, da Gott in ihnen anwesend ist, wie er in den *Principia* schreibt: »Indem Er immer und überall ist, schafft Er Dauer und Raum«, und das muss er unentwegt leisten, wie der sarkastische Zeitgenosse Einsteins, der Physiker Wolfgang Pauli, 1947 in einem Brief an seinen Kollegen Markus Fierz geschrieben hat:

»Dass Newtons Gottheit sich in 24-stündigem Arbeitstag damit abmüht, die Zeit und dazu auch noch den absoluten Raum zu produzieren (für schlechten Lohn; ein paar schmeichlerische Lobsprüche und auch noch ein paar Flüche dazu), bloß um des zweifelhaften Vergnügens willen, allgegenwärtig sein zu können – nun, das ist nicht nur ein Anthropomorphismus, das ist einigermaßen grotesk!« Es sei denn, so fährt Pauli fort, man hat »soeben den absoluten Raum und die absolute Zeit in die Mechanik eingeführt«, wie es Newton ja tatsächlich gerade gemacht hat. So paradox es am Ende auch klingen mag: Zwar hat Newton viel erreicht, aber oftmals das Gegenteil von dem, was seine Absicht gewesen sein muss, und insgesamt hat sein Beitrag das Studium des Universums nicht erleichtert, sondern erschwert, und zwar enorm.

Er hat zum einen mit seiner mathematischen Naturbeschreibung genau den materiellen Vorstellungen und Kräften Auftrieb gegeben, denen er als gottesfürchtiger Mensch persönlich ablehnend gegenüberstand. Und er hat zum Zweiten dafür gesorgt – in Paulis Worten von 1947 –, dass »Raum und Zeit quasi zur rechten Hand Gottes gesetzt [worden sind], und zwar auf den leer gewordenen Platz des von dort vertriebenen Gottessohnes«. Es hat »dann einer ganz außerordentlichen Anstrengung bedurft, um Raum und Zeit aus diesem Olymp herunterzuholen«, nämlich der von Einstein. Doch es wird noch viel Zeit in den Raum fließen müssen, bis es so weit ist und wir sehen können, dass beide ganz einfach zusammenhängen: Denn wer sich im Raum bewegt, braucht dafür Zeit. Und dasselbe gilt für den, der in den Raum blickt. Es gibt ihn nicht ohne Zeit – und diesen Text auch nicht.

Edmond Halley (1656–1743)

Edmond Halley konnte als Sohn eines reichen Londoner Seifensieders eine vornehme Schule in der englischen Hauptstadt besuchen und bald in Oxford studieren. Er fiel seinen Lehrern schon früh dadurch auf, dass seine intensive Lektüre hebräischer, lateinischer und griechischer Texte ihm immer noch genug Zeit ließ, umfassende und originelle Beobachtungen mit den höchst eleganten astronomischen Gerätschaften durchzuführen, die er eigens von zu Hause mitgebracht hatte. Mit ihrer Hilfe konnte er zum Beispiel 1676 die Punkte (Aphel) bestimmen, an denen die Planeten auf ihren Umlaufbahnen der Sonne am nächsten kamen, was als Nächstes die Prüfung erlaubte, ob diese Positionen stabil sind.

Halley brachte in den kommenden Jahren erstaunlich umfang- und folgenreiche Vermessungen des Himmels und der Erde zustande, die sowohl allgemein und öffentlich anerkannt wurden als auch des großen Newtons besonderes Interesse weckten. Das Publikum reagierte zum Beispiel begeistert auf Halleys Beobachtung vom 7. November 1677, als er einen Merkurdurchgang (Transit) in voller Dauer verfolgen konnte. Und der Meister aus Cambridge zeigte sich begeistert von Halleys Bemühungen, die Frage nach der genauen Gestalt der Erde zu klären. Da die Erde schon länger (seit Milliarden Jahren vermutlich) rotierte, musste es – Newtons Physik zufolge – zu einer allmählichen Verschiebung der Massen zum Äquator hin gekommen sein, was man auch anders ausdrücken kann, indem man sagt, dass Newton eine Abplattung unseres Planeten an den Polen erwartete bzw. prophezeite.

Heute besteht kein Problem darin, dies als richtig zu bestätigen. Man braucht bloß Aufnahmen der NASA zu konsultieren oder unter Google Earth zu surfen, um die Abweichungen der Erdgestalt von einer perfekten Kugel mit eigenen Augen zu sehen – wenigstens auf den Bildern aus dem Weltraum, an die wir uns seit den Tagen der Mondfahrt gewöhnt haben. Im späten 17. Jahrhundert sah die Sache natürlich völlig anders aus, was aber nicht heißt, dass die Lage hoffnungslos war. Eine Möglichkeit, die präzise Form der Erde zu bestimmen, bestand darin, an verschiedenen Orten Pendel aufzustellen und ihre charakteristische Schwingungsdauer genau zu ermitteln. Die Zeit, die ein Pendel mit seiner möglichst punktförmigen Masse benötigt, um sich einmal von links nach rechts und zurück zu bewegen, hängt neben der Länge des Fadens, an dem die Masse befestigt ist, auch von der Anziehungskraft ab, die von der Erde auf den schwingenden Körper ausgeübt wird. Bei einer unrunden Erde sollten die Anziehungskräfte entlang der Breitenkreise ein wenig variieren und Halley bemühte sich, dies so präzise wie möglich zu prüfen. Er benutzte dazu ein eigens dafür eingerichtetes (geeichtes) Pendel, dessen Halbschwingung – nur einmal von links nach rechts und nicht zurück – in London ganz genau eine Sekunde in Anspruch nahm.

Als Halley feststellen und melden konnte, dass solch ein Sekundenpendel auf St. Helena kürzer gemacht werden müsste als in der englischen Hauptstadt, strahlte der sonst eher mürrische Newton, weil offenbar nach Süden – zum Äquator hin – die Masse der Erde zunahm. Diese gute Nachricht sollte später zu einer lebenslangen Freundschaft zwischen den beiden Wissenschaftlern führen, nachdem sie sich auch persönlich kennengelernt hatten – in Cambridge natürlich, wo Newton auf seinem Lehrstuhl saß und Hof hielt.

Übrigens – als weitere Untersuchungen im 18. Jahrhundert immer deutlicher machten, dass die Erde tatsächlich genauso abgeplattet ist, wie es die Gleichungen Newtons auszurechnen erlauben, als also klar wurde, dass die Form unseres Heimatplaneten präzise durch Newtons Physik bestimmt wird, da machte sich langsam der besorgte Gedanke breit, dass die Determinierung bis in das Individuum hineinreichen könnte, das ja auf jeden Fall der Schwerkraft unterliegt. Der Triumphzug der Physik schien keinen Platz mehr für irgendwelche Freiheit zu lassen, wie um 1800 erschrocken zu hören war, was eine Bewegung in Gang setzte, die keiner Newton'schen Gleichung gehorchte und als Romantik berühmt wurde. Die Romantik war eine Gegenbewegung zu Newtons Physik, wie zum Beispiel der Literaturwissenschaftler Peter von Matt in seiner Abschiedsvorlesung über »Hoffmanns Nacht und Newtons Licht« nachgewiesen hat, wobei mit dem Erstgenannten der Dichter E.T.A. Hoffmann (1776–1822) gemeint ist, der die berühmte Puppe Olympia erfunden hat (in einem seiner Nachtstücke mit dem Titel *Der Sandmann*).

Der Komet

Halley empfand – wie seine Zeitgenossen – keinerlei Angst vor einer newtonischen Determinierung. Zu seiner Zeit fühlten sich die Intellektuellen frei in ihren kreativen Entscheidungen und bei ihrer produktiven Arbeit. Halley tendierte als ein universal interessierter Mensch dazu, sich ebenso um die Chronologie des Altertums wie um Elemente der Mathematik für Lebensversicherungen zu bemühen. Er unternahm zudem viele Forschungsreisen, die ihn unter anderem nach Afrika und Amerika führten, und er bekleidete im Laufe seines Lebens zahlreiche Posten und Funktionen. Darüber hinaus konnte Halley – unter anderem – die Taucherglocke verbessern und das Barometer so umstrukturieren, dass es als Höhenmessgerät eingesetzt werden konnte.

All das müssen wir links liegen lassen, um zu der Beobachtung zu kommen, die seinen Namen bis auf den heutigen Tag berühmt gemacht hat. Gemeint ist die Entdeckung eines Kometen, der nicht nur einmal auftauchte, sondern immer wiederkehrte, und zwar nach rund 76 Jahren. Wir nennen ihn heute den Halley'schen Kometen (siehe Abb. unten) und als Ernst Jünger 1987 die Tagebücher einer Forschungsreise nach Südostasien publizierte, gab er dem Buch den Titel *Zwei Mal Halley*, weil seine Lebenszeit ausgereicht hatte, den Kometen zweimal am Himmel zu sehen, was ihn stolz machte.

Dass wir die Kometen bislang nicht erwähnt haben, heißt nicht, dass sie in Halleys Tagen überhaupt erst ent-

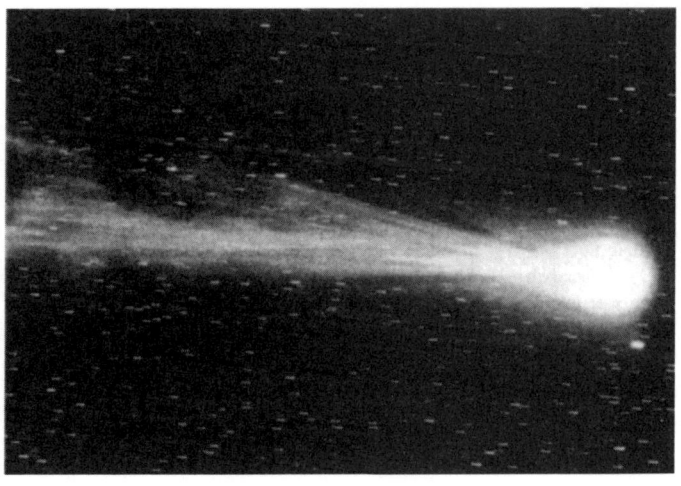

Der Halley'sche Komet, aufgenommen am 9. Januar 1986; man erkennt seinen Kern und den berühmten Gasschweif.

deckt worden sind. Sie sind tatsächlich seit der Antike bekannt, in der sie auch ihren attraktiven Namen bekommen haben. Das schöne Wort »Komet« – vom griechischen Ausdruck für Haupthaar – weist dabei auf den Schweif hin, der charakteristisch für die Erscheinung dieser Himmelskörper ist. Ihre Beobachtung wurde zunächst – was auch sonst? – als Drohgebärde irgendwelcher Götter gedeutet, was die wichtige und lange Zeit umstrittene Frage in den Hintergrund drängte, ob es sich bei diesen Phänomenen um echte Himmelskörper der Art handelt, wie es die Planeten sind, nur dass die Kometen auf einer anderen Bahn entlangziehen – aber auf welcher?

Es dauerte bis in das Jahr 1577, bis erste Klarheit aufkam. Damals gelang es Tycho Brahe auf seiner Sternwarte, die Entfernung eines Kometen wenigstens insoweit abzuschätzen, dass er sagen konnte, dass das beobachtete Objekt viel weiter von der Erde entfernt war als der Mond. Johannes Kepler bemerkte als Nächstes, dass ein Kometenschweif immer durch die Richtung bestimmt wird, die vom Kometen zur Sonne führt. Und diese Orientierung erklären wir uns heute so, dass der Schweif durch den Sonnenwind zustande kommt, den unser Zentralgestirn neben dem Licht produziert und der die Oberfläche des Kometen mehr oder weniger wegbläst, die dann als »Sternenstaub« hinter ihm herschweift.

Halleys gewaltige Rechenarbeit

Nachdem die Planeten mit bzw. nach Kepler elliptische Bahnen bekommen hatten, lag der Gedanke nahe, dass Kometen zwar anderen geometrischen Formen folgen, diese aber auch mit den von Newton vorgelegten, auch in himmlischen Sphären gültigen Bewegungsgesetzen berechenbar sind. Seit

Brahes Bemühungen vermuteten die astronomischen Gelehrten, dass Kometen entweder auf zugleich lang gestreckten und geschlossenen Ellipsen oder auf offenen Bahnen durchlaufen können (in dem Fall könnten wir sie nicht zweimal sehen). 1680 schlug der im sächsischen Plauen lebende Pfarrer Georg Samuel Dörffel (1643–1688) vor, dass es sich bei den offenen Wegen um Parabeln oder Hyperbeln handeln könnte, was die Astronomen nach ihm durchweg bestätigten.

Nachdem 1687 Newtons Hauptwerk *Principia* erschienen war, bestand eine große Herausforderung darin, die neuen Gesetze auf Kometen anzuwenden, und Halley fühlte sich als Freund Newtons und als königlicher Astronom – als »Royal Astronomer« – der Sternwarte in Greenwich bei London verpflichtet, dabei mit gutem Beispiel voranzugehen. Er nahm sich die 24 Kometen vor, die in den letzten Jahrhunderten beobachtet worden waren, und lud sich damit eine »gewaltige Rechenarbeit« auf, mit der er zehn Jahre zu tun hatte. Im Laufe des mühsamen Multiplizierens, Dividierens und Integrierens erkannte er nach und nach, dass drei der 24 Kometen in all ihren astronomischen Bestimmungsstücken übereinstimmten – und bei ihnen handelte es sich um die Kometen, die 1531, 1607 und 1682 an unserem Himmel aufgetaucht und von vielen Sternenguckern registriert worden waren. Mit dieser quantitativen Einsicht im Rücken und dem Vertrauen in die Newton'schen Gleichungen riskierte es Halley 1705 in seiner Darstellung einer *Synopsis of Cometary Astronomy*, die mutige und tollkühne Behauptung aufzustellen, dass es sich bei dem Trio nicht um drei verschiedene Objekte, sondern um ein und denselben Kometen handelte, der sich nur dreimal gezeigt hatte. Er bewegte sich eben so, dass er nach rund 76 Jahren wiederkehrte. Halley prophezeite, dass dieser – heute nach ihm benannte – Himmelskörper erneut im Jahre 1758 erscheinen und sichtbar würde, ohne dass ihm vergönnt gewesen wäre, dies selbst noch erleben und bestätigen zu können. Er gab aber seiner patriotischen Hoffnung Ausdruck, dass »eine ehrliche Nachwelt nicht zögern [wird] anzuerkennen, dass ein Engländer dies entdeckt hat«, falls der Komet ihm den Gefallen tun und sich pünktlich am Himmel zeigen sollte.

Der Komet tat Halley den Gefallen und kehrte zurück. Am 25. Dezember 1785 – 15 Jahre nach seinem Tod – zeigte sich sein charakteristischer Schweif im Sternbild Fische. Weitere Nachforschungen brachten dann bald an den Tag, dass der Halley'sche Komet bereits 1456 registriert worden war, und die dazugehörigen Berechnungen zeigten im Anschluss daran, dass er seinen weiten Weg durch die kosmischen Räume auf einer lang gestreckten Ellipse macht, die perfekt zu den Newton'schen bzw. Kepler'schen Gesetzen passt und von ihnen berechnet werden kann.

Der berechnete Himmel

Die Zahl 1456 wurde eben genannt, weil in diesem Jahr die Türken Belgrad bedrohten, und wie historische Berichte versichern, zeigte sich der Komet auch schon 1066 am Himmel, als die Schlacht von Hastings geschlagen wurde, was dann astrologisch so formuliert werden kann, dass das göttliche Zeichen dafür gesorgt hat, dass der Normanne Wilhelm siegen und England erobern konnte. Tatsächlich wurden Kometen in der Vergangenheit alle möglichen Bedeutungen zugewiesen – sie fungierten zum Beispiel als Zuchtruten Gottes – und selbst in unserer rationalen, berechenbaren Welt wirken Kometen als unheimliche Erscheinungen, die Furcht auslösen. So hat der im Sommer 1995 entdeckte Hale-Bopp-Komet, der 18 Monate frei zu sehen war, bei einigen religiösen Gruppierungen für Panik gesorgt und die 38 Mitglieder des Heaven's-Gate-Kultes sogar in den Massenselbstmord getrieben.

Halley hätte keinerlei Verständnis für solch eine Einstellung gehabt. Er hätte allen furchtbeladenen Menschen einen Rechenstift und ein Blatt Papier in die Hand gegeben und sie aufgefordert, auszurechnen, was da am Himmel abläuft und passieren kann. Seit sowohl die Wirkung der Schwerkräfte aller Himmelskörper als auch die daraus resultierenden Bewegungsgleichungen bekannt waren, brauchte man nicht mehr zu zittern, wenn ein Komet – oder ein anderer Störfaktor – das Sonnensystem durchquerte. Man konnte berechnen, was sich jetzt am Umlauf der Planeten änderte, und man konnte ausrechnen, ob es einen Zusammenstoß mit der Erde geben würde oder nicht. Wo man rechnen kann, braucht sich niemand mehr zu fürchten. Oder doch?

Immanuel Kant (1724–1804)

Es wird sicher überraschen, dass an dieser Stelle Kant erscheint. Zum einen bricht der deutsche Denker in eine englische Phalanx ein, die nach ihm mit William Herschel fortgesetzt wird. Zum anderen kennt man Kant doch nur als Philosophen, der berühmte Kritiken geschrieben hat, von denen für unsere Zwecke die 1781 erschienene *Kritik der reinen Vernunft* die größte Bedeutung hat. Aber Kant gehört hierher (und sein Geburtsjahr platziert ihn vor Herschel), weil er zum einen in seiner Frühzeit viel Naturwissenschaftliches unternommen und 1755 eine *Allgemeine Naturgeschichte und Theorie des Himmels* geschrieben hat, die er selbst als Versuch bezeichnet, »dem mechanischen Ursprunge des ganzen Weltgebäudes« auf die Spur zu kommen, und zwar mithilfe von »Newtonischen Grundsätzen«. Kant gehört weiter hierher, weil er den Begriff der »kopernikanischen Wende« einführt und in der Metaphysik vollzieht, wie er es selbst nennt und sagt und wie wir weiter vorne bereits erwähnt haben. Und Kant gehört zum Dritten hierher, weil seine »Kritik der reinen Vernunft« tatsächlich mehr eine »Kritik der Newton'schen Physik« ist, wie bei dem Philosophen Hans Reichenbach (1891–1953) völlig zutreffend in dem Buch nachzulesen ist, in dem er den Wandel des westlichen Weltbildes von Kopernikus bis Einstein analysiert und in dem er sich besonders um »Kant und die Naturwissenschaft« kümmert.

Kant in Königsberg

Kant kommt als Sohn eines Sattlers in Königsberg zur Welt und bleibt sein Leben lang an diesem Ort – unverheiratet und kinderlos. Er besucht das pietistische Gymnasium seiner Heimatstadt, studiert an der dortigen Universität unter anderem Philosophie und Naturwissenschaften, übernimmt ab 1747 mehrere Anstellungen als Hauslehrer und habilitiert sich 1755 im Alter von 31 Jahren zum Privatdozenten der Philosophie. Kant hält die Vorlesungen, zu denen ihn diese (grundsätzlich unbezahlte) akademische Stellung verpflichtet, lehnt das Angebot einer Professur für Poetik ab und erreicht – endlich! – im Jahre 1770 im Alter von 46 Jahren sein Lebensziel: Er wird ordentlicher Professor für Logik und Metaphysik an der Universität Königsberg, also in seiner Heimatstadt, die er jetzt erst recht nicht mehr verlässt, bis er 1804 stirbt.

Während Newton – siehe oben – meinte, als Mittzwanziger im besten Alter für neue physikalische Theorien zu sein, fängt Kant mit seinen Hauptwerken erst viel später an, nämlich in den 1780er-Jahren, als der etwa 60-Jährige seine drei berühmten Kritiken schreibt: die der reinen und der praktischen Vernunft und die der Urteilskraft. Die erste Kritik, die der reinen Vernunft, gilt als erkenntnistheoretisches Hauptwerk, in dem sich zum Beispiel der grundlegende Hinweis findet, dass Erkennen ein Zusammenkommen von zwei Elementen benötigt, die Kant als Anschauung und Begriff unterscheidet. Eine Anschauung ohne Begriff bleibt blind und ein Begriff ohne Anschauung bleibt leer, wie Kant bemerkt, und dass das so ist, kann man entweder bei seinen eigenen Bemühungen um Erkenntnis überprüfen oder am Beispiel von Charles Darwin (1809–1882) lernen, der die Modifikationen der Pflanzen und Tiere, die er in der Natur beobachtet (angeschaut) hatte, erst in dem Moment als Evolution verstand, als ihm bei der Lektüre eines Buches der Begriff »Kampf ums Dasein« auffiel. Und was die Astronomie angeht, so besagt der Begriff Kosmos überhaupt nichts, wenn ich dabei versäume, die himmlische Ordnung über mir in Augenschein zu nehmen.

Die Naturgeschichte

In dem Jahr, in dem sich Kant habilitiert, erscheint seine *Allgemeine Naturgeschichte des Himmels*, bei der er sich an newtonischen Grundsätzen orientiert, wie bereits zitiert, was konkret bedeutet, dass er den Handlungsspielraum eines Schöpfergottes einengt und der ursprünglichen Kreation ein mechanisches (naturgesetzliches) Werden des Weltalls zur Seite stellt bzw. nachfolgen lässt, das dem Himmel dann eine Geschichte gibt. Kant setzt sich in seiner Schrift großzügig über eine Grenze hinweg, die professionelle Astronomen sehr wohl beachten. Während für sie die Milchstraße das ganze Universum darstellt, solange sie keine anderen Hinweise auf mehr Weltraum haben, verkündet Kant auch ohne empirische Grundlage, dass es noch weitere Galaxien gibt, denen er sogar zutraut, einer Art Urnebel entsprungen zu sein. Tatsächlich kennt die beobachtende Astronomie seiner Zeit Gebilde, die sie als unauflösbare Nebel klassifiziert – zum Beispiel den Andromeda-Nebel –, aber sie muss noch bis zum Beginn des 20. Jahrhunderts warten, bevor sie in der Person von Edwin Hubble (1889–1953) beweisen kann, dass es sich dabei um Konstellationen handelt, die nicht zu unserer Heimatgalaxie gehören, sondern außerhalb von ihr liegen. Für Kant ist der Andromeda-Nebel gewissermaßen bereits 1755 die Andromeda-Galaxie (siehe Nachsatz), zu der sie nach Ansicht der Astronomen erst um 1920 wurde.

Wer will, kann jetzt sagen, dass der spekulierende Geist den an ihren Fakten kleben bleibenden Philistern und Spinnenbeinzählern überlegen ist. Wir unterlassen diese Wertung mit dem Hinweis, dass Kant sämtliche Planeten selbstverständlich für bewohnt oder bewohnbar hielt, und weisen mit einem Zitat auf das philosophische Dunkel hin, aus dem sich Kant und seine Leser befreien mussten. Er schreibt zum Beispiel an einer Stelle:

»Man kann das Weltgebäude nicht ansehen, ohne die trefflichste Anordnung in ihrer Einrichtung, und die sicheren Merkmale der Hand Gottes, in der Vollkommenheit ihrer Beziehungen zu kennen.«

»Die sicheren Merkmale der Hand Gottes« – das ist hochgradig teleologisch, das heißt von den Zielen und einem Zweck her gedacht, die in einer Konstruktion bzw. Anordnung stecken, und das ist etwas, von dem sich die Naturwissenschaften massiv distanzieren und befreien wollen. Sie betrachten das Universum durch ein Teleskop und nicht mit einem Teleoskop (wenn ein solches Sprachspiel erlaubt ist). Das Teleologische hat aber die Jahrhunderte vor Kant bestimmt und ist deshalb noch bei ihm zu finden, wenn er etwa über die Jupitermonde nachdenkt und ihren Sinn darin findet, dem Zentralgestirn die Tageszeiten anzuzeigen. Aus diesem Grunde nimmt er spekulierend an, dass es dort Leben gebe.

Kant liegt aber natürlich nicht immer so daneben, das heißt, er trifft manchmal sogar die richtige Richtung, etwa wenn er dem Kosmos ein Alter von Millionen Jahren zugesteht, was ihm gestattet, eine Art Kosmogonie zu entwerfen, in der das Entstehen – die Geschichte – des Sonnensystems und einzelner Planeten aus einheitlich verteilten Materieteilchen erzählt wird, die Gott bei der Schöpfung mit Gravitation ausgestattet hat. Er umgeht durch diese Vorgabe geschickt die Frage nach dem Ursprung der Masse, mit der heute die Europäische Organisation für Kernforschung CERN und 10.000 Wissenschaftler beschäftigt sind. Trotzdem hat sich seine Theorie einen Platz in den Archiven ergattert, und dort heißt sie etwas umständlich Kant-Lapalace'sche Nebularhypothese, weil später der Franzose Pierre Simon Laplace (1749–1827) ähnliche Überlegungen publiziert hat.

Raum und Zeit

Wir würden uns kaum mit Kants frühen Ideen zur Naturgeschichte aufhalten, wenn er nicht später die *Kritik der reinen Vernunft* geschrieben hätte, in der es um die Bedingungen geht, unter denen Erkenntnis möglich werden kann, und eine Antwort lautet, wie erwähnt, dass Anschauung und Begriff zusammenfinden müssen. Es ist bekannt, dass Kant auf das zentrale Problem seiner Bemühungen um Erkenntnis stieß, als er eines Tages über die Frage nachgrübelte, ob die Welt – das Universum – einen zeitlichen Anfang hat oder nicht. Und von da war es natürlich nicht mehr weit bis zu der entsprechenden Frage, ob die Welt – das Universum – einen räumlichen Anfang hat oder nicht.

Zu seinem Erstaunen stellte Kant fest, dass sich scheinbar gültige Beweise für beide Alternativen finden lassen, und er bot sie den Lesern seines Werkes an (was wir hier nicht tun wollen). Wir finden also Widersprüche zwischen scheinbar eindeutigen Beweisen und diese unauflösbaren Konflikte des reinen Denkens nannte Kant »Antinomien«.

Er entschärfte sie durch den Hinweis, dass sie nur auftreten, wenn man sich zwar mit Begriffen bemüht, ihnen aber keine Anschauung an die Seite stellen kann, wie dies beim Anfang der Welt der Fall ist. Erkennen ohne Sinneserfahrung nennt Kant reine Erkenntnis und von ihr behauptet und zeigt er, dass sie sich ständig in Antinomien verwickelt. Jedes Argumentieren, das durch keine Empirie etwa in Form eines Experiments kontrolliert wird, endet früher oder später in der Sackgasse der Antinomie, also in Widersprüchlichkeiten ohne Wert.

Der Philosoph Karl Popper hat wunderbar beschrieben, was das alles mit Newtons Wissenschaft und dem humanen Verstehen des Kosmos zu tun hat:

»Kant glaubte die Richtigkeit [seiner] Theorie [der Erkenntnis] bestätigt zu finden, als er entdeckte, dass sie den Schlüssel zu … der Gültigkeit der Newton'schen Physik [enthielt]. Wie alle zeitgenössischen Physiker war auch Kant völlig davon überzeugt, dass Newtons Theorie wahr und unanfechtbar sei. Er schloss daraus, dass diese Theorie nicht das Resultat von angesammelten Beobachtungen sein könne. Was sonst konnte aber ihr Wahrheitsgrund sein? Kant griff dieses Problem an, indem er sich zunächst den Wahrheitsgrund der Geometrie klarmachte. Die euklidische Geometrie, sagte er, ist nicht auf Beobachtungen gegründet, sondern auf unsere räumliche Intuition, auf unser intuitives Verständnis von räumlichen Beziehungen (die ›reine‹ Anschauung des Raumes): Die Newton'sche Physik befindet sich in einer ähnlichen Situation. Obwohl sie sich in Beobachtungen bewährt, ist sie doch nicht das Resultat von Beobachtungen, sondern von unseren eigenen Denkmethoden: von den Methoden, die wir anwenden, um unsere Sinneserfahrungen zu ordnen, zueinander in Beziehung zu setzen, zu assimilieren, zu verstehen. Nicht die Sinnesdaten, sondern unser eigener Verstand – die Organisation und Konstitution unseres geistigen Assimilierungssystems – ist verantwortlich für unsere naturwissenschaftlichen Theorien. Die Natur, die wir mit ihrer Ordnung erkennen, ist das Resultat einer ordnenden und assimilierenden Tätigkeit unseres Geistes.«

Kant hat das selbst so ausgedrückt: »Der Verstand schöpft seine Gesetze … nicht aus der Natur, sondern schreibt sie ihr vor.«

Mit anderen Worten, die für unsere kosmischen Zwecke passen: Das Universum, das wir erkennen, ist unsere ureigene Hervorbringung; es wird von den menschlichen Denkmöglichkeiten geprägt. Der Kosmos ist die Schöpfung von Menschen (und nicht die eines anderen Wesens).

Das ist die berühmte kopernikanische Wende der Metaphysik bzw. Philosophie, wie Kant sein revoltierendes Denkspiel genannt hat. Doch so herrlich das klingt und so vielfach die Kritik der reinen Vernunft in dieser Form gelehrt wird – irgendetwas scheint da nicht so ganz zu stimmen bzw. zusammenpassen zu wollen. Um nämlich die Antinomien von Raum und Zeit handhaben zu können, vollführt Kant auch bei ihnen eine Art kopernikanische Wende, indem er sagt: Nicht die Menschen sind in Raum und Zeit, sondern Raum und Zeit sind in den Menschen. Sie sind unsere Hervorbringungen. Kant identifiziert Raum und Zeit als Denkformen (Kategorien), die jedem von uns vor jedweder sinnlichen Erfahrung zur Verfügung stehen – sie heißen im Fachjargon a priori –, und wenn dies von den Philosophen auch locker geschluckt bzw. gerne aufgegriffen wird – die Physiker bekommen dabei Magenschmerzen, von den Evolutionsbiologen ganz zu schweigen, die sofort wissen wollen, welcher natürliche (selektive) Vorgang für diese geistigen Vorgaben gesorgt hat.

Wir konzentrieren uns hier auf die Einwände der Physiker, die uns bei Einstein erneut begegnen werden, und zitieren dazu erneut Wolfgang Pauli, den er als seinen geistigen Nachfolger angesehen hat (auch wenn er einer größeren Öffentlichkeit unbekannt geblieben ist). Pauli hatte zuvor bereits Newtons Umgang mit Raum und Zeit kritisiert, weil der Engländer diese Grundkonzepte sowohl des Seins als auch des Denkens einfach in die Hände Gottes gelegt hatte. Pauli meinte polemisch, Newton habe sie damit quasi auf den Olymp verbannt, und er fügte verärgert hinzu, Kant habe anschließend nicht Besseres zu tun gehabt, als »den Zugang zu diesem Olymp für die menschliche Vernunft zu sperren«, nämlich durch die Festlegung auf ein Vorher, in dem es diese Vernunft noch gar nicht gibt. Damit begeht der Philosoph aber einen katastrophalen Fehler und er steckt bis heute in der *Kritik der reinen Vernunft*, die selbst der Kritik bedarf. Ihr Kardinalfehler besteht darin, dass Kant durch seine A-priori-Denkformen am Anfang einführt, was er am Ende erklären will, nämlich das berechenbare Funktionieren des rational operierenden Verstandes. Kant erklärt Rationalität mit Rationalität, er lässt Begriffe aus Begriffen entstehen, was nicht wirklich bei der Frage weiterhilft, wie Erkennen zustande kommt. Das rationale Denken muss anders – irrational, intuitiv, imaginativ – begonnen haben, wobei Pauli vorschlägt, an dieser Stelle urtümliche oder archetypische Bilder einzuführen, wie es auch Kepler weiter oben vorgeschlagen hat und wie wir es später erneut versuchen werden, wenn wir die Weite des Alls mit der Tiefe der Seele zu vermessen versuchen.

Und noch etwas – so schön es ist, dass Kant sich an der Theorie Newtons orientiert, es gehört schon eine Menge Mut dazu, die Voraussetzungen einer Wissenschaft, die in Kants Tagen Triumphe feierte, als Voraussetzungen der menschlichen Vernunft überhaupt zu fixieren. Es war zu erwarten, dass die Vernunft sich nicht ewig daran halten würde. Es hat allerdings gedauert, bis es so weit war. Es hat gedauert, bis Einstein kam.

William Herschel (1738–1822)

William Herschel wurde in Hannover geboren und sein Vorname lautete ursprünglich Wilhelm. Sein Vater spielte Oboe in der Hannoverschen Garde und der Sohn sollte es einmal genauso machen (und genauso gut haben). Tatsächlich lernte Wilhelm das schöne Blasinstrument gefällig zu spielen. Er durchlief folglich die Stationen des Hoforchesters und der Regimentskapelle und ging mit ihr 1756 für ein paar Monate nach England. Das war politisch kein Problem, da das Kurfürstentum Hannover damals in Personalunion dem englischen König unterstand.

Herschel lernte vor Ort rasch die englische Sprache, knüpfte Bekanntschaften an – und als die Franzosen im Laufe des Siebenjährigen Krieges ein paar Jahre später seine Heimatstadt besetzten, zog Herschel einfach nach England um und er tat dies in der Absicht, ein ruhiges Musikerleben in dem Badeort Bath zu führen. Um sein Vorhaben in die Tat umzusetzen begann er, sich um Harmonielehren zu kümmern, er lernte die dazugehörige Mathematik und landete dabei – in der Astronomie mit ihrer Sphärenmusik. Es war keine Liebe auf den ersten Blick und Herschel ließ sich anfänglich Zeit mit den Sternen und ihrer Ordnung. Er organisierte stattdessen in den 1760er-Jahren lieber das Musikleben von Badeorten, baute einen Chor auf, gab einer wachsenden Zahl von Schülern Unterricht und wurde nach und nach ein wohlhabender Mann, der seiner inzwischen notleidenden Familie in Hannover helfen konnte. Herschel holte zum Beispiel im Jahre 1772 seine kleine Schwester Lucretia nach England und ließ sie zur Sängerin ausbilden.

Doch an dieser Stelle schlägt das Pendel des Interesses um, denn bald opferte Lucretia ihre erfolgreich gestartete künstlerische Laufbahn, um ihrem Bruder bei seinen astronomischen Beobachtungen zu helfen. Sie tat dies mit großem Geschick und entdeckte selbst in den 1780er-Jahren acht Kometen und eine Reihe von Nebeln, bevor sie – nach dem Tod unseres Helden – in ihre Heimatstadt zurückkehrte.

Ein neuer Planet

Herschels intensive Beschäftigung mit der Astronomie hatte im April 1773 begonnen, als er sich unter anderem ein paar Linsen für ein Teleskop kaufte. Bald störten ihn die unvermeidlichen Farbfehler und so mietete er erst ein Spiegelteleskop und dann eine Werkstatt, in der er selbst solch ein Instrument – genauer gesagt solche Instrumente – herstellen konnte, denn das war es, was er nun unternahm. Dabei wurde die Öffnung der Teleskope immer größer und ihre Qualität unentwegt besser. Dadurch war ständig mehr im Weltraum und von seinen Himmelskörpern zu sehen. Mitte 1776 gelang Herschel die Konstruktion eines Spiegelteleskops mit einer Brennweite von 20 Fuß (ca. 7 m) und einer Öffnung von 12 Zoll (ca. 30 cm), mit dem er sich an die bzw. an eine erste von vielen weiteren Durchmusterungen des Himmels machte. Ihn interessierte unter anderem, die jährlich periodische Eigenbewegung eines Sterns nachweisen zu können, die man der Rotation der Erde um die Sonne zuschreiben könnte. Solch ein im Fachjargon ein wenig allzu kompliziert als »trigonometrische Fixsternparallaxe« bezeichnetes Phänomen würde endgültig die Überlegenheit des kopernikanischen Systems beweisen, an das ohnehin jeder glaubte.

Herschel wollte es aber wissen und so durchmusterte er den Himmel ein ums andere Mal, ohne die Parallaxe nachweisen zu können, was erst Friedrich Wilhelm Bessel (1784–1846) gelingen sollte, der uns in Kürze auf der nächsten Stufe der kosmischen Hintertreppe begegnen wird.

Bei seinen verschiedenen Himmelsbetrachtungen ist Herschel natürlich nicht entdeckungslos geblieben. Berühmt wurde der deutsch-englische astronomische Musikus, als ihm am 13. März 1781 bei einer weiteren systematischen Durchmusterung der kosmischen Sphären ein ziemlich helles und bis dahin unbekanntes Objekt auffiel, das Herschel zunächst für einen Kometen hielt. Der neue Himmelskörper ließ eine merkliche Eigenbewegung und etwas anderes erkennen, das in Herschels Beobachtungsjournal genau festgehalten wurde:

»Die Vergrößerung, die ich benützte, als ich den [vermeintlichen] Kometen zuerst sah, war 227. Aus Erfahrung wusste ich, dass die Durchmesser der Sterne durch eine starke Vergrößerung nicht im gleichen Verhältnis vergrößert werden, wie dies bei den Planeten der Fall ist; deshalb nahm ich jetzt die Vergrößerung 469 und 932 und stellte fest, dass der Durchmesser des [vermeintlichen] Kometen der Vergrößerung entsprechend größer wurde, wie dies bei der Voraussetzung, dass es kein Stern ist, sein musste, während die Durchmesser der Sterne, mit denen ich ihn verglich, nicht im gleichen Verhältnis größer wurden.«

Warum einfach, wenn es auch kompliziert geht?, würde man bei diesem Zitat gerne kommentierend einwerfen, das zeigt, wie man sich mit unzutreffenden Begriffen selbst bei den besten Beobachtungen verrennen kann. Irgendwann bekam der Franzose Laplace, der uns schon bei Kant begegnet ist und der über große mathematische Fähigkeiten verfügte, Herschels Daten in die Hände. Und er rechnete seinem Kollegen vor, dass Herschels Stern eine geschlossene kreisähnliche Bahn beschreibt, was ihn zu einem neuen Planeten machte, der jenseits von Saturn anzusiedeln war. Es war der siebte Planet des Sonnensystems, er bekam den Namen Uranus nach dem griechischen Himmelsgott Uranos, und seine Entdeckung wurde als die wichtigste bezeichnet, die jemals am Himmel gemacht wurde.

Die Statistik der Sterne

Herschel war jetzt – nach 1781 – ein berühmter Mann, der König ernannte ihn zum Royal Astronomer und die Kollegen bestellten seine Spiegelteleskope in solchen Mengen, dass Herschel mit der Produktion nicht nachkam. Er kündigte seine Stelle als Musikdirektor und Organist von Bath und zog nach Datchet in der Nähe von Windsor. Hier begann er sogleich damit, sein bewährtes 20-Fuß-Teleskop aufzubauen und ein 40-Fuß-Instrument zu planen, dessen Anfertigung ihm tatsächlich bis 1788 gelang. Der Durchmesser des Spiegels betrug 122 cm und die Brennweite des gigantischen Geräts lag bei über 12 m! Allein die Spiegelscheibe brachte rund 1000 kg auf die Waage und zwei Dutzend Hilfskräfte wurden für das Schleifen und Polieren eingesetzt.

So wunderbar das klingt und so erstaunlich die technischen und logistischen Leistungen bei der Anfertigung des 40-Fuß-Giganten auch waren – richtig funktioniert hat der Riese selten, wobei es vor allem das englische Klima mit seiner Feuchtigkeit war, das den Konstrukteuren zu schaffen machte und immer wieder zu Ungenauigkeiten führte.

Herschel hatte genug mit den 20-Fuß-Spiegelteleskopen zu tun und er untersuchte zu einem bevorzugt Doppelsterne, die sich um ihren gemeinsamen Schwerpunkt drehen, um bei ihnen die ersehnte Fixsternparallaxe nachweisen zu können. Bis zum Jahre 1804 katalogisierte er etwa 1000 solcher Doppelsterne, was ihn zum großen Meister dieser Himmelserscheinungen werden ließ.

Daneben erkundete Herschel noch die Polkappen des Mars, er entdeckte Saturn- und Uranusmonde und stellte eine Liste von über 2000 Nebeln und knapp 200 Sternhaufen zusammen, die es alle noch zu erklären bzw. überhaupt in unsere Galaxie einzuordnen galt. Herschel gab sich besondere Mühe, die räumliche Verteilung all der Fixsterne zu erfassen, die zum Aufbau unserer Milchstraße beitragen. 1785 veröffentlichte er das erste Ergebnis seiner Bemühungen in einem Buch mit dem Titel *On the constructions of the heavens*, der die Himmel im Plural kennt. Die übliche Übersetzung ins Deutsche – »Über den Bau des Himmels« – ist viel zu großspurig und dadurch unsinnig. Sie müsste bescheidener »Über die Gebilde am Himmel« heißen, wobei auch die zweite Mehrzahl von Bedeutung ist, da Herschel in seinem Werk das unternommen hat, was fachlich korrekt, aber undramatisch eine »stellarstatistische Untersuchung« genannt werden muss. Dass die Vielzahl der beobachteten Sterne nur durch eine in Herschels Zeiten noch ungewohnte statistische Betrachtungsweise – eine Sternenstatistik – zu bändigen war, ist Herschel 1783 ein- und aufgefallen, als er sich bei der Durchmusterung unserer Galaxie bis zum Sternbild Orion vorgearbeitet hatte. Er stellt damals in seinem Journal seine wahrlich innovative Vorgehensweise vor:

»Ich nenne das Eichen des Himmels oder die Sterneiche. Es besteht darin: Ich nehme mehrmals die Anzahl von Sternen in 10 Gesichtsfeldern meines Fernrohrs, eins dicht am andern; und indem ich ihre Summe addiere und eine Dezimalstelle rechter Hand abschneide, so erhalte ich einen

Durchschnitt vom Gehalt des Himmels in allen Teilen, die auf folgende Weise geeicht wurden. Zum Beispiel habe ich eine kurze Tabelle beigefügt, die ich aus den in meinem Tagebuch verzeichneten Eichungen bezogen habe und woraus folgt, dass die Zahl der Sterne mit der Annäherung zur Milchstraße sehr schnell zunimmt.«

Es bleibt natürlich nicht bei den zehn Feldern. Herschel zählt insgesamt 3400 Felder mit jeweils rund 80 Sternen aus, um zuletzt zum einen abschätzen zu können, dass in unserer Milchstraße die unvorstellbare Menge von 20 Millionen Sternen zu finden ist, und um zum Zweiten festzustellen, dass unsere Galaxie als dicke Scheibe existiert und wie eine ausgefranste Ellipse oder wie ein gestreckter Pfannkuchen aussieht. Er schreibt: »Dass die Milchstraße eine sehr ausgedehnte Schicht von Sternen verschiedener Größe ist, lässt nicht den geringsten Zweifel übrig; und dass unsere Sonne wirklich einer der Himmelskörper ist, die zur Milchstraße gehören, ist ebenso augenscheinlich.«

Unsichtbares Licht

Wir wissen also jetzt, dass die Milchstraße eine Weltinsel ist, wie man damals sagte, um zu fragen, ob es noch weitere Gebilde dieser Art gab. War die Milchstraße allein im Kosmos? Machte unsere Galaxie das ganze All aus? Oder waren die als Nebel bezeichneten Gebilde weitere Weltinseln in einem viel größeren Kosmos?

Herschel hatte bei seinen Messungen auch versucht, die Entfernungen zu Hunderten von Sternen zu bestimmen, wobei er mit ihrer Helligkeit operierte und annahm, dass diese mit dem Quadrat der Entfernung abnimmt. Ein Stern, der halb so hell ist wie ein anderer, ist demnach viermal so weit entfernt. Herschel wählte Sirius, den hellsten Stern des Nachthimmels, als Bezugskörper und definierte eine merkwürdige Maßeinheit, nämlich den Siriometer: Ein Stern, der zum Beispiel 1/100-mal so hell scheint wie der Sirius, ist zehn Siriometer weiter entfernt. Mit dieser Maßeinheit konnte Herschel zwar abschätzen, dass die Milchstraße einen Durchmesser von etwa 1.000 Siriometern hatte und ein zehntel so dick war. Doch noch gab es keine Möglichkeit, dieses schräge Maß auf bekannte Einheiten wie Kilometer umzurechnen. Das ist erst dem schon angekündigten Bessel gelungen und da dieser von dem Ergebnis überwältigt war, lassen wir es offen, bis wir Bessel in seinem eigenen Kapitel vorgestellt haben. Zuvor wollen wir ein letztes Kaninchen bewundern, das Herschel aus seinem schier unerschöpflichen Datenzylinder hervorzauberte.

In den ersten Jahren des 19. Jahrhunderts reichte Herschel der Royal Society in London vier Arbeiten ein, die von »unsichtbaren Wärmestrahlen« handelten. Der Wissenschaftshistoriker Fritz Krafft hat beschrieben, wie er auf sie gestoßen war:

»Bei seinen Untersuchungen über die Helligkeit der Fixsterne und der Sonne hatte [Herschel] bemerkt, dass das Glas auf der Hand als unterschiedlich warm empfunden wurde. Das musste mit den Spektralfarben zusammenhängen; und so ging er mit einem Thermometer das Spektrum entlang und entdeckte, dass die Temperatur zum Rot hin zunahm und am stärksten sogar jenseits des Rots war. Das Sonnenlicht enthielt also auch unsichtbare, nur wärmende Strahlen«, die wir heute als Infrarot kennen und deren Gegenstück auf der anderen Seite des Spektrums (siehe Abb. S. 152) bald durch den Physiker Johann Wilhelm Ritter (1776–1810) nachgewiesen wurde und als Ultraviolett bekannt ist.

			sichtbares Licht			Radiostrahlung				
Y-Strah-lung	Röntgen	Ultra-Violett		Infrarot und Wärme	Radar	UKW	Kurz-	Mittel-	Lang-Wellen
1 pm	1 Å 1 nm			1 µm 1 mm	1 cm 1 m				1 km

Das elektromagnetische Spektrum lässt erkennen, wie klein der Ausschnitt des für unsere Augen sichtbaren Lichts ist.

Für die Astronomie öffnete sich dadurch nicht nur ein weiteres und weites Fenster, durch das man in das Weltall blicken konnte. Hier deutet sich mehr an, nämlich der Beginn einer völlig neuen Himmelsbetrachtung, die nicht mehr nach den Positionen der Sterne, sondern nach dem Licht fragt, das sie aussenden. Wir nennen sie heute Astrophysik und werden noch viel von ihr hören.

Die Entdeckung des unsichtbaren Lichts hat aber eine besondere Schlussbemerkung verdient, weil sie in eine Zeit fällt, die bereits nach der Aufklärung liegt und die wir kulturhistorisch als Romantik kennen. Zu der Grundüberzeugung der Romantik gehört es, dass zu jedem Stück ein Gegenstück gehört. Man nennt dies gerne Polarität und denkt dabei zum Beispiel an Tag und Nacht, an innen und außen und an Diesseits und Jenseits. Für einen Romantiker ist es a priori klar, dass es neben dem bewussten das unbewusste Denken und neben dem sichtbaren das unsichtbare Licht gibt. Herschel hat es als Erster gefunden. Er war eben »der große Herschel, dem wir beynahe alle Kenntnisse des Himmels verdanken«, wie ein Bewunderer nach seinem Tode sagte.

Friedrich Wilhelm Bessel (1784–1846)

Zum Beginn des Jahres 1799 trat der 15-jährige Friedrich Wilhelm Bessel aus Minden in das Bremer Handelshaus Kulenkamp und Söhne ein. Man hatte ihn wegen seiner beachtlichen rechnerischen Qualitäten ausgewählt und sah in ihm einen talentierten Kaufmann. Um später einmal selbst auf Frachtreisen gehen zu können, nahm der junge (und nach dem regierenden preußischen König benannte) Friedrich Wilhelm Unterricht in Fremdsprachen und Navigationskunde – und da war es plötzlich um ihn geschehen. Navigieren – das gelang nur mit dem Blick zu den Sternen und die zogen Bessel von nun an und für den Rest seines Lebens in ihren Bann. Bereits 1804 versuchte er sich an einer Neuberechnung der Bahn des Halley'schen Kometen, und er war so stolz auf sein Ergebnis, dass er es wagte, bei einem Spaziergang dem großen Bremer Astronomen Heinrich Wilhelm Olbers (1758–1840) den Weg abzuschneiden, um ihm nach der anschließenden Entschuldigung seine Arbeit anzubieten (siehe Kasten unten). Olbers ließ sich das gefallen, las den Text und riet Bessel danach voller Begeisterung, seine kaufmännische Laufbahn an den Nagel zu hängen – was dieser dann auch tat.

Olbers ließ im Folgenden seine Verbindungen spielen und vermittelte Bessel im Frühjahr 1806 die Stelle eines »Inspekteurs« einer Privatsternwarte bei Braunschweig, der Schröter'schen Sternwarte in Lilienthal, die besser als jedes andere Observatorium ausgestattet war. Nachdem auch hier seine Arbeiten die Aufmerksamkeit großer Leute wie Alexander von Humboldt (1769–1859) und Carl Friedrich Gauß (1777–1855) erwecken konnten und man große Dinge von

Das Olbers'sche Paradoxon

Wir haben zu wenig Platz, um alle verdienstvollen Astronomen vorzustellen, aber bei dem Bremer Arzt Olbers müssen wir wenigstens auf die von ihm gestellte Frage hinweisen, die seinen Namen berühmt gemacht hat. Wenn eben von einem Arzt die Rede war, dann stimmt das bis 1820. In diesem Jahr beendete der inzwischen über 60-Jährige seine praktische Tätigkeit und widmete sich nur noch den Sternen. Ihm fiel auf, dass es in einem Universum, in dem die leuchtenden Himmelskörper homogen (gleichmäßig) verteilt sind, dauernd hell sein müsse. Denn wer in einem Wald steht und vor sich auf einen starken Stamm blickt – um den die Sonne spielt –, sieht nicht nichts mehr, wenn er sich dreht – so wie es die Erde tut –, er sieht stattdessen viele andere Stämme. Also – warum wird es nachts dunkel?

Diese Frage wird in der Literatur unter der Bezeichnung Olbers'sches Paradoxon erörtert und sie ist deshalb so spannend, weil sich im Verlauf ihrer Diskussion herausstellt, dass man sich nur sinnvoll um ihre Antwort kümmern kann, wenn man zuvor sagt, in welchem Weltall – mit welchem Modell des Universums – man dabei operiert. In Newtons Kosmos kann man gar keine Lösung finden, was heißt, dass es dort dauernd hell ist bzw. sein müsste (auch wenn das niemand bemerkt). Am besten kommen diejenigen mit der Dunkelheit der Nacht zurecht, die von einer Welt ausgehen, die mit einem Knall, dem Urknall, begonnen hat. So weit sind wir aber noch nicht. Bis dahin müssen wir uns mit dem Vorschlag des Philosophen Hans Blumenberg trösten, der im 20. Jahrhundert einmal geschrieben hat, dass es deshalb nachts dunkel wird, damit wir überhaupt etwas sehen können – nämlich die Sterne.

Bessel erwarten durfte, konnte er 1810 seinen ganz großen Coup landen. In demselben Jahr, in dem der preußische König, Friedrich Wilhelm III., nach einem Vorschlag von Alexanders Bruder Wilhelm von Humboldt (1767–1835) die Universität von Berlin gründete, ernannte der gut beratene Regent den jungen Bessel zum Professor für Astronomie und berief ihn nach Königsberg, wo es eine neue Sternwarte zu bauen galt, die Bessel selbst noch formen konnte. Er durfte dies in demselben Geist tun, in dem Wilhelm von Humboldt in der preußischen Hauptstadt die große Bildungsstätte vorgeschlagen und realisiert hatte.

Bessel ließ die ihm zugedachte Königsberger Sternwarte mit den besten astronomischen Instrumenten ausrüsten, die das Zeitalter zu liefern imstande war, wobei er vor allem darauf achtete, dass die Linsen bzw. das dazu nötige Glas so sorgfältig wie möglich hergestellt und geschliffen wurden. Wie man nämlich herausgefunden hatte, konnte man, wenn die Linsen zu dritt oder noch zahlreicher angeordnet wurden, das im Kapitel über Newton erwähnte Problem der ärgerlichen Farbfehler in Teleskopen korrigieren, das Bessel stets fachlich korrekt als »chromatische Aberration« beklagte. Zu seinem Glück war die Zeit günstig, das geeignete Glas zu bekommen – und zwar gerade aus Deutschland, da England durch eine merkwürdige Fenstersteuer seine Glasindustrie stark geschwächt hatte. So konnte sich Bessel an das große Werk machen – bei dem er eine klitzekleine Abweichung suchte.

Der ersehnte Durchbruch

Zu unserem Glück war Bessel erst 26 Jahre alt, als er den ehrenvollen und die Kollegen mit Neid erfüllenden Posten in Königsberg erhielt, denn er brauchte trotz bester Ausrüstung und idealer Arbeitsbedingungen weitere 28 Jahre, um den entscheidenden Durchbruch in der Astronomie zu erzielen, auf den viele gewartet und hingearbeitet hatten. Eine wesentliche Hilfestellung bestand darin, dass Bessel 1829 aus der bayerischen Werkstatt des Joseph von Fraun-

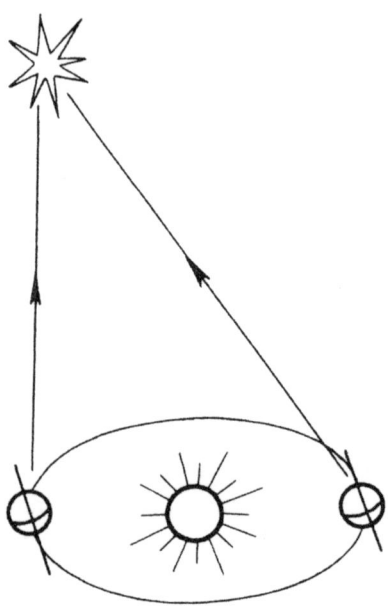

Wenn die Erde die Sonne umrundet, müssen Fixsterne unter einem Winkel zu beobachten sein (Parallaxe).

hofer (1787–1826) ein neuartiges »Heliometer« bekommen konnte, und er setzte dieses Hochleistungsgerät ab 1837 zu Beobachtungen eines Sterns ein, der im Sternbild Schwan lag und in einem Katalog als Nummer 61 aufgeführt war: 61 Cygni lautete deshalb der Name des Himmelskörpers, der nach Bessels Voruntersuchungen eine große Eigenbewegung zeigte. Seit Halleys Tagen wusste man, dass es Sterne gab, die in ihrer Position leicht schwankten, und es gab schon länger die Vermutung, dass die genaue Vermessung solch einer Eigenbewegung zum einen das Weltbild des Kopernikus festzurren konnte und zum Zweiten die Ausmaße des Universums erkennen lassen würde. Aus der Kenntnis der Parallaxe ließe sich nämlich die Entfernung zu dem Stern – in dem Fall 61 Cygni – bestimmen und die war sicher etwas anderes als die Entfernungen zum Mond oder zur Sonne, die dann winzig sein würden (siehe Abb. S. 156).

Die Wahl von 61 Cygni, der sogar ein Doppelstern ist, wurde zwar kritisiert, weil er vielen Astronomen zu lichtschwach vorkam und sie stattdessen eine Beobachtung der Wega, dem hellen Hauptstern im Sternbild Leier, empfahlen. Aber Bessel hielt nicht zuletzt deshalb an seiner Entscheidung fest, weil 61 Cygni so weit im Norden steht, dass er in Königsberg dank der geografischen Breite der Stadt praktisch das ganze Jahr hindurch beobachtet werden konnte, was Bessel 1837/38 dann auch tat.

Über Jahrzehnte hatte er Schritt für Schritt gelernt, die zahlreichen Fehlerquellen bei Beobachtungen erst zu orten und dann einzugrenzen, die alle bei Positionsbestimmungen auftreten können. Mit dem Fraunhofer'schen Heliometer ging er besonders vorsichtig zu Werke, um die Genauigkeit, die dieses fantastische Gerät ermöglichte, auch voll nutzen zu können, um in den Worten von Bessel, »statt der *Überzeugung* von der Kleinheit der jährlichen Parallaxe in günstigen Fällen ihre *Bestimmung* zu erhalten«.

Im Sommer 1837 lagen die »günstigen Fälle« endlich vor und am 16. August dieses Jahres nahm Bessel die erste Messung der Position von 61 Cygni vor, die er regelmäßig bis zum 2. Oktober des folgenden Jahres wiederholte, um Ende 1838 verkünden zu können, dass die Position des anvisierten Doppelsterns, 61 Cygni, sich um 0,6272 Bogensekunden verschoben hatte, was umgerechnet einem Winkel von lächerlich erscheinenden 0,0001742 Grad entspricht. Um diesen unglaublich kleinen Wert an einem Beispiel zu verdeutlichen:

Wenn wir einen Arm ausstrecken und den erhobenen Daumen mit nur einem Auge betrachten, wird er seine Position relativ zu einem Hintergrund verändern, je nachdem, ob wir mit dem rechten oder dem linken Auge schauen. Diese »Daumenparallaxe« veranschaulicht die Fixsternparallaxe, hinter der die Astronomen her waren und die Bessel deshalb erst so spät gefunden hatte, weil der Arm, der seinem Messwert entspricht, sage und schreibe 30 km (!) lang sein müsste. Im Prinzip ist der Nachweis der Parallaxe einfach, aber in der Umsetzung erfordert er die große Meisterschaft eines Bessel, wobei ihn das großartige Heliometer unterstützte (siehe Abb. Fixsternparallaxe, S. 156).

Das Erschrecken

Mit der Kenntnis des Winkels (der Parallaxe) konnte Bessel die Entfernung zu 61 Cygni ausrechnen und als er dies tat, traute er seinen Augen nicht: »Einhundert Billionen Kilometer«, sagte das Ergebnis, was es dringend nötig macht, die unvorstellbar große Zahl zu bändigen. Den Mathematikern gelingt dies durch Einführung von Hochzahlen, in denen die von Bessel ermittelte Entfernung als 10^{14} km etwas handlicher aussieht. Die Astronomen gehen einen physikalischen Weg und sie handhaben die immens großen Zahlen, indem sie die Einheit der Lichtjahre einführten. Wenn Licht in einer Sekunde 300.000 km schafft, dann lässt sich ausrechnen, wie weit es in einem Jahr kommt – nämlich knapp 10^{13} km, sodass 61 Cygni etwa 11,4 Lichtjahre von Königsberg entfernt ist. (Der heutige Wert liegt zehn Prozent höher, was uns aber nicht stören soll.)

Wenn diese Zahl schon erschreckend wirkte, führte die nächste Berechnung fast einen Schockzustand herbei. Um sie auszuführen, erinnerte Bessel sich an Herschels Siriometer und verglich erst die Helligkeit von Herschels Referenzstern Sirius mit der von 61 Cygni, um anschließend Her-

schels Maß in Lichtjahre umwandeln zu können. Nachdem
er dies unternommen hatte, erkannte Bessel plötzlich, dass
die Milchstraße einen Durchmesser von sagenhaften 10.000
Lichtjahren hatte und 1.000 Lichtjahre dick war. Er muss
überwältigt gewesen sein und geahnt haben, dass möglicherweise selbst der gewaltige Umfang seiner Heimatgalaxie winzig sein musste im Vergleich mit den Ausmaßen des
gesamten Kosmos. Was hätte Bessel gesagt, wenn jemand
ihm die Werte genannt – und ihn von ihrer Richtigkeit
überzeugt – hätte, die wir heute für die Größe der Milchstraße angeben? Sie sind um das Zehnfache höher als die
Zahlen von Bessel: Unsere Galaxie dehnt sich 100.000
Lichtjahre aus und ist 10.000 Lichtjahre dick.

Diese riesigen Entfernungen können niemanden, der sie
zum ersten Mal erfährt und sich ein Bild von ihnen und
dem dazugehörigen Universum macht, kaltlassen. Sie führen aber über das quantitativ bedingte Schauern hinaus zu
einer qualitativen Verschiebung in der Wahrnehmung, die
langfristig die erstaunlichsten Folgen hat. Die neue Einsicht
besteht darin, dass aus der Tatsache, dass der Doppelstern
61 Cygni mehr als elf Lichtjahre von der Erde entfernt ist,
der Schluss gezogen werden kann, dass wir den Stern jetzt
so sehen, wie er vor mehr als elf Jahren *war*. Wir schauen
also in die Vergangenheit. Der Blick in den Raum ist zugleich ein Blick in die Zeit. Wir kennen den Raum nur
durch die Zeit. Beide gehören und hängen zusammen. Wie
konnte Newton nur auf die Idee kommen, dass die eine
durch den anderen fließe, ohne etwas mit ihm zu tun zu
haben?

Astronomie im Unsichtbaren

Die Welt der Astronomie – das Universum – sollte bald noch sehr viel größer werden und Weiten von Millionen und Milliarden Lichtjahren erreichen, als man endlich wusste, was es mit den vielen diffusen Nebeln auf sich hat, die neben den punktförmigen Sternen zu sehen waren. Noch waren sie nur Nebel und auch als solche schön katalogisiert, und zwar bereits seit 1781, was vor allem dem Franzosen Charles Messier (1730–1817) zu verdanken war, der die sogenannten Messierzahlen einführte, um sich über die nebulösen Objekte verständigen zu können.

Bessel interessiert sich natürlich auch für die Nebel, aber einen weiteren besonderen astronomischen Akzent seines Wirkens verdanken wir einer Idee, die zeitgemäß romantisch klingt, weil sie das Unsichtbare ebenso ernst nimmt wie das Sichtbare. Bei der Auswertung von Daten, die den hellsten Stern am ganzen Himmel, Sirius, betrafen, war Bessel eine regelmäßige Störung aufgefallen, die periodisch auftauchte, und zwar in diesem Fall etwa alle 50 Jahre. Er wagte die (romantische) Hypothese, dass die Abweichungen durch unsichtbare Begleitsterne bedingt seien. Es könne doch Himmelskörper geben, so Bessel, die so lichtschwach seien, dass sie unseren Beobachtungsgeräten entgehen.

Natürlich durfte über diese Astronomie des Unsichtbaren geschmunzelt werden, mit der man rein rechnerisch – mit reiner Mathematik – Himmelskörper finden wollte. Aber das Lachen blieb einem rasch im Hals stecken, als sich nicht bloß Erfolge, sondern Triumphe zeigten. Wir beschränken uns hier auf das berühmteste Beispiel:

Seit der Planet Uranus 1781 entdeckt worden war, beobachteten Astronomen merkwürdige Abweichungen von seiner vorausberechneten Bahn. Bessel bemühte sich seit 1823 um dieses Problem und beauftragte sogar einen Assistenten, Rechnungen durchzuführen, die diese Störungen einem noch nicht gesehenen weiteren Planeten zuschrieben. Seine Bemühungen blieben zwar stecken, wurden aber von zwei jungen Astronomen in England und Frankreich weitergetrieben, von denen einer – nämlich Urbain Jean Joseph Le Verrier (1811–1877) in Paris – sogar den Ort ausrechnen konnte, an dem der neue Planet am 23. September 1846 gefunden werden konnte. Und tatsächlich – der Berliner Astronom Johann Gottlieb Galle (1812–1910) fand an der (fast) genau vorausberechneten Position einen neuen Planeten, den man Neptun nannte. Die Astronomie des Unsichtbaren hatte triumphiert.

Trotzdem – wer das Universum erkunden will, muss sich mehr an das Licht halten, das uns aus der Tiefe des Raumes erreicht. Und als Bessel starb, begannen die Astronomen mit seiner Analyse. Sie wurden Astrophysiker und sind es bis heute geblieben.

Ein wissenschaftlicher Zwischenschritt

Wir stehen tatsächlich vor einem revolutionären und zukunftsweisenden Umbruch in der Erkundung des Himmels und seiner räumlichen und zeitlichen Dimensionen. Bislang haben die Forscher, denen sich bald (wenn auch nicht viele, so doch ein paar) Forscherinnen an die Seite stellen werden, das Licht aus der Tiefe der Nacht genutzt, um überhaupt Sterne zu sehen und ihre Positionen und Entfernungen zu bestimmen. Mehr konnte man dem Licht nicht abgewinnen, das die Erde erreichte – jedenfalls nicht bis zu den Lebzeiten von Friedrich Wilhelm Bessel, um nur den zuletzt vorgestellten Wissenschaftler zu erwähnen, der überragende Erfolge auf dem Gebiet vorweisen konnte, das historisch inzwischen als Positionsastronomie bezeichnet wird.

Im weiteren Verlauf des 19. Jahrhunderts kamen dann Chemiker, Physiker und Techniker im Verbund immer besser in ihrem gemeinschaftlichen Bemühen voran, das ganze Spektrum des Lichts zu nutzen, das der große Newton entdeckt und beschrieben hatte, nachdem er einen farblosen Sonnenstrahl auf ein Prisma gelenkt hatte und so die im Weiß verborgene Schönheit sichtbar machen konnte. Beim Durchtritt durch den Glaskörper entfaltete das bislang neutrale Licht seinen ganzen Farbenreichtum. Es bot dem Auge das ganze Spektrum seiner Wahrnehmungsfähigkeit dar, wie man sagt und wie es sich seit Menschengedenken auch im Regenbogen zeigt. In diesem zugleich himmlischen und herrlichen Fall ist das Sonnenlicht – in seinen verschiedenen Komponenten – allerdings nicht unterschiedlich umgelenkt, sondern unterschiedlich gestreut worden, und zwar an und von den winzigen Wassertröpfchen, die zum Regenbogen gehören oder die sich auch mit einem sprühenden Gartenschlauch erzeugen lassen.

Farben haben stets die Neugierde der Menschen geweckt und Chemikern und anderen an der Natur interessierten Menschen war schon länger aufgefallen, dass sich verschiedene Stoffe und Elemente durch das bunt leuchtende Licht charakterisieren lassen, das sich zeigt, wenn sie brennen bzw. verbrennen. Im Laboratorium entwickelte sich daraus die – heute nach wie vor sehr beliebte und im Chemieunterricht vielfach praktizierte – Flammenprobe, die dazu dient, ein Element zu identifizieren. So leuchtet zum Beispiel Lithium rot, Cäsium blau und Kupfer grün auf, wenn man sie in eine Flamme hält. Sobald Naturforscher solch einem Zusammenhang auf der Spur sind, wollen sie genauer – exakter – Bescheid wissen und nach und nach entwickelten sie das, was man Spektralanalyse nennt und bis heute in großem Stil praktiziert. Im 19. Jahrhundert konstruierten die analytisch orientierten Wissenschaftler Apparate mit Glasprismen – Spektralapparate –, mit denen sie das Licht von farbigen Flammen systematisch betrachten konnten und seine Wellenlänge bestimmen wollten. Das heißt, die Apparate zeigten in dem bunten Licht nur selten ein ganzes Spektrum an Farben. Sie ließen vielmehr in den meisten Fällen vereinzelte klare Linien hervortreten und auf diese scharfen Spektrallinien – die Spektralfarben – sollte es bald ankommen, und zwar nicht nur in der Chemie der Elemente, sondern auch in der Physik des Himmels.

Die entscheidende Idee, dass es mit einem Spektroskop nicht nur Irdisches, sondern auch und gerade Kosmisches zu erkunden gibt, dürfen wir dabei zwei Forschern zuschreiben, die 1859/60 in Heidelberg zusammengekommen waren, um gemeinsam das Licht zu erkunden, obwohl sie verschiedene Fächer repräsentierten. Der Historiker Dieter B. Herrmann hat die zu dieser interdisziplinären Erneuerung (Revolution) der Himmelskunde gehörende Geschichte anschaulich erzählt:

»Es ist der Sommer des Jahres 1860. Auf dem Heidelberger Schloss herrscht ausgelassene Stimmung, denn der Großherzog von Baden hat sich mit zahlreicher Begleitung zu Gast eingefunden. Das Schloss wird nachts mit bengalischen Flammen festlich illuminiert. An diesem Abend beobachten zwei Wissenschaftler vom Dach ihres Laboratoriums aus das Spiel der farbigen Flammen. Einer der beiden Gelehrten, der Chemiker Robert W. Bunsen, holt einen Spektralapparat heraus und betrachtet das vom Schloss herüberstrahlende Licht durch die Glasprismen. Dann fragt er seinen Kollegen, den Physiker Gustav Robert Kirchhoff: ›Wenn wir auf diese Entfernung erkennen können, welche Stoffe in den Flammen glühen, warum können wir nicht dann auch erkennen, aus welchen Stoffen Himmelskörper bestehen?‹«

Sie finden keinen Grund, dies nicht zu können, und seit diesen Tagen lässt sich das Himmelslicht neu betrachten und die Revolution der Astrophysik nimmt ihren langen Lauf, der sich bis in die Gegenwart fortsetzt und verfolgen lässt.

Wie außerordentlich sich mit dieser technischen Neuerung unsere Möglichkeiten zum Kennenlernen des Weltalls erweitern, zeigt die ebenfalls von Dieter Herrmann kolportierte überhebliche Antwort eines Physikprofessors auf den Vorschlag eines Studenten, mithilfe der spektralen (prismatischen) Zerlegung von Sternenlicht Auskunft über die (chemischen) Elemente zu bekommen, aus denen die Sterne bestehen: »Was die Sterne sind«, so der Gelehrte, »wissen wir nicht und wir werden es nie wissen.« Wie sollte man auch zu ihnen hingelangen?

Der zitierte deutsche Physiker erlag dabei demselben Irrtum wie bereits der französische Philosoph Auguste Comte, als er sich 1842 Gedanken über die Frage machte, ob es nicht Bereiche der Wirklichkeit gebe, die den Menschen und ihren Bemühungen um Wissen für alle Zeiten verschlossen bleiben würden. Der (positivistische) Denker kam zu dem Ergebnis, dass einige Qualitäten der Sterne in diese Kategorie einzuordnen seien, denn:

»Wir können absehen, dass ihre Formen, ihre Entfernungen, ihre Größen und Bewegungen bestimmt werden können, doch wir können nie etwas über ihre chemische oder mineralogische Zusammensetzung erfahren.«

So kann man sich irren, wie wir in den folgenden Kapiteln zeigen und lernen werden, bei denen wir vor allem eins bestätigt bekommen: die herrliche Hypothese, dass der Kosmos *ein* Universum ist. Wie sich nämlich herausstellt, treffen wir überall auf dieselben Elemente – im Himmel und auf Erden. Zwar kommt im Verlauf der Geschichte einmal für kurze Zeit der Verdacht auf, es gebe etwas Besonderes auf der Sonne – 1868 bemerkten der französische Astronom Pierre Janssen (1824–1907) und sein englischer Kollege Norman Lockyer (1857–1920) dort ein Element, das bis dato noch von niemandem auf der Erde gefunden worden war und das sie deshalb nach dem griechischen Sonnengott (Helios) »Helium« nannten. Aber schon kurz darauf konnte die Wissenschaft das farb- und geruchlose Edelgas auch in unseren Breiten identifizieren und wir und die Sterne bildeten wieder die eine Welt, in der wir uns wohl und zu Hause fühlen. Im ganzen Universum – so der bis heute gültige Schluss – finden wir die gleichen chemischen Verhältnisse.

Vier große Persönlichkeiten

Die beiden genannten Herren Bunsen und Kirchhoff gehören zwar nicht zu den Personen, denen man auf einer kosmischen Hintertreppe begegnet. Aber sie haben auf jeden Fall kräftig mit an ihr gebaut, ebenso wie zwei weitere Genies der Wissenschaft – Joseph von Fraunhofer und Christian Doppler –, die wir auf keinen Fall unerwähnt lassen wollen und daher an dieser Stelle wenigstens in knapper Form vorstellen – wobei wir die Vorzustellenden wie bisher in der Reihenfolge ihrer Geburt anführen.

Joseph von Fraunhofer (1787–1826)

Wir haben bereits von Joseph von Fraunhofer gehört, der das grandiose Heliometer geliefert hat, mit dem Bessel seinen astronomischen Triumph feiern konnte. Fraunhofer verdanken wir insgesamt den wissenschaftlichen Bau von Fernrohren und sein Leben durchzieht das ständige Bemühen, Theorie und Praxis so eng wie möglich zu verknüpfen – was heute die Mitarbeiter der nach ihm benannten Fraunhofer-Gesellschaft zu unser aller Nutzen fort- und umsetzen.

Fraunhofer wurde als elftes Kind eines Straubinger Glasermeisters geboren und kam nach dem Tod seines Vaters schon früh in eine Schleiferlehre nach München. Er arbeitete sich bis 1814 zum Teilhaber eines optischen Instituts empor und entwickelte in dieser Position das Spektroskop, von dem wir eine Variante auf dem Heidelberger Schloss in revolutionärer Aktion beobachten konnten.

Fraunhofer trat aber nicht nur als Optiker und Produzent von entsprechenden Geräten in Erscheinung. Sein Name steht auch dank einer wissenschaftlichen Beobachtung in den Lehrbüchern der Physik bzw. Astronomie. Es geht dabei um merkwürdige dunkle Linien im Sonnenspektrum, die er

166

bereits 1813 entdecken konnte (siehe Nachsatz). Wie wir heute wissen, zeigt eine Fraunhofer'sche Linie nicht das Aussenden (die Emission) von Licht an, sondern das Gegenstück, nämlich das Verschlucken (die Absorption) von Licht. Bevor das Sonnenlicht auf der Erdoberfläche eintrifft, muss es unter anderem den Weltraum (und alles, was in ihm ist) und die Atmosphäre unseres Planeten durchqueren und dabei kann ein Teil von ihm hängen bleiben bzw. abgefangen werden. Es fehlt dann im Gesamtlicht und wenn diese Absorption durch Gebilde (Gasmoleküle) erfolgt, die alle auf dieselbe Energie ansprechen und sie übernehmen, dann wird das Licht nicht überall ein wenig dunkler, sondern an bestimmten Stellen schwarz. So entstehen dann die dunklen Linien in einem Spektrum, die Fraunhofer als Erstem aufgefallen sind. 1987 – zu seinem 200. Geburtstag – brachte die Bundespost eine Briefmarke heraus, auf der seine Entdeckung zu sehen ist.

Christian Doppler (1803–1853)

Wer Salzburg besucht, wird merken, dass nicht nur Mozart, sondern auch Christian Doppler dort geboren wurde, denn die Konditoreien der Stadt bieten Süßigkeiten mit beider Namen an. Zwar lauschen wir lieber Mozart, aber auch das, was der Physiker entdeckt hat, lässt sich hören, nämlich als Dopplereffekt. Er macht sich bemerkbar, wenn sich eine Tonquelle erst auf uns zu- und dann von uns fortbewegt, und wir alle kennen solch eine Situation, wenn etwa ein Feuerwehrauto oder ein Krankenwagen im Einsatz mit heulender Sirene an uns vorbeibraust. Erst steigt die Tonhöhe (Frequenz) an, anschließend sinkt sie wieder – was aus rein physikalischen Gründen erst aufregend und dann beruhigend wirkt.

Was im Alltag keine besonderen Folgen mit sich bringt, kann von Physikern in der Wissenschaft genutzt werden, und zwar dann, wenn sie sich für die Bewegung einer Quelle interessieren, während sie nur die Möglichkeit haben, ihre Frequenz und die Veränderung zu messen, die sich bei ihrer Wahrnehmung zeigt. Doppler hat seinen Effekt nämlich so genau beschrieben, dass sich allein mit diesen Kenntnissen auf die Bewegung der Tonquelle schließen lässt. Das heißt, was für die hörbaren Töne und ihre Frequenzen gilt, trifft auch für das sichtbare Licht und seine Wellenlängen zu. Mit anderen Worten (die noch äußerst wichtig werden, wenn wir das 20. Jahrhundert erreichen): Durch Messungen von Farbunterschieden einer stellaren Lichtquelle kann man auf die Bewegung des Sterns (oder eines anderen leuchtenden Himmelskörpers) schließen, der sich unter Beobachtung befindet.

Doppler hat seinen ihn heute berühmt machenden Effekt 1842 vorgestellt und er hat ihn tatsächlich am Himmel entdeckt (damals fuhren weder hupende noch irgendwelche anderen Autos in den Straßen umher). Er hat ihn in einer Arbeit eingeführt, die den Leser »Über das farbige Licht der Doppelsterne und einiger anderer Gestirne des Himmels« informierte. Gerade bei sich einander umkreisenden Doppelsternen wollte man wissen, wer aus dem Duo sich in welche Richtung bewegt, und der Dopplereffekt gab den Astronomen die Möglichkeit, dies durch Messung von Lichtfrequenzen herauszufinden und die Dynamik des Geschehens zu erkennen.

Im Laufe seines Lebens hat Doppler zwar in Prag und Wien gelehrt, aber gestorben ist er noch jung in Venedig. Er erlag vermutlich einer Lungenentzündung, die auf eine Feinstaubbelastung aus frühen Tagen zurückzuführen war. Denn bevor sich Doppler der Wissenschaft zuwenden durfte, sollte er Steinmetz lernen. Dieser Belastung war er offenbar nicht gewachsen. Er hat dafür größere gemeistert.

Robert Wilhelm Bunsen (1811–1899)

Wer aus meiner Generation den Namen »Bunsen« hört, fügt automatisch »Brenner« hinzu. Im Chemieunterricht durften wir mit Bunsenbrennern hantieren, um deren Gaslicht für die analytische Flammenprobe zu nutzen, aber es wäre schade, wenn wir Bunsen allein mit diesem nützlichen Gerät in Verbindung bringen.

Bunsen stammte aus Göttingen und kam über Kassel, Marburg und Breslau nach Heidelberg. Die Mitwelt schüttete nichts als Lob über ihn aus – »Als Forscher war er großartig. Als Lehrer sogar noch großartiger. Als Mann und Freund war er der Größte«, wie es einmal über ihn hieß. Tatsächlich hat Bunsen sein Leben für die Wissenschaft riskiert. Als es bei der Untersuchung von Prozessen in Eisenhütten 1836 zu einer heftigen Explosion kam, erblindete Bunsen teilweise. Dass sein rechtes Auge schwer angeschlagen war, hinderte ihn aber nicht daran, weiterhin unermüdlich und unerbittlich die Welt im Licht der Lampe Wissenschaft abzusuchen, deren Anwendbarkeit er erst durch den Bunsenbrenner und dann durch das Bunsenelement erweiterte, wobei das zuletzt genannte Konstrukt eine Batterie bezeichnet, die mit Zink und Kohle funktionierte und dies preisgünstiger als ihre damaligen Konkurrenten tat.

Bunsen war bereits berühmt, als er 1852 nach Heidelberg berufen wurde. Die Universität richtete ihm ein neues Laboratorium (mit Dienstwohnung) ein, in dem er bald mit Kirchhoff kooperierte, und die beiden konnten in einer frühen Form von Interdisziplinarität (Physik und Chemie im astronomischen Verbund) erst die Entstehung der Fraunhofer-Linien klären und danach von 1859/60 an die Grundlagen der modernen Astrophysik legen, wie oben erzählt. Sie richteten ihren spektroskopisch unterstützten Blick aber nicht nur auf die Sterne, sondern auch auf das Mineralwasser, das aus Bad Dürkheim – also aus der Nachbarschaft – kam. Und in ihm stießen sie auf zwei neue Elemente, nämlich Cäsium und Rubidium, mit denen sie das damals noch nicht sehr umfangreiche Periodensystem der Elemente erweitern konnten.

Gustav Robert Kirchhoff (1824–1887)

Kirchhoff stammt zwar aus der Stadt Kants, also aus Königsberg, ist dort aber nicht wie der Philosoph stecken geblieben, sondern kam über Breslau und Heidelberg nach Berlin. Wir haben bereits über sein revolutionäres Gemeinschaftswerk mit Robert Bunsen erzählt. Doch anders als bei dem mehr praktisch veranlagten Chemiker lagen Kirchhoffs Talente vorwiegend im Bereich der Theorie, was die Historiker auch veranlasst, ihn als den ersten theoretischen Physiker zu bezeichnen, nachdem er 1875 Professor in Berlin geworden war. Das heißt, eigentlich müsste man seinem Nachfolger diesen Ehrentitel verleihen, nämlich dem berühmten Max Planck (1858–1947), der in der Tat keinerlei Neigung mehr zum Experimentieren zeigte, aber wir wollen nicht päpstlicher sein als der Papst und vor beiden Forschern unseren Hut ziehen.

Planck ist in diesem Zusammenhang auch deshalb wichtig, weil er bekanntlich die ganz neue Physik des 20. Jahrhunderts in Gang gebracht hat, die als Quantenphysik bekannt ist und die wir noch benötigen, um die großen Ideen der Astrophysik vorstellen zu können, die mit den Schwarzen Löchern und der Entstehung von Elementen aus einem Urknall heraus zu tun haben. Kirchhoff und Planck hatten noch keine (kosmischen) Schwarzen *Löcher* im Sinn – die tauchen im Bewusstsein der wissenschaftlichen Menschen erst in den 1960er-Jahren auf –, sie kümmerten sich aber um (irdische) Schwarze *Körper*, die sie durch die einfache

Eigenschaft definierten, alles Licht zu schlucken, das sie erreichte. Anders ausgedrückt, das Licht, das Schwarze Körper aussendeten, mussten sie selbst produzieren und die scheinbar schlichte Frage lautete, wie ihnen dies gelingt: nämlich dann, wenn sie erhitzt werden. Wie jedem vertraut ist, beginnt zum Beispiel eine dunkle (schwarze) Eisenstange erst rötlich, dann gelblich und weißlich zu glühen, bevor sie schmilzt. Und Kirchhoff hatte bemerkt, dass die Farben – die farbige Strahlung – unabhängig von der Beschaffenheit der Materie war, aus der der Schwarze Körper bestand.

Das schien unglaublich, musste aber wahr sein: In der farbigen Strahlung, die ein wärmer werdender Schwarzer Körper im Laufe seiner Temperaturerhöhung abgibt, offenbarte sich ein allgemeines Gesetz über das Licht, das Materie – auch die in der Sonne oder sonst wo am Himmel – produzieren und aussenden kann. Das war Kirchhoffs große Einsicht und in ihr steckte eine noch größere Aufgabe, nämlich dieses Licht- oder Strahlungsgesetz zu finden und zu formulieren, womit man in der Physik – wörtlich – meinte ihm eine mathematische Form zu geben. Das ist Planck 1900 gelungen (und dafür hat er den Nobelpreis für Physik bekommen, den es zu den Lebzeiten seines Vorgängers noch nicht gab). Nach Kirchhoffs Grundlegung war die Physik jetzt mit Plancks Formel auf ganz neuen Wegen, die wir später noch beschreiten werden.

Wir sehen also, wie viele Abenteuer uns auf der kosmischen Hintertreppe noch erwarten, bei deren Besteigen wir jetzt auf den Mann treffen, der als Erster den neuen Umgang mit dem Licht des Himmels nutzen konnte.

171

Die Vermessung des Lichts

Karl Friedrich Zöllner (1834–1882)

Grundzüge einer allgemeinen Photometrie des Himmels – so überschrieb Karl Friedrich Zöllner, der in Berlin geborene Sohn eines Textilfabrikanten, ein Manuskript, das er 1861 bei der Zeitschrift *Astronomische Nachrichten* einreichte. Mit seinen Vorschlägen für eine kosmische Lichtvermessung riskierte der frisch promovierte und einen Job als »Hilfsarbeiter« an einer Sternwarte anvisierende junge Astronom eine ziemlich große Lippe. Er wagte es nämlich, einem überdeutlich formulierten Diktum von Friedrich Wilhelm Bessel zu widersprechen, den wir als großen Repräsentanten der damaligen Himmelsmechanik kennengelernt haben und der von vielen Zeitgenossen hoch verehrt wurde. Bessels feste und klare Meinung lautete:

»Die Astronomie hat keine andere Aufgabe, als Regeln für die Bewegung jedes Gestirns zu finden, aus welchem sein Ort folgt.«

Das war doch bloß die Beschäftigung der früheren Sternenforschung, konterte Zöllner und er merkte an, dass diese alte Wissenschaft einzig von der Voraussetzung ausging, dass alle Ortsveränderungen sich der Gravitation verdanken, die wir wiederum Newton verdanken. So sei das im 18. Jahrhundert gewesen. Doch nun sei man weiter. Man könne eine neue Form von Wissenschaft praktizieren, nämlich eine Astrophysik, die annimmt, dass die sichtbare Materie mehrere Eigenschaften hat, die universal (universell) zu finden sind und die es den Forschern erlauben, andere Unterschiede (als die des Ortes) der Himmelskörper im physikalischen Rahmen erst zu vermessen und dann zu verstehen. Man müsse sich nur frisch, fromm, fröhlich und frei an die neue Arbeit machen.

Eine Preisfrage

Der keck auftretende Zöllner hatte sich bereits in der Kindheit den Schwierigkeiten des Lebens stellen müssen. Wegen des langen Schulwegs in Berlin durfte er erst im Alter von 13 Jahren ein Gymnasium besuchen. Auf dem konnte er schließlich nur vorübergehend bleiben, da der noch nicht 20-Jährige nach dem frühen Tod des Vaters plötzlich dessen Textilbetrieb übernehmen musste. Zöllner entwand sich aber diesen Pflichten schon bald, kehrte zur Schule zurück, machte ein naturwissenschaftliches Abitur und begann ein entsprechendes Studium an der Universität seiner Heimatstadt, das er 1857/58 in Basel fortsetzte. Zöllner hatte dabei den Weg in die Schweiz angetreten, um bei seinem Lehrer Gustav Heinrich Wiedemann (1826–1899) bleiben zu können, der von der Spree an den Rhein gewechselt war, weil er sich hier mehr Möglichkeiten versprach, der sich aber unabhängig davon Zöllners ungewöhnlicher Neigungen mit dem Interesse eines unvoreingenommenen Wissenschaftlers angenommen hatte.

1859 erwarb Zöllner unter Wiedemanns Leitung den Doktorgrad mit einer Arbeit über Lichtmessungen (fotometrischen Untersuchungen) von Sternen und kurz danach stellte er seine gewonnenen Daten und Einsichten in dem eingangs erwähnten Text zusammen, den wir ruhig als erste astrophysikalische Publikation feiern dürfen – was seine besondere Entstehungsgeschichte natürlich umso lohnender macht, die jetzt erzählt werden soll.

Fotometrie – damit hatte Zöllner schon in der Schulzeit begonnen, als ihm sein Chemielehrer das gymnasiale Laboratorium zur Verfügung stellte, in dem der aufgeweckte Schüler mit einem selbst konstruierten Lichtmessgerät (Fotometer) kosmische Quellen anzuzapfen versuchte. In der Mitte der 1850er-Jahre hatte die Wiener Akademie für die Naturwissenschaften als eine ihrer Preisfragen neue Bestimmungen von Fixsternen ins Visier genommen und durch diesen Umstand bot sich Zöllner eine frühe Chance, seinen Namen in der Gemeinde der Forscher bekannt zu machen.

In unserer Gegenwart des frühen 21. Jahrhunderts haben Preisfragen von Akademien zwar an Rang und Aufmerksamkeit verloren, aber als Zöllner von der Wiener Herausforderung erfuhr, gab es Einrichtungen wie den Nobelpreis noch nicht und was er anstrebte, muss deshalb zu dieser Kategorie gerechnet werden. Wir brauchen uns also kaum zu wundern, dass der junge Zöllner den Preis nicht bekam. Wir dürfen uns aber wundern, dass er über diese Entscheidung empört war, weshalb er das Manuskript, das er 1857 vergeblich bei der Wiener Akademie eingereicht hatte, erst zurückverlangte und dann 1861 unter dem bereits zitierten Titel publizieren ließ, der sehr viel versprach, eben die *Grundzüge einer allgemeinen Photometrie des Himmels*.

Zöllner hatte tatsächlich etwas zu bieten und seinen ursprünglichen Datenschatz in der Zwischenzeit stark vermehrt. Dazu gehörten zum Beispiel mehr als 2000 fotometrische Einzelbeobachtungen, die er von Dezember 1859 bis Dezember 1860 an deutlich mehr als 200 Objekten sammeln konnte, bei denen es ihm sogar gelungen war, die (relative) Helligkeit bis auf ein Prozent genau zu bestimmen.

Es muss Zöllner gefallen haben, dass der seinen Zeitgenossen wohl bekannte deutsche Astronom Johann Encke (1791–1865) sein fotometrisches Werk öffentlich lobte und auf einer Tagung einen anwesenden Wiener Kollegen fragte: »Nun sagen Sie mal, warum haben Sie eigentlich dem Dr. Zöllner nicht den Preis zuerkannt?« Als die Akademie daraufhin an den Übergangenen herantrat und ihn vorsichtig fragte, ob er sich vorstellen könne, sich mit zusätzlichen Helligkeitsbestimmungen von einer größeren Anzahl von Sternen erneut um den Preis der Akademie zu bewerben, antwortete Zöllner sofort und allgemein: Ihm sei nicht bekannt, dass Wissenschaft dann Fortschritte mache, wenn sie größere Datenmengen und sonst nichts produzieren würde (wobei es niemandem entgehen wird, wie aktuell und anwendungsfähig dieses Argument nach wie vor klingt).

Sonne, Mond und Sterne

Zöllner hatte nach dieser Einlassung akademisches Oberwasser. Er habilitierte sich 1865 mit einer Schrift, in der er eine »Theorie der relativen Lichtstärke der Mondphasen« vorstellte und machte sich anschließend daran, sein forschendes Tun als neue Wissenschaft namens Astrophysik einzuführen. 1867 wurde er schließlich in Leipzig Professor für diese Disziplin. Neben dem Mond hatte Zöllner die Sonne vermessen – und sich hier ihr besonderes und oftmals nachhaltiges Flackern vorgenommen, das Fachleute als Protuberanzen kennen. In seiner Antrittsvorlesung stellte Zöllner großzügige Überlegungen »über die universelle Bedeutung der mechanischen Prinzipien« an, mit deren Hilfe und durch visuelle Vergleichsmessungen er möglichst alle Geschwindigkeiten von Gestirnen zu bestimmen hoffte.

176

Es ist keine Frage, dass es mit den astrophysikalischen Ansätzen ein neues Betätigungsfeld für die Sternengucker gab und zahlreiche Aufgaben auf ihre wissenschaftliche Inangriffnahme warteten. Zöllner entschied sich erst dafür, Zusammenhänge zwischen den Spektren des Nordlichts und den Spektren irdischer Substanzen herzustellen, dann machte er sich seine Gedanken »über die Natur der Kometen«, die er 1872 publizierte, wandte sich den Sonnenflecken zu und versuchte – offenbar im Stil von Kant – den astronomischen Abhandlungen bald auch erkenntnistheoretische Schriften folgen zu lassen. Zöllner versuchte darin, ein einheitliches Naturgesetz der Physik abzuleiten, das ihm unter anderem erlauben sollte, die Gravitation der Materie auf elektrische Grundkräfte zurückzuführen, die er selbst als elementar einführte. Zöllner orientierte sich bei seinen allgemeinen Überlegungen an dem Energieprinzip, das in der ersten Hälfte des 19. Jahrhunderts in die Physik eingeführt worden war und bald als Hauptsatz von der Erhaltung der Energie eines der Fundamente der exaktesten aller Wissenschaften bilden sollte.

So spannend und innovativ Zöllners wissenschaftliches Wirken begonnen hat, so merkwürdig und verquast geht es zu Ende. Er scheint seine Fantasie immer weniger durch empirische Erhebungen einschränken lassen zu wollen. Während seine damals unfassbaren Vorschläge, den Kosmos als vierdimensionales Gebilde zu erfassen, später von Albert Einstein in gute Physik verwandelt werden konnten, erleidet Zöllner umfassend Schiffbruch mit seinen Versuchen, spiritistische Erscheinungen auf physikalischem Weg zu erklären. Zuletzt dreht Zöllner völlig durch, als er antisemitisch argumentiert und plötzlich Aufsätze über Vivisektionen verfasst. Wir müssen annehmen, dass sich hier eine Krankheit zeigte, der wir aber nicht erlauben sollten, ein erstaunliches Lebenswerk so zu überschatten, dass es im Dunkel übersehen wird. Zöllner hat eindeutig mehr Licht als Schatten in die Wissenschaft des Himmels gebracht.

Edward Charles Pickering (1846–1919)

Der Name unseres nächsten Helden deutet es an: Wir wechseln den Kontinent und begeben uns in die USA. An den Eliteuniversitäten der amerikanischen Ostküste – vorwiegend an den Observatorien der berühmten (privaten) Harvard-Universität in Cambridge (Massachusetts) – entsteht am Ende des 19. Jahrhunderts eine blühende Astrophysik, als deren herausragenden Vertreter wir Edward Pickering vorstellen, der in Boston geboren wurde. Pickering konnte in Harvard studieren, genauer an der dortigen Lawrence Scientific School, die zu den Einrichtungen gehörte, mit denen sich die Amerikaner im 19. Jahrhundert daranmachten, den europäischen Vorsprung in der Bildung aufzuholen (mit Erfolg, wie wir wissen).

O-B-A-F-G-K-M

Als Pickering 1866 seinen ersten Abschluss feiern konnte, publizierte der italienische Astronom Angelo Secchi (1818–1878) eine Menge von Sternspektren, die es ihm und seinen Kollegen erlaubten, die beobachteten Sterne in insgesamt drei Klassen einzuteilen. Sie stellten nämlich eine Farbfolge von weißen über gelbe bis hin zu roten Sternen dar (wie sie umgekehrt bei der bereits erwähnten Metallstange auftritt, wenn dieser schwarze Körper erhitzt wird und die dabei aufgenommene Wärme als Licht abgibt).

Während Secchi sich in seiner verbleibenden Zeit als Astronom auf die Sonne konzentrierte – und dabei unter anderem erkannte, dass sie vornehmlich in einem gasförmigen

Zustand existiert –, griffen die amerikanischen Astrophysiker seine Klassifikation der Fixsternspektren auf, um sie mit technisch stark verbesserten Hilfsmitteln und im Team zu erweitern. Zur Jahrhundertwende legte man unter Führung der Wissenschaftler des Harvard-Observatoriums das Schema fest, das bis heute Bestand hat und durch große lateinische Buchstaben angegeben wird: O-B-A-F-G-K-M.

Auch diese Klassifikation, die sich nicht unbedingt zu merken lohnt – selbst wenn es dafür die Eselsbrücke »Oh, Be A Fine Guy, Kiss Me« gibt –, orientiert sich an einer Farbfolge, die in diesem Fall von Blau nach Rot verläuft, sich also von heißeren zu kühleren Temperaturen an der Oberfläche hin bewegt. (Dabei ist die den gesunden Menschenverstand leider immer wieder verwirrende Tatsache zu beachten, dass blaues Licht höhere Frequenzen aufweist als gelbes Licht und insofern als das heißere und energiereichere einzustufen ist; im Leben stellen wir uns natürlich blaue Lippen als kalt und rote als warm vor, aber die Physik weiß es genauer, auch wenn uns das nicht einleuchtet.)

Als die sperrige O-B-A-F-G-K-M-Ordnung eingeführt und akzeptiert wurde, war Pickering zum Direktor des Observatoriums der Harvard-Universität aufgestiegen. Er sollte diesen Posten über 40 Jahre lang bekleiden und dabei das Schwergewicht aller künftigen Arbeiten auf die jetzt noch junge Astrophysik legen. Das heißt, Pickering würde immer stärker die Rolle der Himmelsfotografie betonen, die auch allein deshalb erstaunliche Ergebnisse ermöglichte, weil das, was fotografiert worden war, inzwischen auf Papier festgehalten – das heißt als konkrete Fotografie betrachtet – werden konnte. Die neuen technischen Möglichkeiten erlaubten es jetzt, zum ersten Mal das zu etablieren, was man später »Big Science« nennen würde. Und Pickering ging mit seinem Ostküstenobservatorium bei dieser Entwicklung der astronomischen Wissenschaften voran und er tat dies zudem auf eine Weise, die ihm heute die Frauenbeauftragten seiner Institution auf den Hals hetzen würde. Pickering heuerte nämlich für das – vielfach als leicht und wenig anspruchsvoll betrachtete – Vergleichen von Himmelsfotografien vor allem Frauen an, die bald als Gemeinschaft das bildeten, was im akademischen Bereich (und darüber hinaus) als »Pickerings Harem« belächelt wurde (allerdings nur sehr kurz). Das heißt, Pickering hat diesen Harem weniger selbst geleitet, sondern diese Tätigkeit vielmehr einer anderen Frau, Williamine P. Fleming, überlassen, die über keine besondere astronomische Ausbildung verfügte, dafür aber Talent zur Leitung einer Organisation zeigte.

Zahlen, Zahlen, Zahlen

Wie nach dem Gesagten nicht anders zu erwarten: Pickering und sein Harem sammelten Zahlen und immer mehr Zahlen über den Himmel und tatsächlich wurden die fleißigen Frauen als Computer bezeichnet. Sie stellten erst Spektralkataloge mit mehr als 10.000 Objekten zusammen und publizierten dann zwischen 1918 und 1924 den sogenannten »Henry Draper Catalogue«, in dem weit mehr als 200.000 Sternspektren zu finden sind. Zuvor hatte man sich an einem ersten Sternatlas versucht – er hieß *Photographic Map of the Entire Sky* und führte auf 55 Karten alle Sterne des Nord- und Südhimmels bis zu einer vorgegebenen Größenklasse auf.

Zahlen über Zahlen bei Klassen von Klassen. Tatsächlich galt es, Ordnung in das riesige Sternenmeer zu bringen, was die Forscher zunächst dazu zwang, Maße des Einteilens zu finden. Man führte Größen- und Helligkeitsklassen ein, wobei die letzte Gruppierung stets etwas willkürlich blieb. Die Ersten, die das Leuchten der Sterne in Klassen einteilten, waren die alten Griechen und deren Ordnung wurde ständig verfeinert. Zu Pickerings Zeiten (und bis heute) weist man einen Stern in eine andere Helligkeitsklasse ein, wenn er rund zweieinhalbmal heller als das Vergleichsobjekt leuchtet. Der Faktor liegt genau bei 2,512; das bedeutet, dass ein Stern der Leuchtklasse 5 100-mal weniger Licht aussendet als ein Stern der Klasse 0 und ein Stern der Leuchtklasse 6 250-mal weniger hell strahlt und so weiter.

Anne Jump Cannon

Es ist offensichtlich – viele Sterne, viele Klassen, viele Fotografien, viel Arbeit für viele Frauen, die nur wenig bezahlt bekommen können. Pickering konnte ihnen 25 Cent pro Stunde anbieten, was dem Minimallohn der damaligen Zeit entsprach, wobei eine Arbeitswoche sechs Tage umfasste und jeder Tag sieben Stunden dauerte (und es im Jahr einen Monat Urlaub gab). Wer immer diese Arbeitsbedingungen akzeptierte, konnte dabei nicht nur an das wenige Geld denken, das dafür ausgezahlt wurde, und tatsächlich gelang es Pickering, zwei nicht nur hoch talentierte, sondern geradezu geniale Frauen in seinen Harem zu locken, von denen wir eine, Henrietta Swan Leavitt (1868–1921), in einem eigenen (dem folgenden) Kapitel kennenlernen werden. Die andere hieß Anne Jump Cannon (1863–1941). Sie war als Kind an Scharlach erkrankt und dadurch für den Rest ihres Lebens taub. Es lässt sich nun spekulieren, dass sie diesen Lebensnachteil in einen Forschungsvorteil verwandeln konnte, indem sie den Verlust des Gehörsinns durch einen Gewinn aufseiten der Sehkraft ausglich und sich in der Lage zeigte, auf den Himmelsfotografien, die von Harvard-Astronomen angefertigt wurden, auch die kleinsten Details ausfindig zu machen und ausdauernd auszuwerten. Anne Cannon katalogisierte zwischen 1911 und 1915 jeden Monat die schier unglaubliche Menge von rund 5000 Sternen, indem sie Position, Helligkeit und Farbe von jedem einzelnen berechnete. Erst durch diese Herkulesarbeit wurde die bunte O-B-A-F-G-K-M-Ordnung überhaupt akzeptabel, was die Universität Oxford 1925 schließlich anerkannte, indem sie Anne Cannon als erster Frau die Ehrendoktorwürde verlieh.

Big Science

Pickerings Karriere ist in mancher Hinsicht charakteristisch für das erste große Auftreten amerikanischer Forschung im globalen Rahmen. Er konstruiert bessere und größere Geräte mit höherer Auflösung und lässt sie von mehr Menschen betreiben, wobei es ihm zusätzlich gelingt, mehr Finanzmittel einzuwerben, um seine funktionierende Forschungsorganisation noch effizienter zu machen und mit mehr Fotografien zu versorgen. Big Science ist nicht nur ein amerikanischer Ausdruck, sondern eine amerikanische Erfindung, hinter der ein offenbar nie erlahmendes Verlangen nach »vielen großen Zahlen« steckt. Als Pickering starb, stellte der spätere Direktor der Kopenhagener Sternwarte, Swante Elis Strömgren (1870–1947), diese Gigantomanie in einer Rede dar, die sich in der Darstellung des Historikers Fritz Krafft wie folgt zusammenfassen lässt:

»Würden anderswo die Spektren von Fixsternen mühsam einzeln untersucht, so hätte Pickering Methoden entwickelt, in kurzer Zeit mit seinen Mitarbeitern einige Hundert Sterne zu klassifizieren; und während andernorts die

Entdeckung interessanter Himmelsobjekte meist dem Zufall überlassen bliebe, hätte er Instrumente entwickelt und bauen lassen, die völlig automatisch Nacht für Nacht den gesamten sichtbaren Himmel fotografierten, sodass man später auf den Platten nachsehen könnte, wie der Himmel zum Zeitpunkt der Aufnahmen ausgesehen habe, und man aus einem Vergleich dieser Platten ohne weiteres entnehmen könnte, was sich verändert habe. An der Innenseite der Türen zu den Abteilungen wären jeweils die Erfolge vermerkt ...«

Man kann natürlich über diese Art der Forschung lächeln und mit europäischem Hochmut fragen, ob Großforschung denn überhaupt große Forschung sein könne. Sie kann sie auf jeden Fall hervorbringen, wie am Beispiel von Henrietta Leavitt gezeigt wird, die einem Phänomen auf die Spur kommen wollte, das erst auffallen konnte, als es so viel Daten gab, wie sie nur jemand wie Pickering hervorbringen konnte.

Henrietta Swan Leavitt (1868–1921)

Henrietta Leavitt stammt aus dem kleinen Ort Lancaster in Massachusetts, wo sie am 4. Juli – dem amerikanischen Unabhängigkeitstag – geboren wurde. Der Stammbaum ihrer Familie kann bis auf einen englischen Matrosen namens Levett zurückverfolgt werden, der zu den ersten Puritanern gehörte, die sich im 17. Jahrhundert in der Bucht von Massachusetts an der amerikanischen Ostküste ansiedelten. Henriettas Vater diente der Pilgrim Congregational Church als Pastor, was der Tochter erlaubte, in eine wohlgeordnete Umgebung der amerikanischen Mittelklasse hinein aufzuwachsen (die es damals im 19. Jahrhundert noch gab). Irgendwann zog die Familie der Leavitts zwar nach Cleveland, aber Henrietta kehrte 1888 in ihren Heimatstaat zurück, um das Radcliffe College zu besuchen, das den Ruf hatte, eine »Gesellschaft für Frauenbildung« zu sein, und das hohe Anforderungen an seine Studentinnen stellte – und damit waren nicht nur Kenntnisse der Literatur und Geschichte, sondern auch Fähigkeiten in Mathematik, Physik und Astronomie gemeint. Henrietta kam mit den zuletzt genannten Fächern bestens zurecht und in ihrem vierten Collegejahr schrieb sie sich für einen Kurs in Astronomie ein, der von Edward Pickering an dem zu Harvard gehörenden Observatorium angeboten wurde, das den Radcliffe-Gebäuden schräg gegenüberlag. Henrietta musste nur die Straße hochlaufen.

Übrigens – anders als bei Männern finden sich in Henriettas Hinterlassenschaften keinerlei Aufzeichnungen – keine Tagebücher, keine Briefe, keine Memos, keine Listen von Publikationen. Es ist fast so, als ob sie keine persönliche

Spur zurücklassen und nur durch ihre wissenschaftlichen Beiträge wirken und präsent bleiben und erinnert werden wollte. Sie agierte so zurückhaltend und hielt sich derart im Hintergrund, dass die Schwedische Akademie der Wissenschaften, die sich 1924 entschlossen hatte, Henrietta für den Nobelpreis für Physik vorzuschlagen, sich erst einmal erkundigen musste, wo die ausgewählte Kandidatin zu finden war, und bei diesem Bemühen erfuhr, dass Henrietta bereits drei Jahre zuvor – im Alter von nur 53 Jahren – an Krebs gestorben war.

Die Sternensüchtige

Als Henrietta 24 Jahre alt wurde – 1892 –, schloss sie ihre Studienjahre am College mit einem akademischen Grad ab, den wir heute Bachelor nennen. Ein Bachelor von der großen Harvard-Universität – das sollte doch Türen und Tore für eine akademische Karriere öffnen, aber Henrietta blieb erst einmal zu Hause und die historische Zunft vermutet, dass sie damals krank geworden war und eine Hirnhautentzündung auskurieren musste. Sobald sie sich aber stark genug fühlte, meldete sie sich bei Pickering und bat darum, in seinem Observatorium am College mitarbeiten und Himmelsbilder auswerten zu können. Es gab viele Gründe für diesen Schritt – persönliche und wissenschaftliche –, von denen zwei astronomische eine besondere Rolle spielten, weshalb wir sie hier anführen wollen.

Zum einen hatte sich in der Wissenschaft ein Streit zugespitzt, der oft als die Große Debatte bezeichnet wurde und sich um die scheinbar simple Frage drehte, ob die Nebel, die sich (wie erwähnt) am Himmel zeigten, nun mit zur Milchstraße gehörten oder ob sie weiter weg waren und damit außerhalb von ihr lagen – was natürlich dramatische Konsequenzen für unser Bild vom Kosmos haben würde (und bald durch die Antwort, dass die Nebel eigenständige Galaxien sind und es also mehr als nur die eine Ansammlung von Sternen gibt, von der aus wir die Welt beobachten, auch haben sollte).

Und zum Zweiten war in der Abteilung technische Fortschritte die damalige Vorstufe der Fotografie, die nach ihrem französischen Erfinder Louis Daguerre benannte »Daguerrotypie«, endgültig in Harvard angekommen und diese Innovation, wie wir sie heute nennen würden, öffnete der Forschung ein völlig neues Fenster zum Himmel, und zwar eines mit zeitlicher Dimension. Mit der chemischen Bilderkunst bestand nämlich jetzt die Möglichkeit, zwei oder mehrere Aufnahmen des Himmels (zwei Fotoplatten aus Glas), die zu verschiedenen Zeiten gemacht worden waren, miteinander zu vergleichen und so Änderungen in der Helligkeit zu erkennen, mit der die Sterne in der Nacht leuchteten. Solche Veränderungen bzw. variable Himmelskörper gab es tatsächlich, ohne dass jemand ihre volle Bedeutung erkannt hätte. In ihnen steckte sogar der Schlüssel zu der Antwort auf die Große Debatte, weil sich die Kosmologie mit den »Veränderlichen« bald ihren größten Wunsch erfüllen konnte, nämlich eine Methode an die Hand zu bekommen, mit der sich das Weltall ausmessen und seine räumliche Ausdehnung quantitativ bestimmen ließ.

Wir verraten an dieser Stelle natürlich kein Geheimnis mehr, wenn wir sagen, dass es Henrietta war, die ihrer Wissenschaft den dazugehörigen Schlüssel lieferte, und sie brachte diese Leistung nicht zuletzt deshalb zustande, weil sie von Anfang an sämtliche Möglichkeiten der neuen Fototechnik ausnutzte und mit ihrer Beharrlichkeit weit über 2000 Veränderliche erfassen und katalogisieren konnte. Sie arbeitete dabei und überhaupt mit einer Leidenschaft, die ihr unter Freunden den Beinamen »die Sternensüchtige« eintrug.

Die Veränderlichen

Die Beobachtung, dass es Sterne gibt, deren Helligkeit (Leuchtkraft) schwankt und sich rhythmisch nach oben und unten verändert, konnte bereits vor der Einführung der Himmelsfotografie gemacht werden. Wir verdanken sie einem englischen Astronomen namens John Goodridge, der – wie die erwähnte Anne Cannon – zwar taub war, daneben aber ein erstaunliches visuelles Gedächtnis entwickelt hatte. Goodridge verfügte offenbar über die Fähigkeit, die nächtlichen (mit Teleskopen erschauten) Sternenbilder in solch fein abgestimmten Details im Kopf behalten zu können, dass ihm dabei selbst geringste Helligkeitsschwankungen auffielen.

1784 konzentrierte Goodridge seine Analyse solcher Variationen auf eine Sternengruppe, die im Sternbild Cepheus zu finden war bzw. ist und deren Mitglieder heute Cepheiden heißen. Dieser Name klingt zwar kompliziert, es lohnt sich aber dennoch, sich ihn zu merken, weil nicht nur in Kürze Henrietta, sondern bald darauf die gesamte Himmelskunde ihre größten Triumphe mithilfe dieser Cepheiden feiern sollte.

Cepheiden sind Sterne, die pulsieren (wie wir heute wissen) und dadurch mal dichter und mal lockerer gepackt sind. In der Phase, in der sich solch ein sichtbar veränderlicher und periodisch anders leuchtender Himmelskörper zusammenzieht, lässt seine äußere Schicht weniger von dem Licht durch, das aus seinem Inneren kommt, und das lässt ihn dunkler erscheinen; und in der Gegenbewegung, bei der sich ein Cepheid ausdehnt, gibt der Stern einen Teil der dazu nötigen und von ihm selbst hergestellten Energie nach außen ab, was ihn jetzt heller aussehen lässt.

Wir benötigen die Physik des 20. Jahrhunderts, die auf Quanten zurückgreift, um solche Abläufe zu verstehen, weshalb wir darauf an dieser Stelle nicht weiter eingehen wollen. Wir bleiben dafür bei den wenigen Befunden, die Henrietta und ihre Kollegen im Laufe des 19. Jahrhunderts über das pulsierende Geschehen erheben konnten. Die Zunft wusste kaum mehr, als dass sich das Schwanken der Lichtstärke von Cepheiden innerhalb von Tagen oder Stunden vollziehen kann.

Trotzdem: Als Henrietta bei Pickering auftauchte, ließ sie sich sofort von dem Rhythmus der Veränderlichen faszinieren und sie stellte sich selbst die Frage, ob bei diesem Verhalten der Cepheiden alles zufällig und ohne Ordnung vor sich gehe oder ob man Beziehungen herstellen könne, etwa zwischen der Periode einer Schwankung und der Helligkeit, die dabei hin und her wechselte. Könnte es sein, dass hellere Sterne länger brauchen, um zwischen den Maxima ihrer Leuchtstärke zu pendeln? Oder verhält sich die Natur gerade umgekehrt? Und wenn man das weiß, kann man diese Kenntnis nutzen?

So einfach diese physikalischen Fragen beim ersten Hören klingen – und durch Messdaten beantwortbar zu sein scheinen –, so sorgfältig gilt es, an sie heranzutreten, da ein tätiger Astronom zum Beispiel sehr genau zwischen der tatsächlichen und der scheinbaren Helligkeit eines Sterns unterscheiden muss. Dies hat bei jeder Lichtquelle zu geschehen, der man Informationen entnehmen will, die über die Tatsache hinausgehen, dass da etwas leuchtet. Unterscheiden kann man zwischen den beiden genannten Lichtstärken erst, wenn die Entfernung zu den Leuchtobjekten bekannt ist, denn was kaum oder fast gar nicht am Himmel zu sehen ist (scheinbare Lichtstärke), kann ja allein deshalb so schwach scheinen, weil es so weit weg ist. Wären wir näher an ihm dran, sähen wir besser, welche Leuchtstärke dem Stern tatsächlich zukommt.

Trotz aller Schwierigkeiten und eigentlich ohne begründete Hoffnung, sie überwinden zu können, machte sich Henrietta für ein paar Cents die Stunde und mit Geduld und Hingabe an die endlose Arbeit – aber nur, um 1896 nach Anfertigung eines ersten Arbeitsberichts erst einmal nach Europa zu segeln, wo sie zwei Jahre lang blieb, ohne dass wir zu sagen wüssten, wo sie da wann mit wem zusammen war.

Als Henrietta in die USA zurückkehrte, meldete sie sich zwar bei Pickering zurück, um ihr anhaltendes astronomisches Interesse zu bekunden, aber sie war auch gezwungen, in ihrem Schreiben auf etwas hinzuweisen, das ihr Sorgen bereitete. Ihre Augen schmerzten sie so sehr, dass sie sie kaum schließen konnte und ihr die Fortsetzung der bisher praktizierten sorgfältigen Inspektion von Fotoplatten merklich Mühe bereitete. Daneben war ihr aufgefallen, dass sie immer schlechter hören konnte – und tatsächlich (als ob sich hier ein Fluch der Astronomie zeigt):

Spätestens am Ende ihrer Berufskarriere ist Henrietta vollständig taub, wobei sich Ärzte und Historiker nicht nur darüber streiten, ob Henrietta nicht schon viel früher ohne ein funktionierendes Gehör Sternhelligkeiten analysierte und verglich und welche Kausalität hier wirksam geworden ist. Sie wundern sich auch über die Häufigkeit, mit der Taubheit bei Personen auftritt, die sich damals erfolgreich an astronomischen Karrieren versuchten.

Unabhängig davon kehrt Henrietta in das Harvard-Observatorium und an ihren Arbeitsplatz in Pickerings Harem zurück. Sie widmet sich erneut intensiv den Veränderlichen und kommt im ersten Jahrzehnt des 20. Jahrhunderts mit einer wunderbaren Idee zu ihrer gefeierten Entdeckung – allerdings nicht ohne zuvor einen weiteren Winter (1903/04) in Europa verbracht zu haben, wobei wir wie bei ihrem ersten Ausflug in die Alte Welt wiederum nicht durchgängig wissen, was sie dort gemacht hat. Diesmal ist immerhin ein kurzer Ausflug ins britische Cambridge nachweisbar, wo die englische Astronomie in hoher Blüte steht.

Das Gesetz

Ihre berühmte Arbeit, die die kosmische Welt zugleich verständlicher (weil weitgehend messbar) und unverständlicher (weil unvorstellbar groß) machen wird, liegt in ausgereifter Form seit 1908 vor. Sie erscheint in einer auch damals nicht sehr weit verbreiteten astronomischen Zeitschrift, den *Annals of the Astronomical Observatory of Harvard College*, und trägt den zwar auffallend präzisen, aber wenig spektakulären Titel *1777 Variables in the Magellanic Clouds*, also »1777 veränderlich leuchtende Sterne (Cepheiden) in den Magellan'schen Wolken«.

Die Magellan'sche Wolke ist nach dem Entdecker Ferdinand Magellan benannt, dem im 16. Jahrhundert während einer Umsegelung des Globus im Südpazifik zwei Konstellationen am Himmel aufgefallen waren, die er als Erstes auf einem Stück Papier festhielt. Er nannte sie große und kleine Wolke, weil sich in ihnen keine Einzelsterne ausmachen ließen, und nicht zuletzt um diese nebelartigen Gebilde drehte sich die erwähnte Große Debatte, die wissen wollte, ob die Magellan'schen Wolken nun ein Teil der Milchstraße waren oder als eigene Galaxie außerhalb von ihr existierten. Für

Henrietta spielte dies zunächst keine Rolle. Für sie war nur die Annahme wichtig – und hier stimmten die Astronomen ihrer Tage überwiegend überein –, dass all das, was zu einer der Magellan'schen Wolken gehörte, von der Erde aus betrachtet etwa gleich weit entfernt wirkte und wirkt. Man kann dabei an eine Stadt denken, die man von einem Flugzeug aus der Luft sieht. Die Häuser in einer Straße sind dann alle trotz ihrer unterschiedlichen Einzeladressen etwa gleich weit von dem über sie hinwegfliegenden Beobachter entfernt und sie erscheinen diesem auch alle etwa gleich groß.

Henriettas mutige und weitsichtige Idee nach der Rückkehr aus Europa und zu Pickering bestand nun darin, am Himmel nach einem Gebilde zu suchen, in dem sich möglichst viele Veränderliche (Cepheiden) auf engem Raum ausfindig machen ließen, um so eine Gruppe analysieren zu können, deren Helligkeit sie problemlos vergleichen konnte (weil die Unterscheidung zwischen scheinbar und tatsächlich in diesem Fall bedeutungslos geworden war). Nach einigen vergeblichen Anläufen nahm sie sich im Frühling 1904 zu diesem Zweck die Magellan'schen Wolken vor, was ihr deshalb unangenehm sein musste, weil sich diese Gebilde nur auf der Südhalbkugel der Erde zeigen. Henrietta konnte sie also nicht selbst in Augenschein nehmen, vielmehr musste sie sich vollständig auf Fotos von südamerikanischen Sternwarten verlassen. Zum Glück hatte Pickering in seiner Glanzzeit eine von ihnen eingerichtet – im peruanischen Arequipa – und aus den Daten dieses Harvard-Außenpostens leitete Henrietta in den kommenden Jahren ihr kosmisches Gesetz ab.

In dem fotografischen Material aus Peru konnte Henrietta zunächst nur 25 Cepheiden entdecken, aber mit weiteren Himmelsaufnahmen stieg deren Zahl in den kommenden

vier Jahren ständig an, bis sie zuletzt auf die schon genannte Riesenmenge von 1777 kletterte. Mit der dazugehörigen
Datenflut im Hintergrund ging sie schließlich nach deren
Auswertung an die wissenschaftliche Öffentlichkeit und
sie teilte in der erwähnten Arbeit ihre aufregende Entdeckung in zugleich bescheidenen und eleganten Worten mit,
denen ein britisches Understatement offenkundig nicht
fremd ist:

»It is worthy of notice«, so schreibt sie, »the brighter
variables have the longer periods.« In sprödes Deutsch
übersetzt klingt das so: Je größer die Helligkeit von Cepheiden erscheint, desto länger dauert der Zeitraum zwischen
zwei Helligkeitsspitzen.

Die Messlatte

Wer das zum ersten Mal hört bzw. liest, wird es nicht besonders aufregend finden, dieses kleine Gesetz, und doch hat es
große Folgen. Denn mit Henriettas Befund einer Proportionalität zwischen Helligkeit und Schwankungsdauer von veränderlich leuchtenden Sternen war es den Astronomen nun
(in einem ersten Schritt) möglich geworden, zwei beliebig
herausgegriffene Cepheiden miteinander zu vergleichen, um
so ihre relative Entfernung von der Erde abzuleiten. Mit re-
lativer Entfernung meint man dabei die Angabe, wie weit
einer der Sterne im Vergleich zu dem anderen von unserem
Planeten weg ist.

Das Verfahren läuft im konkreten Detail so ab: Angenommen, wir finden zwei Cepheiden an unterschiedlichen
Orten im Himmel mit annähernd gleicher Pulsdauer, dann
müssen beide – ihrem Gesetz nach – gleich hell leuchten.
Wenn sie das nicht tun, wenn einer zum Beispiel viermal

schwächer strahlt, dann muss er weiter entfernt liegen, und zwar doppelt so weit, weil sich die Abhängigkeit von Helligkeit und Distanz quadratisch verhält: Neunmal heller heißt dreimal weiter, 36-mal heller heißt sechsmal weiter und so fort.

Na und?, wird jetzt jemand fragen, was hat man davon, wenn man die relative Entfernung von bestimmten Sternen zu kennen meint? Die Wissenschaft will doch die absoluten Entfernungen zu allen Himmelskörpern bestimmen können. Sind wir diesem Ziel irgendwie näher gekommen?

Wir sind ihm näher gekommen, ohne es ganz erreicht zu haben. Aber immerhin können wir das genannte Ziel nun dank Henriettas Gesetz wenigstens genau anvisieren. Denn wer sämtliche relativen Entfernungen ermitteln kann, braucht nur – in einem zweiten Schritt – einen einzigen absoluten Abstand zu kennen, um dann mit seiner Hilfe alle zuvor relativen Distanzen in absolute Angaben umzurechnen. Und auf diesen einen Wert einer Entfernung brauchte man nicht mehr lange zu warten. Er wurde bald von dem astronomischen Team geliefert, das aus dem Dänen Ejnar Hertzsprung (1873–1967) und dem Amerikaner Harlow Shapley (1885–1972) bestand. Sie ersannen eine Kombination aus physikalischen und mathematischen Verfahren, zu denen eine Triangulation ebenso wie eine Art Parallaxenmessung der Art gehörte, mit der Bessel seinen Erfolg feiern konnte, um die absolute Entfernung zu einem Cepheiden zu bestimmen. Dieses Ergebnis fügte sich mit Henriettas Gesetz zu der zugleich schlichten und unerhörten Tatsache zusammen, dass die Cepheiden im ersten Jahrzehnt des 20. Jahrhunderts zu dem Zollstock wurden, mit dem sich das Weltall ausmessen ließ. Es gab nun eine Vorschrift, die Entfernung zu einem beliebigen veränderlichen Stern zu ermitteln: Stelle zunächst fest, wie rasch er seine Leuchtstärke ändert. Stelle dann fest, wie hell der Cepheid zu sein scheint. Und berechne zuletzt, welche Entfernung die tatsächliche in die scheinbare Helligkeit verwandelt.

So einfach das klingt – es sollte schon noch ein paar Jahre dauern, bis die Astronomie vollen Nutzen aus Henriettas Gesetz ziehen und nicht nur Entfernungen zu Cepheiden, sondern auch zu anderen Himmelskörpern ermitteln konnte. Richtig los ging es dann kurz nach ihrem allzu frühen Tod und hauptverantwortlich für die kommenden teleskopischen Triumphe des 20. Jahrhunderts war Edwin P. Hubble (1882–1953), der Mann aus Missouri, der im Weiteren sein eigenes Porträt bekommt.

Übrigens: Es bereitet uns bis heute Probleme, uns an die Weite des Kosmos zu gewöhnen, die Hubble mit Henriettas Hilfe erst dem technischen Sachverstand zugänglich machte und dann allen Menschen zumutete. Das war so von Anfang an. Denn als Hertzsprung und Shapley die erste Bestimmung einer absoluten Entfernung zu einem veränderlichen Stern der Milchstraße gelang, publizierten sie als Ergebnis den Zahlenwert von 3000 Lichtjahren – die Entfernung, die das Licht bewältigt, wenn es 3000 Jahre lang jede Sekunde 300.000 km absolviert. Wer das in Kilometern ausrechnet, sieht eine Distanz vor sich, die so ungeheuerlich wirkt, dass viele Leser des Fachblatts *Astronomische Nachrichten*, in dem die Zahl zuerst veröffentlicht wurde, dem Herausgeber schrieben. Sie glaubten, dass da etwas falsch sein musste.

In der Tat, die Zahl – die Entfernung – war in der Zeitschrift falsch angegeben worden – aber anders, als die schlichten Gemüter meinten. Die Entfernung, die Hertzsprung und Shapley bei ihren Messungen herausbekommen hatten, betrug nämlich nicht weniger, sondern mehr als 3000 Lichtjahre. Sie betrug sogar sehr viel mehr, nämlich das Zehnfache – 30.000 Lichtjahre. Das Weltall war riesengroß und wurde immer größer.

Zu schade, dass wir nirgendwo nachlesen können, was Henrietta zu solchen Zahlen gesagt bzw. gedacht hat. Sie schien zufrieden zu sein, der Astronomie das geliefert zu haben, was Hertzsprung und Shapley als das bedeutendste Ergebnis ihrer Wissenschaft angesehen haben. Den Beobachtern des Himmels stand nun die ungeheure Tiefe des Raumes offen. Und Henrietta hatte den Schlüssel gefunden, der ihnen diese Tür öffnete.

Der expandierende Kosmos

Albert Einstein (1879–1955)

»Woher kommt es, dass mich niemand versteht und jeder mag?«, hat Albert Einstein einmal in einem Interview mit der *New York Times* gefragt. Und Charlie Chaplin hat ihm am anderen Ende der Neuen Welt – in Hollywood – darauf geantwortet, als die beiden einmal gemeinsam die Premiere eines Kinofilms besuchten: »Mir applaudieren die Leute, weil mich alle verstehen, und Ihnen, weil niemand Sie versteht.«

In der Tat – wir alle kennen Einstein, vor allem seine Zunge, und wir wissen bzw. ahnen, dass er etwas sehr Tiefreichendes über das Weltall herausgefunden hat, aber die wenigsten von uns sehen sich in der Lage, einige zusammenhängende Sätze über den Kosmos zu sagen, den Einstein offen gelegt bzw. dessen Geometrie er ergründet hat – und zwar ohne dass er selbst irgendeine Messung machte, sondern sich ausschließlich mit Rechnungen (mathematischen Ableitungen) begnügte, von denen viele auf die Rückseite eines Briefumschlages passen würden, wie seine Frau gerne sagte.

Einsteins Popularität (siehe Kasten S. 198) hängt sicher weniger damit zusammen, dass (nahezu) niemand versteht, was er als Wissenschaftler zu sagen hat. Sie entspringt mehr der Tatsache, dass wir uns alle für sein Studienobjekt interessieren, nämlich für den Raum und die Zeit, die unseren

Aufenthaltsort im Kosmos ergeben, die unseren Platz in der Welt schaffen. Wer will nicht verstehen, wie das Universum aussieht, dessen Kinder wir sind? Und Einstein hat es herausgefunden, und zwar ohne Maschinen, allein durch hartnäckiges Nachdenken, das sich auch durch erfolglose Jahre nicht bremsen ließ.

Der Hinweis, dass (nahezu) niemand versteht, was Einstein sagt, müsste genauer heißen, dass (fast) niemand versteht, was er über die Krümmung des kosmischen Raums und seine Verbindung mit der Dimension der Zeit sagt. Denn wenn sich Einstein von der Wissenschaft ab- und seinem zweiten Lieblingsthema zuwendet und er über Gott oder Götter spricht, dann versteht man sehr wohl, was er sagt (oder meint es auf jeden Fall). Einstein äußert sich hier fast naiv wie ein pfiffiger Konfirmand, etwa wenn er wissen will, an welchen Schräubchen im Himmel gedreht wird, um das Universum in Gang zu halten, oder wenn er der Welt seine Überzeugung mitteilt, dass der Herrgott zwar raffiniert, aber nicht bösartig ist.

Wenn wir im Alltag jemandem vorwerfen, er sei zu weitschweifig, sagen wir, er spreche von Gott und der Welt. Bei Einstein trifft dies genau zu, mit dem Unterschied, dass wir begeistert sind von dem, was er über Gott sagt, und

Einsteins Zunge

Wenn wir den Namen Einstein hören, denken wir zumeist an den alten Herrn, der uns von tausend Bildern als Halbgott im Pullover mit langen weißen Haaren anblickt und dabei oft lächelt oder lacht. Am meisten verbreitet ist dabei die Postkarte mit der Aufnahme, die an Einsteins 72. Geburtstag gemacht wurde und auf der man sieht, wie ein ausgelassener Jubilar der Welt fröhlich seine Zunge entgegenstreckt. Wir kennen also den alten Einstein, aber das revolutionäre wissenschaftliche Genie steckte in dem jungen Mann, von dem wir nur vage Vorstellungen haben.

Der wissenschaftlich produktive frühe Einstein war ein Jüngling von attraktivem Äußeren, den wir uns ausgesprochen reizend und charmant vorstellen müssen und der allzu gern bereit war, seine Männlichkeit unter Beweis zu stellen. Zwischen dem jungen und dem alten Einstein vollzog sich im mittleren Alter ein eher gewöhnlicher Übergang, von dem wir uns eine Vorstellung machen können, weil unser Held sein Aussehen in dieser Zeit einmal selbst charakterisiert hat. In einem Brief an eine acht Jahre alte entfernte Nichte beschreibt er sich so:

»Bleiches Gesicht, lange Haare und eine Art bescheidenes Bäuchlein. Dazu ein eckiger Gang und eine Zigarre im Maul, wenn er eine hat, und einen Federhalter in der Tasche oder in der Hand. Krumme Beine und Warzen hat er nicht, ist also ganz hübsch, auch keine Haare auf den Händen wie oft hässliche Männer.«

Und da wir gerade beim Rauchen sind (das ihm oft wichtiger war als das Essen): »Ich habe mir fest vorgenommen, mit einem Minimum ärztlicher Hilfe ins Gras zu beißen. Diät: Rauchen wie ein Schlot, Arbeiten wie ein Ross, Essen ohne Überlegung und Auswahl.« Ein Arzt bezeichnete Einstein einmal als einen »Menschen ohne Körpergefühl«: »Er schläft, bis man ihn weckt; er bleibt wach, bis man ihn zum Schlafengehen ermahnt; er kann hungern, bis man ihm zu essen gibt – und essen, bis man ihn zum Aufhören bringt.«

Doch auch für einen Menschen wie Einstein gab es Dinge außerhalb der Wissenschaft, die ihm Spaß machten. Da sind zum einen die Damen, mit deren Hilfe er sogar seine Theorien erklärte: »Das ist Relativität: Eine Stunde mit einem hübschen Mädchen vergeht wie eine Minute, aber eine Minute auf einem heißen Ofen scheint eine Stunde zu dauern.« Und da ist zum Zweiten der Umgang mit der Sprache, den Einstein meisterhaft beherrscht, der es oft verstand, mit scharfer Zunge zu sprechen – manchmal kam darin auch das Essen vor: »Sollen sich alle schämen, die gedankenlos sich der Wunder der Wissenschaft und Technik bedienen und nicht mehr davon erfasst haben als die Kuh von der Botanik der Pflanzen, die sie mit Wohlbehagen frisst.«

kaum etwas verstehen, wenn er sich zur Welt äußert. Vielleicht wird sich dies ja mithilfe der folgenden Seiten ändern?

Die frühen Jahre

Albert Einstein wurde am 14. März 1879 in Ulm geboren und er starb am 18. April 1955 in Princeton (New Jersey). Seine Schulzeit verbrachte Einstein in München und im schweizerischen Aarau und studiert hat er an der Eidgenössischen Technischen Hochschule (ETH) in Zürich. Nach dem Examen nimmt Einstein die Schweizer Staatsbürgerschaft an und von 1902 bis 1909 findet er Arbeit am Patentamt in Bern. In diese Zeit fällt sein als *Annus mirabilis* bezeichnetes Wunderjahr von 1905, in dem der 26-jährige Angestellte III. Klasse die Physik und unser Weltbild nicht zuletzt durch eine neue »Auffassung vom Wesen von Raum und Zeit« revolutioniert.

Einsteins Gedanken sind so ungewohnt und geraten so sehr mit dem gesunden Menschenverstand in Konflikt, dass die offizielle Wissenschaft ein paar Jahre braucht, bis sie ihren künftigen Star entdeckt. Erst 1909 wird er als Professor nach Zürich berufen – und dann auch nur als ein außerordentlicher. Den Sprung zum Ordinarius schafft Einstein erst 1911, und zwar dank der Deutschen Universität Prag, wo er aber nicht lange bleibt. Bereits 1912 kehrt er in die Schweiz zurück, die er zwar liebt, die ihn aber oft peinlich beargwöhnt. Am Vorabend des Ersten Weltkriegs folgt (der einer breiten Öffentlichkeit nach wie vor völlig unbekannte) Einstein dem Ruf von Max Planck (1858–1947) und wechselt in die deutsche Hauptstadt. In Berlin wird er Direktor des Kaiser-Wilhelm-Instituts für Physik ohne Lehrverpflichtung und hauptamtliches Mitglied der Preußischen Akademie der Wissenschaften.

1915 stellt Einstein auf einer Sitzung der Preußischen Akademie der Wissenschaften die kosmische Fassung seiner Vorstellungen von Raum und Zeit vor, die als Allgemeine Relativitätstheorie bekannt geworden sind und ein merkwürdiges Bild des Weltalls zeigen. Einstein zeigt erneut, dass es ein Universum ist, in dem wir leben. Er macht eins aus zwei, indem er Raum und Zeit zu einer Einheit zusammenfügt, die er Raumzeit nennt, und er zeigt, dass wir uns auf der gekrümmten Oberfläche dieser vierdimensionalen Struktur aufhalten.

Das hört sich für Laien zwar völlig unverständlich an, aber die dazugehörigen physikalischen Ideen sind präzisen Messungen zugänglich und damit quantitativ überprüfbar. Als die geeigneten Experimente 1919 unter Leitung des britischen Astrophysikers Arthur Eddington (1882–1944), dem wir als Nächstem auf der kosmischen Treppe begegnen werden, unternommen werden und offiziell bestätigen, dass Einsteins Ideen das Universum besser beschreiben als die Vorstellungen von Isaac Newton, an denen man sich seit Jahrhunderten orientiert hatte, ist ein neuer Star geboren. Einstein kommt auf die Titelseiten der Tageszeitungen und die Relativitätstheorie wird zum Stadtgespräch. Von nun an wächst er in die Rolle des Weltweisen und sein Gesicht entwickelt sich nach und nach zu einer Ikone.

Die späten Jahre

Der 1921 mit dem Nobelpreis für Physik ausgezeichnete Einstein wird nach der Bestätigung seiner Theorie zwar bald von aller Welt umworben, aber nicht in Deutschland und erst recht nicht von den Nazis. In seiner Heimat entsteht eher eine hässliche Stimmung gegen den Juden Einstein. Bereits 1920 organisiert eine »Arbeitsgemeinschaft deutscher Naturforscher zur Erhaltung reiner Wissenschaft« eine Großkundgebung in der Berliner Philharmonie gegen Einstein und die Relativitätstheorien und die Anfeindungen nehmen mit dem wachsenden Antisemitismus dieser Tage zu, der sich auch in der Wissenschaft bemerkbar macht.

1933 tritt Einstein aus der Preußischen Akademie der Wissenschaften aus und emigriert in die USA. Im Oktober trifft er in New York ein und 1935 bezieht er in Princeton das Haus in der Mercer Street, in dem er bis zu seinem Tode wohnen wird. Einstein arbeitet in den ihm verbleibenden 20 Jahren am *Institute for Advanced Studies*, das in Princeton eingerichtet wurde und wie für ihn geschaffen scheint.

1939 empfiehlt er in einem berühmten Brief dem amerikanischen Präsidenten F. D. Roosevelt, möglichen deutschen Bemühungen um eine Atombombe zuvorzukommen, deren Bau im Rahmen der damals entwickelten Quantenphysik gelingen und die riesige Energie freisetzen kann, wie er es 1905 prophezeit hat. Die Tatsache, dass im Laufe seines Lebens mithilfe einer abstrakten Wissenschaft der Weg zu konkreten Vernichtungswaffen gefunden werden konnte, entlockte Einstein kurz vor seinem Tod die Bemerkung, »Wäre ich noch einmal ein junger Mensch und stünde ich erneut vor der Entscheidung über den besten Weg, meinen Lebensunterhalt zu verdienen, so würde ich nicht Wissenschaftler, Gelehrter oder Pädagoge, sondern eher ein Klempner oder Hausierer werden wollen in der Hoffnung, mir damit jenes bescheidene Maß von Unabhängigkeit zu sichern, das unter heutigen Verhältnissen noch erreichbar ist.«

Seine wissenschaftliche Neugier kann Einstein aber nicht ablegen. Bis zuletzt beschäftigen ihn Fragen der Physik, deren theoretische Grundlegung ihm unlösbare Schwierigkeiten bereitet. Unermüdlich denkt Einstein etwa über die Frage nach, was Licht wirklich ist. Zwar meinen viele Zeitgenossen, die Antwort zu kennen, wie er ironisch anmerkt, aber Einstein zufolge sind sie im Irrtum. Das Geheimnis bleibt.

Das Wunderjahr 1905

1905 ist Einstein 26 Jahre alt. Er lebt in Bern und sein Leben als Angestellter des Patentamtes lässt ihm Zeit genug, fünf Arbeiten zu publizieren, die jede für sich sensationell und nobelpreiswürdig ist. Genauer gesagt schließt Einstein zunächst zwischen dem 17. März und dem 30. Juni vier Manuskripte ab, die sich mit höchst unterschiedlichen Themen beschäftigen. Zwei haben mit Molekülen zu tun – mit ihrer Dimension und der Diffusion (bekannt als Brown'sche Bewegung) – und zwei befassen sich mit dem Licht – mit seiner Natur und Ausbreitung. Im September fügt Einstein dem Quartett noch als eine Art Schlusssatz seine Antwort auf die eher langweilig klingende Frage »Ist die Trägheit eines Körpers von seinem Energieinhalt abhängig?« hinzu.

Einsteins Antwort »Ja« ist weniger wichtig als die Form, die er ihr gibt. Die Trägheit eines Körpers steckt in seiner Masse (m) und Einstein entdeckt, dass ihr eine Energie (E) entspricht. Er leitet zwischen den beiden Größen die wohl berühmteste mathematische Formel der Welt ab. Sie hat längst den Weg auf viele T-Shirts gefunden und lautet »E gleich m mal c Quadrat« oder kürzer $E = mc^2$. Der Buchstabe c steht dabei für die Geschwindigkeit, mit der sich Licht in einem leeren Raum ausbreiten kann.

Die Lichtgeschwindigkeit – sie taucht nicht zufällig in der berühmten Einstein-Formel auf. Sie bekommt in seiner Physik die Doppelrolle, eine Naturkonstante zu sein und eine obere Grenze darzustellen. Nichts kann sich schneller als Licht bewegen, was auch heißt, dass die Übertragung von Information nicht beliebig schnell sein kann, sondern (mindestens) so viel Zeit braucht wie das Licht. Auch die Information über die Zeit selbst braucht also Zeit, die deshalb nicht so absolut sein kann, wie es sich der gewöhnliche Menschenverstand denkt. Einstein erkennt, dass Zeit nur relativ zum Ort ihrer Messung bestimmbar ist (und dann auch noch von anderen Gegebenheiten abhängt), und die genaue Darstellung dieser Zusammenhänge heißt heute Relativitätstheorie. Sie erscheint zum ersten Mal 1905 unter dem eher unauffälligen Titel *Zur Elektrodynamik bewegter Körper* und wirkt auf die Zeitgenossen so merkwürdig, dass sie sich noch mehr als ein Jahrzehnt später scheuen, ihm dafür den Nobelpreis zu geben. Diese Auszeichnung bekommt er stattdessen für seinen Hinweis, dass sich die Eigenschaften von Licht nur erklären lassen, wenn man ihm zubilligt, sowohl Welle als auch Teilchen zu sein. Einstein selbst hält diese Einsicht in die Dualität des Lichts für seine eigentliche revolutionäre Tat von 1905. Sie gibt ihm allerdings zugleich das Gefühl, den Boden unter den Füßen verloren zu haben, an dem die Physik seit Jahrhunderten gezimmert hatte. Auf ihm sollten objektive Gesetze errichtet werden, die unabhängig von einem Beobachter waren und ohne ihn formuliert werden konnten. Zu seinem eigenen Erstaunen musste Einstein nun feststellen, dass dieser Boden brüchig war. Die Natur des Lichtes hing nicht allein von der untersuchten Strahlung ab, sondern auch von der Frage, die ein Physiker im Experiment stellte. Mit anderen Worten, Einstein hatte die erste Frage der Physik entdeckt, für die es keine objektive Antwort gab. Die klassische Epoche seiner Wissenschaft war damit zu Ende. Die Zeit der Moderne konnte beginnen.

Die Relativität von Raum und Zeit

Es gibt zwei Relativitätstheorien, eine spezielle, die Einstein 1905 vorlegen konnte, und eine allgemeine, für die er zehn Jahre länger brauchte. Die Bezeichnung »Relativität« kommt dabei von der Ausgangsfrage her, wie zwei Menschen die Welt erfahren, die sich relativ zueinander bewegen. Als Beispiel kann man sich einen Beobachter am Hafen und einen zweiten in einem vorbeifahrenden Schiff vorstellen, wie dies schon Galilei getan hat. Als erste Möglichkeit wird dem Schiff erlaubt, mit konstanter Geschwindigkeit Kurs zu halten. Es vollzieht also eine gradlinige gleichförmige Bewegung, wie man sagt, wobei klar ist, dass sich auch ein Beobachter an Bord als ruhend und den Kollegen an Land als relativ zu ihm bewegt betrachten kann. Beide Sichtweisen sind äquivalent, sie müssen zu den gleichen physikalischen Gesetzen führen, und die Spezielle Relativitätstheorie bringt dies zustande.

Nach diesem Erfolg fragte sich Einstein, ob »das Prinzip der Relativität auch für Systeme gilt, welche relativ zueinander beschleunigt sind«. Die entsprechende Situation kann sich leicht vorstellen, wer an ein Segelboot denkt, das den Kräften des Windes ausgesetzt ist und dauernd beschleunigt oder abgebremst wird. Da wir im kosmischen Rahmen auf einem Planeten unterwegs sind, auf den mehr Kräfte einwirken als auf ein Segelboot und der deshalb auf keinen Fall gradlinig bewegt ist und vielfach beschleunigt wird, wollte (und musste) Einstein seine Relativitätstheorie auf beliebige Systeme ausweiten. Als konkreter Ausgangspunkt diente ihm dabei die Frage, ob und wie sich Beschleunigungen von den Wirkungen unterscheiden lassen, die Schwerefelder auf einen Körper ausüben. Die Antwort darauf ist schwieriger als auf die Frage, wie sich die Leute auf dem Schiff und im Hafen darüber einigen können, ob zwei Ereignisse gleichzeitig stattgefunden haben. Einsteins frühe und nachhaltige Erkenntnis, die ihm offenbar eines Frühmorgens beim Aufwachen gekommen ist, besteht darin, dass dem, was wir Gleichzeitigkeit nennen, keine absolute Bedeutung zukommen kann. Sie ist nur relativ zu haben.

Gleichörtlichkeit

Das eher schwierige Konzept der Gleichzeitigkeit hat Einstein einmal dadurch zu erläutern versucht, dass er das räumliche Gegenstück einer »Gleichörtlichkeit« eingeführt hat. In einem um 1917 herum entstandenen Text, in dem er »die hauptsächlichen Gedanken der Relativitätstheorie« für ein breiteres Publikum formuliert hat, schlägt er (in uralter Rechtschreibung) vor, sich den Sinn der folgenden beiden Aussagen zu überlegen:

»Zwei Ausbrüche des Vesuv finden zu verschiedener Zeit, aber an demselben Orte statt (nämlich am Krater des Vesuv). Das Aufleuchten zweier entfernter ›neuer Sterne‹ findet zu derselben Zeit aber an verschiedenen Orten statt.«

Wer dies tut, kommt zu folgendem Ergebnis: »Seit langem weiß man, dass die Aussagen der ersten Art (über die Gleichörtlichkeit) keinen Sinn haben. In der That dreht sich ja die Erde um die Achse, bewegt sich dabei um die Sonne, und bewegt sich mit dieser noch obendrein nach dem Sternbilde des Herkules hin. Man kann also doch nicht ernsthaft behaupten, dass beide Ausbrüche des Vesuv an demselben Ort des Weltalls stattgefunden hätten.«

»Man sieht an diesem Beispiele leicht«, fährt Einstein dann fort, »dass wir derartigen Aussagen über die Gleichörtlichkeit überhaupt keinen Sinn beimessen können. Wir können nur sagen: die beiden Ausbrüche des Vesuv finden an demselben Orte *inbezug auf die Erde* statt.« Die Erde spielt in dieser Aussage die Rolle eines »Bezugskörpers«; und örtliche Aussagen haben nur dann einen Sinn, wenn sie auf einen Bezugskörper bezogen werden.

Dann vollzieht Einstein den Schritt zur Gleichzeitigkeit, was problematisch ist, weil man zunächst geneigt ist, wie er es formuliert, »einen Menschen für geisteskrank zu erklären, der behauptet, die Aussage vom gleichzeitigen Aufleuchten zweier Sterne hätte keinen bestimmten Sinn, wenn man nicht einen Bezugskörper aufweise, auf den sich die Aussage über Gleichzeitigkeit beziehen solle. Und doch ist die Wissenschaft durch die überzeugende Gewalt von Erfahrungsthatsachen dazu gezwungen worden, dies zu behaupten.«

Es geht dabei um die Erfahrungen, die mit der Ausbreitung des Lichts im Kosmos gemacht worden sind und die in dem »Relativitätsprinzip« zusammengefasst werden können, in dem konstatiert wird, dass die Naturgesetze unabhängig vom Bewegungszustand eines Bezugskörpers sind. Um diesen Gedanken widerspruchsfrei anwenden zu können, muss die Hypothese von einem absoluten Charakter der Zeit aufgegeben werden. Zeit muss relativ zu einem Bezugskörper (eine Uhr) definiert werden, und zwar so, »dass in Bezug auf ihn das Gesetz von (der Konstanz) der Lichtgeschwindigkeit gültig ist«.

Gleichzeitigkeit

»Definition der Gleichzeitigkeit« – so ist der erste Abschnitt von Einsteins berühmter Arbeit über die »Elektrodynamik bewegter Körper« überschrieben, die im Wunderjahr erscheint. Ihm ist bei seinen dazugehörigen Überlegungen aufgefallen, »dass alle unsere Urteile, in welchen die Zeit eine Rolle spielt, immer Urteile über gleichzeitige Ereignisse sind«. Denn »wenn ich z. B. sage: ›Jener Zug kommt hier um 7 Uhr an‹, so heißt dies etwa: ›Das Zeigen des kleinen Zeigers meiner Uhr auf 7 und das Ankommen des Zuges sind gleichzeitige Ereignisse.‹«

Das, was wir Zeit nennen, kann nur für den Ort festgelegt werden, an dem die Uhr ist, mit der gemessen wird. Ihre Zeiger können zwar überall im Universum eine bestimmte Stellung einnehmen. Aber es braucht Zeit, bis die Information über die Zeit, die sie damit anzeigen, bei einem anders positionierten und relativ bewegten Beobachter angekommen ist. Schließlich kann nichts schneller als Lichtgeschwindigkeit vorankommen. Das herkömmliche Verständnis von Gleichzeitigkeit gilt nur für den Ort der Uhr selbst. Um »an verschiedenen Orten stattfindende Ereignisreihen miteinander zeitlich zu verknüpfen«, benötigt man ein Verfahren, um die Zeiten zu ordnen, die mit räumlich getrennten und relativ zueinander bewegten Uhren gemessen wurden. Einstein schlägt im Verlauf des Textes einen mathematisch befestigten Weg zur Synchronisation vor, an dessen Ende eine Symmetrie steht. Jetzt ist nicht nur der Ort, den ich einnehme, von der Zeit abhängig. Jetzt ist auch die Zeit, die ich dort messe, von dem Ort abhängig, an dem ich bin. Anders und höchst wissenschaftlich ausgedrückt – die Zeit wird die vierte Dimension eines Kontinuums aus Raum und Zeit, das den Namen Raumzeit bekommt und unser Universum *ist*.

Raumzeit und mehr

Was ein Zeitraum ist, wissen wir alle auch ohne Physik. Was aber eine Raumzeit ist, scheint nur mit Mühe verständlich. Das mag an der Tatsache liegen, dass die Idee ursprünglich von einem Mathematiker – von Hermann Minkowski (1864–1909) – stammt, der Einsteins physikalischen Ideen die elegante Form gab, die sie in den Lehrbüchern der Physik nach wie vor haben. In ihr wird unsere Welt als ein kontinuierliches Gebilde mit drei räumlichen und einer vierten Dimension präsentiert, in der die Zeit auftaucht. Damit kommt in der Sprache der Mathematik zum Ausdruck, was Einstein erkannt hat und einem schlichten Verständnis der Wirklichkeit zu widersprechen scheint. Naiv denken wir, dass Raum und Zeit nichts miteinander zu tun haben und nebeneinander herlaufen. Doch nach und mit der Relativitätstheorie wissen wir besser Bescheid. Zeit und Raum hängen eng zusammen, was Dichtern zu keiner Zeit fremd war. Wenn etwa Thomas Mann in dem gleichnamigen Roman *Joseph und seine Brüder* lange Wüstenreisen unternehmen lässt, spricht er davon, dass dabei irgendwann die Zeit den Raum besiegen kann.

Die Verbindung von Raum und Zeit als Raumzeit erkennt Einstein bereits in der Speziellen Relativitätstheorie. Wenn er ihr später ihre allgemeine Form gibt, verweben sich dabei auch Raum und Masse, die ihrerseits – wie erwähnt – in Energie umgerechnet werden kann. Damit hängen plötzlich alle Grundformen des physikalischen Seins zusammen: Raum, Zeit, Energie und Masse bzw. Materie. Das heißt, sie können aus einem Punkt – in einem Urknall – gemeinsam entstanden sein und werden wahrscheinlich zusammen vergehen. So lässt sich die wohl tiefste Einsicht Einsteins in unser Raumzeit-Universum in seinen eigenen Worten ausdrücken:

»Früher hat man geglaubt, wenn alle Dinge aus der Welt verschwinden, so bleiben noch Raum und Zeit übrig; nach der Relativitätstheorie verschwinden aber Zeit und Raum mit den Dingen.«

Was ist Zeit?

»Zeit ist, was man an der Uhr abliest.« So pflegte Einstein zu antworten, wenn ihn jemand nach dem Wesen der Zeit fragte. Das scheinbar harmlose Sätzchen bezieht sich natürlich nur auf die physikalische Zeit und macht sie abhängig von Dingen. Zeit alleine gibt es nicht. Von ihr zu reden macht nur Sinn, wenn man sie auf etwas beziehen kann, wenn sie relativ angegeben wird. Das Besondere an der Zeit liegt nun darin, dass es Zeit braucht, um eine Zeitangabe zu machen und sie mit einer anderen Messung oder einem anderen Ereignis zu vergleichen. Beim genauen Nachdenken darüber stellte Einstein fest, dass der Begriff der Gleichzeitigkeit, wie wir ihn aus dem alltäglichen Gebrauch kennen, seinen absoluten Sinn verliert. Vor allem wird es für einen bewegten Beobachter unmöglich, sich mit einem relativ zu ihm ruhenden Partner darauf zu einigen, zwei räumlich getrennte Ereignisse wie das Vorrücken eines Uhrzeigers und das Ankommen eines Zuges seien gleichzeitig passiert. Dies hängt nicht zuletzt damit zusammen, dass »bewegte Uhren langsamer gehen«. Mit diesen Worten wird oft der berühmte Effekt der Zeitdilatation beschrieben, auf den vor Einstein schon der von ihm bewunderte Physiker Hendrick Anton Lorentz (1853–1928) hingewiesen hat. Wer sich der Sache genauer annimmt und etwa einen Beobachter in einem Zug mit einem Beobachter auf einem Bahnsteig vergleicht, wird finden, dass beide zu dem Schluss kommen, dass die Zeit für den anderen langsamer vergeht. Um zu diesem Ergebnis zu kommen, muss jeder drei Uhren vergleichen, zwei in seinem System und eine in dem des anderen. Die Zeitdilatation kann somit für beide Beobachter gelten, ohne dass dies die Gültigkeit der Relativität ändert.

Das Phänomen der Zeit wird dadurch allerdings kaum erhellt und eher noch weiter undurchsichtig – nicht nur für Laien, sondern auch für Experten. Selbst der oberste Kenner der Zeit – Einstein – hatte seine Probleme mit diesem Gewebe. Auch er wusste keine Antwort auf die Frage: »Was macht die Zeit, wenn sie vergeht?«

Die Welt als Ganzes

In seinem zum ersten Mal 1917 erschienenen und bis heute aufgelegten Buch *Über die Spezielle und die Allgemeine Relativitätstheorie* gibt es einen dritten Teil, der »Betrachtungen über die Welt als Ganzes« überschrieben ist und der auf »die Möglichkeit einer endlichen und doch nicht begrenzten Welt« hinweisen will. Einstein hat nämlich gefunden, wie »man an der *Unendlichkeit* des Raumes zweifeln kann, ohne mit den Denkgesetzen in Kollision zu geraten«. Und zwar so:

»Wir denken uns zunächst ein zweidimensionales Geschehen. Flache Geschöpfe mit flachen Werkzeugen, insbesondere flachen Messstäbchen seien in einer *Ebene* frei beweglich.« Wenn diese Wesen nur das Geschehen in ihrer Ebene beobachten, werden sie finden, dass ihre ganze Welt eben ist, und damit können wir einen Schritt weitergehen:

»Wir denken uns nun abermals ein zweidimensionales Geschehen, aber nicht auf einer Ebene, sondern auf einer Kugelfläche. Was passiert, wenn die flachen Geschöpfe mit ihren Maßstäben ... genau in dieser Fläche«, die sie nicht verlassen können, den Versuch unternehmen, »eine Gerade zu realisieren«? Können sie das?

Die Antwort lautet Nein, denn – so Einstein – bei dem Bemühen würden sie »eine Kurve erhalten, welche wir ›Dreidimensionalen‹ als größten Kreis bezeichnen, also eine in sich geschlossene Linie von bestimmter endlicher Länge, die sich mit einem Stäbchen ausmessen lässt«.

»Der große Reiz, den die Versenkung in diese Überlegung bereitet«, besteht für Einstein in der Erkenntnis, die er kursiv setzen lässt: »*Die Welt dieser Wesen ist endlich und hat doch keine Grenzen.*«

Nun gibt es zu der eben geschilderten zweidimensionalen Kugelwelt ein Analogon im Raum unserer Erfahrung. Der Mathematiker Bernard Riemann hat im 19. Jahrhundert die Geometrie für den entsprechenden dreidimensionalen Kugelraum entworfen, in dem wir so stecken wie die Zweidimensionalen auf ihrer Oberfläche. Damit kann Einstein die uralte Frage, ob wir in einer endlichen oder einer unendlichen Welt leben, auf höchst elegante und zugleich äußerst befriedigende Weise beantworten. Der Raum, in dem wir leben, ist endlich, ohne Grenzen zu haben.

Äther

Zu den Standardsätzen über Einsteins Physik gehört der Hinweis, dass er den Äther abgeschafft hat. Mit diesem antik klingenden Ausdruck meinten die Physiker seit den Tagen von Aristoteles das Medium, mit dem die ganze Welt erfüllt ist und in dem sich Licht ausbreitet. Vor Einstein waren sie davon überzeugt, dass Licht aus Wellen besteht, und so wie Schallwellen Luft brauchen, um schwingen zu können, brauchte das Licht den Äther, um getragen zu werden. Die Idee solch einer den Raum ausmachenden Substanz findet sich schon in der Antike, die damit die Leere vermeiden wollte, und überhaupt scheint der Äther mehr etwas Archetypisches zu sein, das unbedingt zum Denken gehört, und weniger etwas Empirisches, auf das sich mit einem Finger zeigen lässt.

Wie dem auch sei – die Physiker vor Einstein stellten sich den Äther als etwas vor, das dem Weltraum einen mechanischen Spannungszustand verleiht, mit dessen Hilfe sich Lichtwellen ausbreiten können. Nach Einstein blieb der Spannungszustand erhalten, nur passte das Beiwort mechanisch nicht mehr. In einer Rede mit dem Titel »Äther und Relativitätstheorie«, die er am 5. Mai 1920 im holländischen Leiden hielt, sagte Einstein ausdrücklich: »Der Äther der Allgemeinen Relativitätstheorie ist ein Medium, welches selbst aller mechanischen und kinematischen Eigenschaften bar ist, aber das mechanische (und elektromagnetische) Geschehen mitbestimmt.« Der Raum selbst ist in diesem Sinne der Äther, den Einsteins Allgemeine Relativitätstheorie mit physikalischen Qualitäten ausstattet.

Man kann auch sagen: Einstein setzte an die Stelle des durchdringenden Äthers ein kontinuierliches Feld, das Schwerefeld der Erde, das auch als ihr Gravitationsfeld bekannt ist. Seine Allgemeine Relativitätstheorie ist – technisch gesprochen – eine Feldtheorie, die sich durch ihre Lückenlosigkeit auszeichnet. In ihr tauchen keine abrupten Übergänge auf, also auch nicht die Quanten mit ihren Sprüngen, die er vielleicht auch deshalb nicht leiden konnte. Es gehört zu den bestgehüteten Geheimnissen der modernen Physik, dass sich die Feldtheorie und die Quantentheorie bis heute unvereint und unversöhnlich gegenüberstehen.

Die kosmologische Konstante

Wie die meisten seiner Vorgänger und die meisten seiner Zeitgenossen ging Einstein von der Vorstellung aus, dass wir in einem Universum leben, das keine Entwicklung kennt und durchgängig unveränderlich bleibt. Als Mathematiker dann feststellten, dass die Allgemeine Relativitätstheorie in ihrer ursprünglichen Form keine Lösung kennt, die so statisch bleibt, wie es allgemein gedacht wurde, fügte Einstein seinen Gleichungen einen konstanten Term hinzu, um diese Diskrepanz zu korrigieren. Physikalisch kann man sich unter der mathematischen Hinzufügung so etwas wie eine Druckkraft vorstellen, durch die Massen abgestoßen werden. Auf diese Weise wird die Anziehungskraft der Gravitation kompensiert und das Universum befindet sich in dem Gleichgewicht, das Einstein wollte.

Doch inzwischen sehen die Physiker die Welt mit anderen Augen. Der Kosmos unterliegt einer Entwicklung, woraus aber nicht folgt, dass die kosmologische Konstante ihren ursprünglichen Wert zurückbekommt, nämlich null. Im Gegenteil! Nach dem derzeitigen Stand der Erkenntnis besitzt die Konstante nicht nur einen ganz erheblichen Wert, sie ist sogar für den überwiegenden Teil der Energiedichte verantwortlich, die den kosmischen Körpern ihre Dynamik verleiht. Mit anderen Worten, was im Universum wirklich den Ausschlag gibt, ist nicht die Schwerkraft der Materie, die uns vertraut ist, sondern eine unbekannte Energie, deren Ursprung rätselhaft bleibt. Sie steckt nur als Möglichkeit in den Grundgleichungen, die Einstein in den Zeiten des Ersten Weltkriegs fand.

Die Ablenkung des Lichts

Licht breitet sich geradlinig aus – so denkt man. Lichtstrahlen laufen auf geraden Linien – so dachte man, bis Einstein kam. Seit seinen Tagen muss man aber unterscheiden: Licht breitet sich dann geradlinig im Raum aus, wenn er leer ist, was konkret bedeutet, wenn sich dort kein Körper mit seiner Masse befindet. Zu den merkwürdigsten Ergebnissen der (Allgemeinen) Relativitätstheorie gehört die Erkenntnis, dass Materie und Raum nicht unabhängig voneinander sind, sondern sich gegenseitig beeinflussen. Konkret gesagt: Die Geometrie des Raums ändert sich, wenn Masse auftaucht. Sie krümmt ihn, wie es eine Kugel mit der Matratze tut, auf die man sie legt. Die Sonne ist solch eine Kugel und das Licht, das an ihr vorbeiläuft und das Auge eines Beobachters auf der Erde erreicht, hat einen anderen Weg zurückgelegt als das Licht, das sich weit entfernt von allen Gestirnen gehalten hat. Das heißt auch umgekehrt, dass man einen Stern an unterschiedlichen Positionen findet, wenn man den Blick einmal an der Sonne vorbeistreichen lässt und ein andermal ihre Nähe meidet. Das klingt zwar absurd, gehört aber zu den Behauptungen von Einsteins Relativitätstheorie, die sogar quantitativ überprüfbar waren. Man musste dafür auf eine Sonnenfinsternis warten, um die nötigen Messungen zu machen. Sie zeigten 1919, dass die Sterne tatsächlich nicht da sind, wo wir sie vermuten, wenn wir an der Sonne vorbeischauen, und mit diesem Ergebnis begann Einsteins Weltruhm.

Arthur Stanley Eddington (1882–1944)

Die Messungen, die Einstein berühmt gemacht haben, verdanken wir einer Expedition, die der britische Astrophysiker Arthur Eddington geleitet hatte. Wenn man sagt, dass der deutsche Naturforscher Zöllner, dem wir auf dieser Hintertreppe bereits begegnet sind, die Astronomie durch seine spektroskopischen Messungen in eine Astrophysik verwandelt hat, dann sollte man hinzufügen, dass es Eddington war, der dieser neuen Wissenschaft durch seine physikalischen Berechnungen die dazugehörige theoretische Dimension verpasste und sie damit himmelhoch aufwertete. Eddington konnte zum Beispiel als Erster in den Jahren 1918/19 die pulsierenden Cepheiden-Sterne, die dank Henrietta Leavitts Einsichten als Zollstock des Universums dienen, in den berechnenden Griff der Wissenschaft nehmen und er riskierte es schon früh, Zusammenhänge zwischen Größen wie Masse, Dichte und Temperatur eines Sterns zu formulieren, um so etwas wie deren Stabilität bzw. Instabilität (ihr Werden und Vergehen) verstehen zu können.

Als Professor für Astronomie in Cambridge und Direktor der Universitätssternwarte hat Eddington seine historische Rolle gut gekannt, weshalb es ihm auch nie an Selbstbewusstsein mangelte. Als sich ein Reporter in der Frühphase von Einsteins Ruhm einmal an Eddington mit der Frage wandte, ob es tatsächlich stimme, dass es gerade einmal drei Physiker gebe, die mit Einsteins Theorien und Konzepten zurechtkämen, soll Eddington, der 1923 seine *Mathematische Theorie der Relativität* vorgelegt hatte, erst lange geschwiegen und dann ganz ruhig zurückgefragt haben: »Wer ist denn der dritte?«

Die Expedition zu Einsteins Ehren

Wir werden Eddington als Theoretiker der Sterne noch kennenlernen, wollen ihn aber zunächst auf die Expedition begleiten, die er vom März 1919 an leitete und die auf der Suche nach einem winzigen Unterschied mit riesigen Folgen war. Es sollte experimentell entschieden werden, wessen Bild vom Universum näher an der kosmischen Wirklichkeit war – der absolute Raum von Newton mit seiner absoluten Zeit oder Einsteins relative Raumzeit. Die beiden großen Entwürfe machten unterschiedliche Aussagen für die Beobachtung eines Himmelsorts, wenn man dabei an der Sonne vorbeischaut.

Wer einen Stern beobachtet – seine Position bestimmt –, wählt normalerweise einen freien Blick auf das Objekt seiner Begierde. In dem Fall erreicht uns sein Licht auf gerader Bahn (wie Newton und Einstein übereinstimmend meinten). Einsteins Theorien von Raum und Zeit – von einer Raumzeit – behaupten nun allgemein, dass es einen Zusammenhang zwischen der Anwesenheit von Masse und der Struktur des sie umgebenden Raums gibt. Die Masse krümmt den Raum, wie Physiker sagen und wie sie uns gerne anschaulich vorführen, indem sie eine Kugel auf eine Matratze legen. Sie drückt dann ein und verbiegt, was vorher glatt und eben war. Wenn die Kugel die Sonne darstellt und die Geometrie der Matratze die Geometrie des Kosmos erfasst, dann kann ein Lichtstrahl nicht geradlinig an ihr vorbeilaufen. Er muss vielmehr einen gekrümmten Weg nehmen, der durch die Raumdelle und letztlich zu einem anderen Endpunkt der Beobachtung – der zu ermittelnden Sternposition – führt.

Um nun festzustellen, ob es die vorhergesagte Raumkrümmung tatsächlich gibt, hatte Einstein vorgeschlagen,

einen Stern erst wie gewohnt und dann dadurch zu beobachten, dass man den Blick auf ihn an der Sonne vorbei-
lenkte – was natürlich nur bei einer totalen Finsternis – und
nur in dieser kurzen Zeitphase genau genug – durchgeführt
werden kann. Das Licht, das die Sonne passiert, sollte dann
ein Raumgebiet durchqueren, dessen Geometrie Einsteins
Einsichten zufolge durch die Masse der Sonne verzerrt war,
was einen Strahl nicht geradlinig, sondern leicht gekrümmt
laufen lassen würde, wobei die Krümmung um die Masse
herumführt, so als ob das Licht von einer optischen Linse
eingesammelt wird. Einsteins quantitativen Theorien zufolge musste ein Stern, der am Rand der Sonne auftauchte, um
den wahrlich winzigen Betrag von 1,74 Bogensekunden gegenüber der traditionell ermittelten Position abgelenkt erscheinen, was einem Winkel bzw. Winkelchen von unvorstellbar winzigen 0,0005 Grad entspricht.

Das war ganz sicher nicht leicht zu messen und Eddington
musste als Erstes prüfen, ob die Ausrüstung seines Teams gut
und genau genug war, um dieser lächerlich wirkenden Winzigkeit habhaft werden zu können. Und er musste weiter dafür sorgen, dass sich in dem Augenblick keine Wolken am
Himmel störend vor die Sonne schoben, in dem die Messungen gemacht werden sollten und mussten.

Natürlich vermochte niemand das Wetter zu beeinflussen, aber die englische Expedition des Jahres 1919 konnte
ihre Chancen auf eine sichtbare Sonnenfinsternis dadurch
erhöhen, dass sie sich teilte und sowohl in Brasilien als auch
in Westafrika präsent war. In Afrika entschied man sich für
eine Beobachtungsstation auf der Insel Principe in der Nähe
der Küste von Äquatorialguinea und hier schlug Eddington
selbst seine Zelte auf.

Am Morgen des entscheidenden Tages regnete es zwar,
wie wir Eddingtons Notizbuch entnehmen können, aber ir-

gendwann öffnete sich der Himmel doch und nun konnten die Physiker mit ihrer hektischen Arbeit beginnen, denn es galt, viele Fotoplatten in kürzester Zeit zu belichten. Leider erwiesen sich die meisten Platten später als unbrauchbar, aber die wenigen wertvollen Aufnahmen, die dem Team gelangen, lieferten – gemeinsam mit den brasilianischen Daten, die später dazukamen – eindeutig das Ergebnis, auf das die (wissenschaftliche) Welt gewartet hatte. Eddington führt uns in seinem Buch *Raum, Zeit und Schwere* vor, was auf den auswertbaren Platten zu sehen war, als sie ein paar Tage nach der Finsternis ausgemessen werden konnten:

»Die Aufgabe lautete, zu bestimmen, wie die scheinbaren Positionen der Sterne im Vergleich zu ihrer normalen Position auf einer Fotografie, bei der die Sonne nicht in der Nähe war, vom Gravitationsfeld der Sonne beeinflusst waren. Solche normalen Vergleichsaufnahmen waren mit demselben Fernrohr im Januar in England angefertigt worden. Die Fotografie von der Sonnenfinsternis und eine Vergleichsfotografie wurden Schicht für Schicht so in eine Messapparatur eingelegt, dass die korrespondierenden Abbildungen nahe beieinanderlagen. Die kleinen Abstände wurden in zwei rechtwinklig zueinander stehenden Richtungen vermessen. Daraus konnte man die relativen Verschiebungen der Sterne bestimmen. [Man sah] eine Verschiebung, die gut mit der Einstein'schen Theorie übereinstimmte und nicht mit der Newton'schen Voraussage zu vereinen war.«

Nach dem gleich noch zu erzählenden patriotischen Scharmützel um die Frage, ob die Eddington-Expedition als eine weitere Auseinandersetzung zwischen England (Newton) und Deutschland (Einstein) im Anschluss an den Ersten Weltkrieg zu betrachten sei, fällt es natürlich ins Gewicht, dass es die deutsche Theorie ist, die durch eine englische Messung bestätigt wird, was dem Ergebnis von Eddington eine besondere Form von Verlässlichkeit verleiht, die unter heutigen Historikern nicht ganz unumstritten ist. Auf jeden Fall wachte Einstein als berühmter Mann auf, nachdem Eddington seinen Bericht 1919 der Öffentlichkeit vorgestellt hatte. Einstein nahm es gelassen. Er hatte vor Bekanntgabe der Entscheidung zwischen ihm und Newton gewitzelt: »Wenn die Messungen zeigen, dass ich richtigliege, dann sagen die Deutschen, ich sei Deutscher, und die Engländer, ich sei Europäer. Wenn die Messungen zeigen, dass ich falsch liege, dann sagen die Engländer, ich sei Deutscher, und die Deutschen, ich sei Jude.«

Einstellungen zum Krieg

Eddingtons Expedition zu Einsteins Ehren hat ein Vorspiel, das mit der politischen Großwetterlage im damaligen Europa zu tun hat. Es ist natürlich längst eine historische Binsenweisheit, dass die moderne staatliche Weltordnung ohne den Ersten Weltkrieg völlig anders aussähe. Tatsächlich muss jede Darstellung der Geschichte, die sich den Jahren zwischen 1914 und 1918 nähert und sie einschließt, diesen abgrundtiefen Einschnitt in das europäische Leben und seine Kultur mit einbeziehen und die kosmische Hintertreppe bildet da keine Ausnahme. Der Blick auf Eddingtons Geburtsjahr zeigt, dass er in dem Alter war, das ihn zum Kriegsdienst verpflichtet hätte, doch da er als frommer Quäker erzogen worden war, lehnte er den Eintritt in die Armee prinzipiell ab. Das war damals selbst in der englischen Verfassung nicht vorgesehen, was den jungen Physiker in eine bedrohliche Situation brachte: Ihm drohte nicht mehr und nicht weniger als das Internierungslager mit allen beruflichen und sozialen Konsequenzen für die Nachkriegsjahre.

Doch Eddington hatte Glück. Es bestand zum einen darin, dass die Astronomen für den Mai 1919 eine totale Sonnenfinsternis vorhersagen konnten, deren Kernschatten nur über Gebiete außerhalb von Europa – in Südamerika und Zentralafrika – zog. Und seine Rettung kam zum Zweiten dadurch zustande, dass der Königliche Astronom dieser Zeit, Frank Dyson (1868–1939), der britischen Militärführung erklärte, dass Eddington seinem Land (auch und wahrscheinlich sogar besser) dienen könnte, wenn er beauftragt würde, eine Expedition zu organisieren und zu leiten, die dieses kosmische Phänomen nutzen könnte, um die Vorhersagen von Einsteins Kosmologie zu testen. Und um dem Ganzen die patriotische Krone aufzusetzen, schob Dyson seinem Antrag noch die chauvinistische Sicht hinterher, es sei doch die Pflicht eines Engländers, Newtons Universum gegen Einsteins Raumzeit zu verteidigen.

Während Eddington auf diese Weise vom Kriegsdienst für sein Land verschont blieb und dafür Kulturdienst für die Menschheit leistete, meldete sich der führende deutsche Astrophysiker, der aus Frankfurt am Main stammende Direktor des Potsdamer Observatoriums, Karl Schwarzschild (1873–1916), freiwillig zur Armee, um in den Schützengräben für den Sieg zu kämpfen. Ihm gelang es zwar, hier unter widrigsten Umständen eine theoretisch-wissenschaftliche Arbeit zu verfassen, die Einstein selbst Anfang 1916 der Preußischen Akademie vorstellte. Aber nur wenige Monate später war Schwarzschild tot und es sollten Jahrzehnte vergehen, bis seine Ansätze einer thermodynamischen Strahlungstheorie des Universums, die sich zwar an Gleichgewichten zwischen anziehenden und abstoßenden Kräften orientierte, aber selbst mit Extremfällen wie Schwarzen Löchern umgehen konnte, weiterentwickelt werden konnte.

Die Energie der Sterne

Wer weiß, vielleicht hätte der ältere Schwarzschild schon eher erläutern können, was dem jüngeren Eddington schließlich 1926 gelang, als er in *The Internal Constitution of the Stars* beschreiben konnte, wie man sich aufgrund physikalischer Gesetze »den inneren Aufbau der Sterne« vorstellen kann. Ausgangspunkt von Eddingtons Überlegungen war Einsteins oben beschriebene Formel, mit deren Hilfe sich ausrechnen lässt, wie viel Energie in wie wenig Materie steckt. Während es vor Einsteins Entdeckung der Äquivalenz nahezu wie ein Wunder erscheinen musste, dass Sterne wie unsere Sonne über Millionen und Milliarden von Jahren hinweg scheinbar mühelos Energie produzieren und abstrahlen können, kann das Leuchten der Himmelskörper jetzt mühelos in einfachen Rechnungen verständlich gemacht werden, die davon profitieren, dass der Wert der Lichtgeschwindigkeit, die in Einsteins Formel auftaucht, so ungeheuer groß ist.

Das heißt, solange niemand wusste, welche Prozesse zum Beispiel in der Sonne ablaufen, konnte man mit der Äquivalenz (Umrechenbarkeit) von Masse und Energie zwar nur wenig anfangen. Doch war zu Eddingtons Zeiten bereits bekannt, dass es sehr viel Wasserstoff im Gas der Sonne gab, und man konnte sich gut vorstellen, dass es den Naturkräften, die dort walteten, schon irgendwie gelingen werde, vier solcher Atome zu dem Element Helium zusammenzuquetschen. An Helium zu denken war aus einem chemischen und einem psychischen Grund naheliegend – die Psyche erinnerte sich, dass Helium als spezifisches Sonnenelement entdeckt worden war (auch wenn sich das als unzutreffend herausstellte), und die Chemie wusste, dass Helium als erstes Element im Periodensystem auf den Wasserstoff folgt. Darüber hinaus zeigte die physikalische Bilanz, dass dann, wenn aus vier Wasserstoffatomen ein Heliumatom wurde, etwas von der ursprünglichen Masse verschwinden musste. Wenn die nun als Energie freigesetzt werden konnte, waren die Sonne und ihre Interpreten aus dem Schneider. Aus 1 kg Wasserstoff – so zeigten die weiterführenden Beobachtungen – entstanden nur 993 g Helium und wenn die fehlenden 7 g als Sonnenenergie abgestrahlt werden, dann – so rechnete Eddington mit Vergnügen aus – würde der Wasserstoffvorrat unseres Zentralgestirns gut 100 Milliarden (!) Jahre reichen, um uns so zu beleuchten und zu wärmen, wie wir es kennen und brauchen.

Es waren Überlegungen dieser Art, mit denen sich Eddington beschäftigte, auch wenn er zunächst noch keine Erklärung für den Vorgang der Fusion von Wasserstoff zu Helium selbst geben konnte. Ihn kümmerten anfangs weniger die mikroskopischen Prozesse, sondern eher die makroskopischen Abläufe, die den Sternen ihre prinzipiellen Eigenschaften geben können. Die Wissenschaft war immerhin jetzt in der Lage, sie in Modellen berechnen und auf diese Weise verstehen zu können.

Eddington stellte sich als Grundmodell der Sonne eine Gaskugel vor, in deren Zentrum Atome bzw. Elemente verschmelzen können, wodurch Energie entsteht, die dann zum Ausgleich der Temperaturen von innen nach außen drängt und abtransportiert wird. Damit konnte Eddington als Erster die zwei Kräfte (quantitativ) identifizieren und miteinander ringen lassen, die wir bis heute betrachten, wenn wir nach der Struktur eines Sterns fragen und seine Größe und Lebensdauer bestimmen wollen. Da wirkt auf der einen Seite die seit Newton bekannte Gravitation, die die stellare Materie zur Mitte hin zusammenziehen will. Und ihr entgegen agiert zum Zweiten die eben beschriebene energetische Kraft, die auch mit dem Attribut thermisch charakterisiert wird und die sich dem Schweredruck entgegenstellt, der von der Masse selbst ausgeht. Es ist weiter (für den Laien) vorstellbar und (durch den Experten) berechenbar, dass die Gravitationskraft im Inneren eines ausreichend großen Sterns einen enorm hohen Druck aufbauen kann, der zu sehr hohen Temperaturen führen kann, womit Millionen Grade gemeint sind. Diese Hitze drängt nach Verteilung, was einen Strahlungsdruck entstehen lässt, der mit dem Gasdruck der Sternmaterie die Balance halten muss, um auf diese klassisch physikalische Weise stabile Himmelsobjekte der Art zu ergeben, die Astronomen seit dem Beginn unserer Kultur als Sterne beobachten. Eddington traute seinen Rechnungen und Modellen sogar zu, die Temperatur im Inneren der Sonne abzuschätzen, also dort, wo die Fusion von Wasserstoff zu Helium stattfinden sollte. Er kam dabei auf grandiose Größenordnungen von 40 Millionen Grad, was zwar für unser Wärmeempfinden unvorstellbar riesig ist, wohl aber den Tatsachen entspricht, wie die Wissenschaft in jüngster Zeit bestätigen konnte. Ihr zufolge herrschen im Zentrum der Sonne etwa 20 Millionen Grad – und wer jetzt wissen will, ob unter solchen extremen und unserer Erfahrung nach völlig unzugänglichen Bedingungen überhaupt noch die Wissenschaft gilt, die doch gerade für die Bereiche des Wirklichen entwickelt wurde, in denen wir uns aufhalten und auskennen, der stellt eine sehr gute Frage, an der die Fachwelt zu knabbern hat.

Das Leben der Sterne

Wenn soeben gesagt wurde, dass Eddington seine Sterne »klassisch-physikalisch« abhandelte, dann ist das nicht allgemein, sondern höchst konkret gemeint. In den frühen Jahren des 20. Jahrhunderts – genauer zwischen 1900 und 1930 – sahen sich die Physiker nämlich gezwungen, ihre traditionelle (und höchst erfolgreiche) Beschreibung der Welt dann abzuwandeln, wenn sie sich in Sphären begaben, die unsere Erfahrung bzw. Anschauung weit überstiegen. Einstein hatte ab 1905 gezeigt, dass der ganze Kosmos eine andere Geometrie benötigt als die Welt, in der wir spazieren gehen oder Auto fahren. Und seit der Mitte der 1920er-Jahre hatte sich gezeigt, dass die Atome und das Verhalten ihrer Bestandteile eine völlig neue Theorie erforderten, die wesentlich Gebrauch von der Entdeckung machte, die Max Planck im Jahre 1900 als Quantensprung vorgestellt hatte. Die neue Beschreibung der atomaren Wirklichkeit hieß deshalb Quantenmechanik und in ihr waren keine glatten (stetigen) Übergänge zwischen verschiedenen Zuständen von Atomen erlaubt, sondern nur sprunghafte Veränderungen.

Was auf den ersten Blick störend wirkt und von manchen Physikern dieser Zeit als »alberne Quantenhopserei« verächtlich abgelehnt wurde, erwies sich bald als zentral für die Grundfragen, die eine Physik beantworten musste. Eine von ihnen handelte von der Stabilität von Atomen, die jetzt durch das Quantum garantiert wurde. Solange ein Atom kein solches Energiepaket bekam, blieb es unverändert, also stabil.

Eine weitere Grundfrage betraf das Gegenstück, nämlich die Möglichkeit, Atome doch zu verändern, zum Beispiel durch die Zusammenführung von Wasserstoffatomen zu einem Heliumatom, die im Rahmen der alten (klassischen)

Physik unverständlich bleiben musste, nach deren Verständnis sich die Atome durch einen hohen Energiewall schützen. Sie alle tragen ihre negativ geladenen Elektronen außen und wenn sich diese elektronischen Hüllen annähern, kommt es zu den bekannten Abstoßungen von gleichen Ladungen (wie man sie auch aus dem Alltag kennt). Tatsächlich erlaubte die neue Quantenmechanik einen Ausweg aus dieser an sich verfahrenen Lage zu finden, indem sie ihre Objekte – also Atome und Elektronen – mit mathematischen Symbolen darstellt, die neben den realen noch über imaginäre Dimensionen verfügen. Was wie wissenschaftlicher Hokuspokus aussieht, funktioniert als Erklärung der beobachteten Wirklichkeit fantastisch, denn mithilfe der imaginären Ausweitung bekommen atomare Gebilde die Möglichkeit, eine Mauer auch dann zu überwinden, wenn ihre Energie nicht ausreicht, um über sie drüberzuklettern. Die Physiker sprechen dann vom Tunneleffekt und sie verdanken seine Entdeckung dem russischen Genie George Gamow (1904–1968), der uns auf dieser Hintertreppe noch begegnen wird.

Der Tunneleffekt – die Fähigkeit von Elektronen, Energiebarrieren zu durchtunneln – ist nicht nur nachweisbar, er gehört auch ganz wesentlich zu einer Physik der Sterne, wie Eddington bemerkte, als er sich intensiver um die Frage kümmerte, wie es denn nun zu einer Verschmelzung von Wasserstoff- zu Heliumatomen kommt. Das heißt, es kommt genauer zu einer Fusion der Atomkerne, aber sie liefert die Energie, die Sterne wie die Sonne benötigen und sie funktionsfähig hält.

Ende der 1920er-Jahre konnten die Physiker also mitteilen, dass ihnen die Quelle der Sternenenergie bekannt war – zumindest im Prinzip, wenn ihnen auch einige Details noch fehlten. Man konnte mit diesem Konzept der Fusion

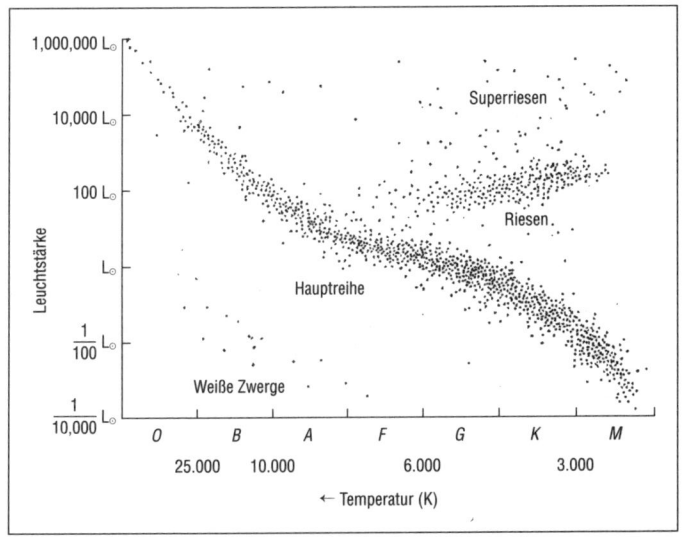

Wenn man die Helligkeit und Temperatur von Sternen in ein Diagramm einzeichnet, lassen sich Riesen und Zwerge unterscheiden.

auch verstehen, was die zwei Astrophysiker ermittelt hatten, deren Namen heute in jedem Lehrbuch in Form des Hertzsprung-Russel-Diagramms vertreten sind. Gemeint sind der Däne Ejnar Hertzsprung (1873–1967) und der Amerikaner Henry Noris Russel (1877–1957), die in den ersten Jahrzehnten des 20. Jahrhunderts wissen wollten, ob sich aus dem Aufbau eines Sterns etwas über seine Entwicklung sagen lässt. Sie sammelten alle verfügbaren Daten über die Leuchtkraft von Sternen – als Maß für die von ihm abgestrahlte Energie – und ihre Temperatur an der Oberfläche und stellten fest, dass nicht alle Kombinationen im Weltall realisiert waren (siehe Abb. oben). Es gab vielmehr – in ihrem Diagramm – eine Hauptreihe und in ihr – so zeigten Eddingtons Berechnungen – dominierte die Umwandlung von Wasserstoff in Helium alle ablaufenden Prozesse. Ne-

227

ben der Hauptreihe lagen Sterne, die hübsche (und die Fantasie von Science-Fiction-Autoren anregende) Namen wie Rote Riesen und Weiße Zwerge bekamen. Sie stellten Zustandsformen dar, auf die Sterne sich hinentwickeln konnten, wenn die atomaren bzw. nuklearen Abläufe ihrer Materie dies bewirkten bzw. zuließen. Das Besondere an der Darstellung von Russel und Hertzsprung bestand darin, dass sie erkennen ließ, wie sich ein aktuell messbarer Stern mit gegebener Größe, Leuchtkraft und Temperatur in Zukunft entwickeln würde. Und als jemand mit diesen Kenntnissen unsere Sonne analysierte, wurde der Schluss wissenschaftlich unausweichlich, dass sie dabei ist, ein Roter Riese zu werden. Das wird noch einige Millionen Jahre dauern. Aber wenn es so weit ist, wenn sich die Sonne so aufbläht, wie Eddingtons Theorien es vorhersagen, dann werden die Ozeane auf der Erde kochen – und kein Leben, wie wir es kennen, wird mehr existieren. Wir werden also nicht für alle Zeiten auf der Erde sein. Aber wir wissen wenigstens, wie unser Planet enden wird.

Übrigens – es dauerte bis 1938, bevor es einem Duo von Physikern gelang, aus den atomaren Abläufen (Umwandlungen) im Sterninneren heraus verständlich zu machen, dass die leuchtenden Objekte der Hauptreihe in Richtung Rote Riesen unterwegs waren. Die Autoren beschrieben damals eine Folge von Reaktionen, bei denen die Elemente Kohlenstoff (C), Stickstoff (N) und Sauerstoff (O) als Katalysatoren der Kernverschmelzung von Wasserstoff (H) zu Helium (He) auftreten. Sie erkannten das, was heute entweder als CNO- oder nach ihren Entdeckern als Bethe-Weizsäcker-Zyklus bezeichnet wird. Dieser Name ehrt sowohl den Physiker Hans Bethe (1906–2005), der 1967 mit dem Nobelpreis für Physik ausgezeichnet wurde, als auch den sich später mehr der Philosophie und Politik zuwendenden

Universalgelehrten Carl Friedrich von Weizsäcker (1912–2007), der in Stockholm unberücksichtigt blieb – wie es auch Eddington passierte, der das alles in Gang gesetzt hatte.

Edwin Powell Hubble (1889–1953)

Es gibt Leute, die bezeichnen den aus dem fernen und als hinterwäldlerisch angesehenen Missouri stammenden Edwin P. Hubble als den »Titan unter den Astronomen«, und es ist keine Frage, dass er es war, der den Zollstock, den Henrietta Leavitt entdeckt hatte, am besten handhaben und zur Entdeckung ganz neuer Dimensionen des Universums nutzen konnte. Es war daher eine gute Idee, das Hubble-Weltraumteleskop nach ihm zu benennen. Das HST (Hubble Space Telescope) umkreist seit dem Frühjahr 1990 etwa alle 100 Minuten einmal die Erde in knapp 600 km Höhe und beobachtet mit feinsten Detektoren das Weltall ohne jede Störung durch die Erdatmosphäre – mit sensationellen Folgen, die noch erwähnt werden.

Der Andromeda-Nebel verzieht sich

Hubble hatte einen starken Vater – einen Farmer –, der darauf bestand, dass sein Sohn Jura studierte. Zwar hatte der junge Edwin dank eines Teleskops, das ihm sein Großvater geschenkt hatte, längst sein Herz für die Sterne entdeckt und er jammerte, er würde lieber ein zweitklassiger Astronom als ein erstklassiger Anwalt, aber sein Vater blieb hart. So gab es für den jungen Hubble nur die Möglichkeit, neben dem offiziellen Studium des Rechts einige astronomische Kurse zu besuchen. Sie hatten allerdings Folgen, denn an der Universität von Chicago, die Hubble besuchte, lehrten damals die ersten beiden Amerikaner, die den Physiknobelpreis gewinnen sollten, Albert Michelson (1852–1931) und Robert Millikan (1868–1953). Sie entdeckten sofort Hubbles Talent und verschafften ihm das lukrative Rhodes-Stipendium, das es dem Bauernburschen erlaubte, 1910 in das vornehme Oxford zu gehen. Zwar bestand Hubbles Vater immer noch darauf, dass sein Sohn Jura studieren müsse, aber nach und nach machte sich Edwin unabhängig von den Ratschlägen aus Missouri. Er entwickelte jetzt eine Anglophilie und übernahm alle Sprech- und Kleidungsgewohnheiten der Briten, was sich zum Beispiel in Knickerbockern, riesigen Mützen und dem Rauchen von Bruyèrepfeifen niederschlug.

Nach der Rückkehr in die USA begann Hubble, sich vermehrt um die Natur der Nebel zu kümmern, für die er gerne auch einmal das in Oxford aufgeschnappte Wort von den »Nebelflecken« benutzte. Er vertrat schon früh die Ansicht, dass es sich dabei nicht um unauflösbare Bestandteile der Milchstraße, sondern um eigenständige Galaxien handelte. Um dies beweisen zu können, benötigte er Zugang zu den besten und größten Teleskopen der Welt und die wurden damals im kalifornischen Pasadena gebaut. Das heißt, sie wurden auf dem knapp 1.800 m hohen Mount Wilson errichtet, einem Berg, der sich nördlich des Ortes erhebt, in dem sich bald das inzwischen weltberühmte California Institute of Technology (Caltech) ansiedeln sollte. 1919 traf Hubble am Mount-Wilson-Observatorium ein und als er die riesigen Teleskope sah, wusste er sofort, er war an seinem Ziel angekommen. Es galt nur noch, gewissenhaft und entschlossen zu arbeiten, wie er selbst sein Programm der kommenden Jahre beschrieb. Seinen ersten Triumph konnte er bereits im Herbst 1923 feiern.

In der Nacht des 4. Oktober stand Hubble das inzwischen fertiggestellte und damals größte Teleskop der Welt zur Verfügung, dessen Spiegel einen Durchmesser von 2,5 m aufwies. Hubble konzentrierte sich auf den Andromeda-

Nebel, der in astronomischen Katalogen als M31 verzeichnet stand, und ihm gelang eine gute Aufnahme, was keineswegs trivial ist, da auch ein enorme physische Anstrengung dazugehörte, die Riesenmaschinen bei offenem Himmel und oftmals eiskalten Temperaturen stundenlang nachts auf einen Punkt gerichtet zu halten.

Hubble hatte Erfolg und er konnte auf seiner punktscharfen Aufnahme einen neuen Fleck entdecken, der auf alten Bildern nicht zu erkennen war. Seine erste Vermutung lautete, er habe eine Nova – die Entstehung eine neuen Sterns – fotografiert, und um dies zu prüfen, wiederholte er seine Beobachtung mit veränderten Belichtungszeiten mehrfach, um tatsächlich nicht nur eine Sternengeburt, sondern gleich zwei Novae zu erkennen. Aber diese Entdeckungen verblassten neben der Beobachtung, die Hubble mit einem dritten Fleck gelang. Beim Vergleich mit alten Platten zeigte sich nämlich, dass es ein veränderliches Objekt (Cepheid) im Andromeda-Nebel gab. Aufgeregt schrieb Hubble »VAR!« (für »variable«) auf die Platte und er wusste sofort, dass ihm damit eine große Entdeckung gelungen war. Er hatte den ersten Cepheid innerhalb eines Nebels dingfest gemacht und nun erlaubte ihm die Methode von Henrietta Leavitt, dessen Entfernung zu bestimmen – und das Ergebnis war sensationell.

Hubble ließ sich angemessen Zeit mit den Berechnungen, um nichts falsch zu machen, und trug seine Ergebnisse im Winter 1924/25 unter dem Titel »Cepheids in Spiral Nebulae« vor. Dann verkündete Hubble, dass der Andromeda-Nebel rund eine Million Lichtjahre von der Erde entfernt ist, was ihn zu einer Andromeda-Galaxie (siehe Vorsatz) mache, da sich die Milchstraße nur rund 100.000 Lichtjahre weit im All ausdehnt. Die erste Galaxie neben unserer eigenen war gefunden. Das Weltall war wieder größer geworden, sehr viel größer.

Die Rotverschiebung und ihr Gesetz

Das Weltall sollte bald weiterwachsen, und das nicht nur in der Sicht der Menschen, sondern auch ganz konkret als physikalisches Objekt. Wir leben nämlich in einem Kosmos, der sich ausdehnt, und den Nachweis, dass diese Expansion tatsächlich stattfindet, verdanken wir Edwin Hubble. Im Jahre 1929 publizierte er einen Artikel mit dem wahrlich niemanden vom Hocker reißenden Titel *Eine Beziehung zwischen der Entfernung und der Radialgeschwindigkeit extragalaktischer Nebel*. Diese Beziehung kennt die Fachwelt heute als das Hubble'sche Gesetz (siehe Kasten S. 234) und mit ihm können wir tatsächlich anfangen, wissenschaftlich von der Geschichte des Himmels zu sprechen und seine Entstehung in einem Urknall festzumachen.

Hubble selbst hat sich bei philosophischen Fragen der Kosmologie zurückgehalten und es wäre ihm nie auch nur in den Sinn gekommen, Spekulationen über den Ursprung des Universums anzustellen. Aber seine Messungen müssen verstanden werden, und am besten von Anfang an.

Nachdem im Gefolge von Hubbles Entdeckung von einer ersten Galaxie neben unserer eigenen (der Milchstraße) immer mehr extragalaktische Objekte am Himmel entdeckt worden waren, stellte sich den Astronomen die spannende Frage, ob diese gigantischen Sternversammlungen sich bewegten, und wenn ja, in welche Richtung sie unterwegs waren – aufeinander zu, voneinander weg, auf uns zu, von uns weg?

Eine Methode, dies zu ermitteln, gab es im Prinzip bereits, nämlich den Dopplereffekt, den wir weiter oben vorgestellt haben. Bereits im Jahre 1912 hatte sich der in Arizona tätige amerikanische Astronom Vesto Slipher (1875–1969) die Aufgabe gestellt, bei den Nebeln nach Doppler-

Das Hubble'sche Gesetz

Das Gesetz von Hubble lässt sich – wie jedes Naturgesetz, mit dem die Physik zu tun hat – am besten als mathematische Relation notieren. Sie ist in diesem Fall sehr einfach, was aber nicht bedeutet, dass sie einfache Folgen hätte. Es geht beim Hubble'schen Gesetz um die Entfernung D (für englisch »distance«), die Galaxien von der Erde haben, und die merk- und denkwürdige Einsicht Hubbles besteht darin, dass es zwischen diesem Abstand und der Geschwindigkeit V (für »velocity«), mit der sich die Galaxie von der Erde fortbewegt, eine einfache Beziehung gibt, nämlich die der Proportionalität. Je größer ihre Entfernung, desto schneller bewegt sich eine Galaxie. Also mathematisch:

$$V = H_0 \cdot D$$

H_0 nennt man dabei die Hubble-Konstante; da eine Geschwindigkeit in Länge pro Zeit gemessen wird, muss die Hubble-Konstante in Kehrwerten der Zeit angegeben werden, was umgekehrt bedeutet, dass der Kehrwert von H_0 selbst eine Zeitdauer darstellt. Wir vermuten heute, dass wir dieser Zeit eine kosmische Deutung geben können – es ist das Alter der Welt bzw. des Universums, das auf diese Weise mit dem Hubble-Gesetz gemessen werden kann. Wir nehmen inzwischen an, dass es bei mehr als 13 Milliarden Jahren liegt.

verschiebungen zu suchen. Er tat dies zum einen, weil die damalige Entwicklung der Spektroskopie Messungen dieser Art erlaubte – Slipher hatte sich das Geld für die ziemlich teuren Apparate von einem reichen Kaufmann besorgt, der daran glaubte, es gebe intelligentes Leben auf dem Mars und der dies beweisen lassen wollte. Und Slipher wollte zum anderen mit der ganz gewöhnlichen Neugierde eines Wissenschaftlers wissen, ob sich diese Nebel bewegen und ob es möglich ist, ihre dazugehörige Geschwindigkeit zu bestimmen.

Für Sterne unserer Milchstraße – wie etwa den Sirius – war bereits 1868 erkannt worden, dass sich ihre Geschwindigkeit mithilfe des Dopplereffekts messen lässt. Die spektroskopischen Beobachtungen dieser Zeit hatten gezeigt, dass die Spektrallinien des Sirius mit denen übereinstimmten, die sich bei der Sonne finden ließen. Das heißt, das Muster der Linien war unverändert und identisch geblieben, die Positionen der Linien aber nicht. Sie lagen alle zu längeren Wellenlängen hin verschoben, genau so, wie man das beim Dopplereffekt von dem hupenden Auto kennt, das von einem Beobachter wegfährt. Der Ton wird dann tiefer (bzw. höher im umgekehrten Fall).

Das Licht des Sirius zeigte nun niedrigere Frequenzen als das Licht der Sonne; die Spektrallinien lagen bei den längeren Wellenlängen, was man auch durch Farbnamen ausdrücken kann, indem man sagt, dass die Linien zum Rot hin gewandert waren. Dieser Effekt heißt deshalb anschaulich Rotverschiebung und ein Objekt, dessen Licht diese Eigenschaft zeigt, bewegt sich von uns fort, wie es die Kenntnisse der klassischen Physik nahelegen. Bewegt sich ein Himmelskörper auf uns zu, kommt es zu der gegenteiligen Verschiebung des Lichts, nämlich zum Blau hin, das die höhere Energie aufweist. Solch eine Blauverschiebung beobachtete nun Slipher 1912, als er seine neuen Instrumente zum ersten Mal einsetzte, um die Bewegung der Andromeda-Galaxie zu erkunden (die damals noch als Nebel galt).

Zwar hatten die meisten Astronomen gedacht, dass sich Galaxien gar nicht bewegten, aber erst Slipher und dann nach ihm Hubble bewiesen das Gegenteil. Galaxien bewegten sich sogar mit großen Geschwindigkeiten, was im konkreten Fall von Andromeda 300 km/s meinte. Bei der Sombrero-Galaxie, auf die Slipher seine Instrumente als Nächstes richtete, bedeutete dies sogar, dass sie sich mit einer Geschwindigkeit von rund 1.000 km/s (!) von der Erde entfernte. Diese rasend schnelle Zunahme des Abstands hatte Slipher durch die Rotverschiebung der Galaxie ermittelt, die er bei ihren Spektrallinien sehen konnte. Obwohl es nach den ersten beiden Messungen noch 1:1 zwischen Rot und Blau stand, was ein gefälliges Hin und Her am Himmel erwarten ließ, änderte sich der unentschiedene Eindruck bald dramatisch. Als Slipher nämlich (bis 1917) 25 Galaxien vermessen hatten, zeigte sich bei 21 von ihnen eine Rotverschiebung. Die überwiegende Zahl der quantitativ analysierten Himmelsobjekte entfernte sich offenbar so schnell wie möglich von der Erde, was Witzbolde fragen ließ, ob wir vielleicht einen schlechten kosmischen Körpergeruch ausströmten, der die Mitbewohner das Alls in die Flucht schlüge.

Als Hubble von diesen Ergebnissen erfuhr, hielt er es sofort für seine Aufgabe, sich dem Phänomen zuzuwenden, das inzwischen tatsächlich als Galaxienflucht bezeichnet wurde. Auf dem Mount Wilson standen Hubble dazu Geräte zur Verfügung, die fast 20-mal so viel Licht wie Sliphers Apparate einsammeln konnten, und mit deren Hilfe und einer enormen Disziplin brachten Hubble und seine Mitarbeiter es nach und nach fertig, mehr als 60 Galaxien zu vermessen, das heißt, sie bestimmten sowohl ihre Dopplerverschiebung als auch ihre Entfernung. Dabei zeigte sich zunächst, was schon Slipher aufgefallen war, dass nämlich fast alle beobachteten Sternsysteme zum Roten hin verschobenes Licht aussenden, dass sie sich also von uns weg bewegen.

Doch Hubble blieb bei dieser Erkenntnis nicht stehen und fügte ihr eine Sensation hinzu: Als Hubble nämlich die Fluchtgeschwindigkeit der Galaxien gegen ihre Entfernung auftrug, lagen die Messwerte (mehr oder weniger) auf einer Linie. Mit anderen Worten, die Geschwindigkeit einer Galaxie war proportional zu ihrem Abstand von der Erde. Wer doppelt so weit oder x-fach weiter weg war, bewegte sich doppelt oder x-fach so schnell und mit diesem Ergebnis drängte sich geradezu die Schlussfolgerung auf, dass sich dann alle Galaxien vom selben Startpunkt aus auf die Reise gemacht hatten. Die Messungen von Hubble und sein Gesetz deuteten an, dass die Welt einen einzigen Entstehungs- oder Schöpfungspunkt hatte, und sie ließen auch ungefähr erkennen, wann das passiert sein musste: vor mehr als 13 Milliarden Jahren.

Das heißt – das ist der heutige Wert. Als Hubble sein Gesetz zum ersten Mal formulierte, gab es noch einige Probleme mit den Zahlen, die hier aber nicht weiter verfolgt werden sollen. Unbestritten und unverändert denken wir seit 1929 an ein expandierendes Weltall, das in einem Punkt begonnen hat – was nichts an der Frage ändert, ob wir solch einen Urknall verstehen können. Oder haben Menschen, die alles mit einem Knall beginnen lassen, selbst einen?

Der erste Urknall

Der Urknall, den wir heutzutage meinen (und den wir noch kennenlernen werden), geht auf eine Theorie des Russen George Gamow (1904–1968) zurück, dem wir bald auf dieser Treppe begegnen werden. Der Gedanke selbst hat sich aber unmittelbar entwickelt, nachdem Einsteins allgemeine Theorie der Relativität bekannt und überprüft worden war, wenn er auch nicht laut verkündet wurde und zunächst nur wenig Aufsehen erregte.

Die mangelnde Aufmerksamkeit für den frühen Urknall- gedanken könnte damit zusammenhängen, dass er von einem Priester stammt, der zugleich auch Kosmologe war. Gemeint ist der aus Belgien stammende Georges Lemaître (1894–1966), der schon früh empfunden hatte, dass es zwei Wege zur Wahrheit gab und man beiden folgen müsse. Lemaître studierte unter anderem bei Eddington in Cambridge und möglicherweise ist ihm in dessen Vorlesungen über Einsteins Raumzeit der Gedanke gekommen, dass die allgemeine Relativität durch die Verknüpfung von Raum, Zeit, Energie und Masse den Gedanken an einen Augenblick der Schöpfung zulässt, dass also der Glaube an einen Gottesakt und die Kenntnis einer physikalischen Theorie zu einem (humanen) Weltbild zusammenfinden können.

Lemaître machte sich daran, so etwas wie eine Theorie der Schöpfung auszuarbeiten, und wir sollten an dieser Stelle erwähnen, dass sich vor ihm schon der russische Theoretiker Alexander Friedmann (1888–1925) auf ähnliche Weise mit Einsteins Gleichungen beschäftigt und ihnen eine Lösung gegeben hatte, die dem Kosmos eine knallartig expansive Geschichte verleiht. Was Friedmann zustande gebracht hätte, wenn er nicht in jungen Jahren dem Typhus erlegen wäre, darf ruhig einmal bedacht werden.

Lemaître arbeitete unabhängig von Friedmann und anders als er. Was der belgische Priester dann als Kosmologe in den späten 1920er-Jahren vorstellte, nannte er selbst die Vorstellung vom Universum als Uratom, das man sich als kosmisches Ei vorzustellen hatte, das im Moment der Weltentstehung explosionsartig zerfällt und die Materie auf ihre expansive Reise schickt.

1927 haben sich Einstein und Lemaître in Brüssel getroffen und der bescheidene und unbekannte Belgier hat dem überlebensgroßen Kollegen zu erklären versucht, wie er mit dessen Ideen umgegangen war und sich die Entstehung des Kosmos vorstellte. Einstein war »not amused«. Lemaîtres

Physik hat ihm nicht nur nicht gefallen. Er hielt sie sogar für »scheußlich« und etwas in dieser Art hätte auch Hubble gedacht, wenn er von dem Uratom gehört hätte. Er fand stets, dass die Physik – auch in Form der Kosmologie – das Spekulieren um Schöpfungen lassen und sich wichtigeren Fragen zuwenden sollte, zum Beispiel der, ob die real existierende Rotverschiebung tatsächlich den Schluss erlaubt, dass sich die Galaxien entfernen. Greift der Dopplereffekt überhaupt noch in diesen Dimensionen? Kann und muss man nicht die veränderten Wellenlängen, die man in diesen Riesenentfernungen beobachtet, anders als nach dem Verfahren deuten, mit dem man die Tonfrequenz von Polizeisirenen erklärt? Und wie fügt man die doch nicht wegzuleugnenden Blauverschiebungen in das Gesamtbild des Kosmos ein?

Viele Fragen bleiben bis heute ungeklärt – zum Beispiel die, ob es stimmt, dass Blauverschiebungen – wie die bei der Andromeda-Galaxie gemessene – nur in benachbarten Galaxien vorkommen und daher als lokale Effekte im globalen Bild keine Bedeutung entfalten? Hubble war erst bereit, sich ins »Traumreich der Theorie« zu begeben, wenn die Messungen nichts mehr hergaben. Sie lassen uns aber bis heute staunen, vor allem die, die das Hubble Space Telescope produziert. Sie zeigen unter anderem, dass sich der Kosmos nicht nur ausdehnt, sondern seine Expansion sogar an Fahrt aufnimmt. Die Welt wird wahrlich immer größer.

Fritz Zwicky (1898–1974)

In einem Buch über Astronomie, das nicht enzyklopädisch und umfassend berichtet, sondern sich an wenigen einzelnen Personen orientiert, denen entscheidende Fortschritte gelungen sind, muss nicht unbedingt über Fritz Zwicky gesprochen werden, der als Sohn eines Schweizer Kaufmanns im bulgarischen Varna geboren worden und im kalifornischen Pasadena gestorben ist. Er passt aber in das hier verfolgte Konzept, weil er zum einen das schöne Buchstabenspiel von A (Aristoteles) bis Z erlaubt und weil er zum anderen einige lehrbuchreife Ideen und Begriffe in seine Wissenschaft bringen konnte, und weil er außerdem genau das getan hat, was oben bei den Erörterungen der Hubble'schen Entdeckungen als Möglichkeit angedeutet wurde, nämlich eine andere (alternative) Erklärung für die von Hubble entdeckte Rotverschiebung vorzuschlagen. Ziel solcher Überlegungen war stets, von der Idee loszukommen, das Universum sei expansiv im Wachsen begriffen, was selbst Einstein Mühe machte, der sich mehr zu einer Welt in einem – wenn auch schwankenden – Gleichgewicht hingezogen fühlte.

Wie dem auch sei, Zwicky deutete die Verschiebung des Lichts – genauer: die veränderte Lichtenergie, die Hubble beobachtet hatte –, indem er an Einsteins frühe (und nobelpreisgekrönte) Einsicht von 1905 anknüpfte, der zufolge Licht sowohl als Welle als auch als Teilchen in Erscheinung treten kann und auch in dieser doppelten Weise verstanden werden muss – und auf Partikel kann man schwerlich den Dopplereffekt anwenden. Stattdessen kann man sich gut vorstellen und mathematisch modellieren, dass solche Lichtteilchen, die Einstein Photonen genannt hatte, nicht für die Ewigkeit in (ihrer) Form bleiben, sondern nach Milliarden von Jahren Ermüdungserscheinungen zeigen, was sie stärker rot erscheinen lässt, als sie anfänglich waren.

Zwicky, der sich gern als »Schüler von Einstein« vorstellen ließ, weil er einmal in seinen Züricher Studententagen bei dem großen Meister Vorlesungen gehört hatte, machte es nichts, dass sich seine Idee verrückt anhörte, da sie nur eine von den vielen Verrücktheiten war, die in der Quantenmechanik auftauchten und – wie der bereits erwähnte Tunneleffekt – benötigt wurden, um die Phänomene der physikalischen Welt verständlich machen zu können. Aber Zwickys müde und abgenutzte Lichtteilchen wirkten offenbar nicht verrückt genug, um von der astronomisch orientierten Forschergemeinde akzeptiert zu werden, und in unseren Tagen spielt sein Vorschlag keine nennenswerte Rolle mehr. Niemand will mehr auf den Gedanken eines expandierenden Weltalls verzichten, selbst wenn dabei unentwegt neuer Raum und neue Zeit – neue Raumzeit – generiert werden muss, ohne dass wir eine Ursache dafür nur nennen könnten.

Supernovae

Anders als mit dem Vorschlag des lahmen Lichts sieht es mit einer Idee aus, die Zwicky gemeinsam mit dem deutschen Astronomen Walter Baade (1893–1960) ausheckte, als die beiden am Mount-Wilson-Observatorium in Pasadena zusammenarbeiteten. Zwicky hatte nach einer Kindheit in Bulgarien und seiner Jugendzeit in der Schweiz an der Eidgenössischen Technischen Hochschule (ETH) in Zürich studiert, um in den 1920er-Jahren in die USA zu gehen und dort von dem Nobelpreisträger Robert Millikan an das bereits gegründete California Institute of Technology (Caltech) in Pasadena gerufen zu werden. An dieser Privatuniversität lernte der quirlige Zwicky Anfang der 1930er-Jahre den ruhigen Baade kennen, der charakterlich völlig anders als Zwicky auftrat. Während Baade sachlich und systematisch vorging und stets höflich und zuvorkommend blieb, polarisierte und polemisierte Zwicky gerne und brillierte mit unkonventionellen Ansichten. Er ließ es auf keinen Fall an Selbstbewusstsein fehlen und bei astronomischen Tagungen konnte es schon einmal passieren, dass Zwicky sich mitten im Vortrag eines anderen meldete, um ihm zu sagen, er solle aufhören, das von ihm erläuterte Problem habe er – Zwicky – doch längst gelöst. Als Lieblingsbeschimpfung warf er seinen Kritikern vor, kugelförmige Idioten zu sein (und wenn dann zurückgefragt wurde, warum er sie kugelförmig nenne, antwortete er, weil sie von allen Seiten wie Idioten erschienen). Zwicky stritt auch gerne mit Theologen herum und er empfahl, einen Satz vom Anfang der Bibel zu ändern. Wo es heißt: »Es werde Licht«, müsse stehen: »Es werde Elektromagnetismus.«

Doch das widersprüchliche Duo hatte nachhaltigen Erfolg, als es sich der Frage zuwandte, wie neue Sterne – Novae – entstehen können, die immer mal wieder am Himmel zu beobachten waren, und zwar als leuchtende Objekte, deren registrierte Helligkeit plötzlich um den Faktor 10.000 zunahm. Zwicky und Baade kamen nach zahlreichen Analysen zu dem Schluss, dass sie bei den vielfach aufflackernden Himmelsobjekten zwischen zwei Mechanismen zu unterscheiden hatten: der tatsächlichen Geburt eines neuen Sterns – einer Nova im herkömmlichen Sinn – auf der einen Seite und der gigantischen Explosion, mit der ein Stern das Gegenteil einleite und sichtbar mache, nämlich das Ende seines Daseins. Zwicky schlug für dieses oftmals milliardenfach aufgehellte Sterben eines Sterns in den 1930er-Jahren den Namen »Supernova« vor – und erklärte damit endlich das Phänomen, das Tycho Brahe und seine Zeitgenossen 1572 beobachtet hatten.

Supernovae stellen heute ein riesiges Forschungsgebiet dar – nicht zuletzt wegen ihrer Rolle als kosmische Hochöfen zur Produktion chemischer Elemente –, was man allein daran erkennt, dass es ein ausgeklügeltes System der Klassifizierung gibt, bei dem erst Supernovae des Typus I oder II (ohne oder mit Wasserstofflinien im Spektrum) unterschieden und dann die Mitglieder der ersten Klasse in die Abteilungen a, b und c und die Mitglieder der zweiten Sorte noch komplexer aufgefächert und einsortiert werden.

Zwicky hat also ein fruchtbares Forschungsgebiet eröffnet, aber er hat noch mehr getan, nämlich bereits auf die Frage, wie solch ein Sternenkollaps zustande kommen könnte, die richtige Antwort gegeben. Es war und ist die Gravitation, die eine Supernova verursacht, wenn a) der Stern groß genug ist (über ausreichend Masse verfügt) und wenn b) seine Kernenergie verbraucht ist und keinen thermischen Gegendruck mehr aufbringen kann. Für den Fall, dass solch ein Gravitationskollaps in der Sternenwelt wirklich (wissenschaftlich nachgewiesen) eintritt, sagte Zwicky voraus, dass dabei zuletzt sogar die Atomhüllen auf ihre dazugehörigen Atomkerne gepresst würden, was das ganze Sterngebilde massiv werden ließe. Bei diesem nuklearen Einsturz – so spekulierte Zwicky weiter – verwandeln sich alle geladenen Teilchen (Elektronen, Protonen) in ungeladene Neutronen, was als Resultat einen Neutronenstern hervorbringen würde, also einen Stern, der aus lauter Neutronen besteht. Zwicky schätzte ab, dass bei solchen physikalischen Prozessen ein kugelförmiger Himmelskörper entstehen kann, der zwar nur einen Durchmesser von rund 20 km hat, der zugleich aber so doppelt oder dreimal so schwer wie die Sonne ist. Eine Handvoll von Neutronenmaterie – eine Handvoll Masse eines Neutronensterns – würde mehr als eines der großen Schlachtschiffe wiegen, mit denen die US-Flotte ausgerüstet ist.

Natürlich hielt man das wieder für eine verrückte Zwicky-Idee, doch sie war diesmal verrückt genug, um es mit der Wirklichkeit aufnehmen zu können. Es muss eine besonders glückliche Stunde im Leben Zwickys gewesen sein, als er erfuhr, dass es diese seine theoretische Schöpfung am Himmel wirklich (wissenschaftlich nachweisbar) gibt. Und nicht nur das: Als Zwicky und Baade 1934 ihre grundlegende Arbeit mit dem Titel *Supernovae und Cosmic Rays* vorlegten, verstand die astronomische Welt auf einmal, woher all die vielen hochenergetischen kosmischen Strahlen (Gammastrahlen) kamen, die seit Jahren unverstanden beobachtet und gemessen wurden. Sie traten auf bzw. ihre Energie wurde frei, wenn ein Stern kollabierte und sich vor seinem Verschwinden mit einer Supernova verabschiedete.

Bis in die jüngste Vergangenheit haben Astronomen neue Himmelskörper entdeckt, die durch Prozesse entstehen können, wie sie Zwicky und Baade in den 1930er-Jahren zum ersten Mal identifiziert haben – so wurde zum Beispiel 1998 ein sogenannter Magnetstern – oder Magnetar – erspäht, den man als Neutronenstern mit einem besonders starken Magnetfeld charakterisieren kann. Und 2008 meldeten Fachzeitschriften, dass es eine bizarre Form dieser Magnetsterne gibt, die 40 Lichtblitze (Gammastrahlen) aussenden und dann erst einmal einen Ruhezustand einnehmen, bevor sie sich wieder energetisch zurückmelden.

Morphologie

Zwickys Fantasie hat große Konzepte hervorgebracht – bereits in den 1930er-Jahren äußerte er den heute bestätigten Verdacht, dass reichlich mit Sternen versorgte Galaxien 10- bis 100-mal mehr Masse haben, als für uns sichtbar ist, weil sie sonst nicht zusammengehalten werden können. Inzwischen rätseln ganze Institute herum, was es mit dieser »dunklen Materie«, dieser »dark matter« auf sich haben könnte, die den überwiegenden Teil der kosmischen Substanz darzustellen scheint.

Zwickys Fantasie hat aber auch riskante Unternehmen ersonnen – und zum Beispiel vorgeschlagen, die Fusionsprozesse in der Sonne so zu beeinflussen, dass sie ihre kosmische Bahn ändert, um das ganze Planetensystem so umzumodeln, dass es Menschen gelingen kann, einen anderen Stern – etwa Alpha Centauri – zu besuchen.

Zwicky war offenbar stets für Überraschungen gut, von denen einige Anklang fanden und andere nicht. Völlig unbeachtet geblieben ist seine Idee, die Denkmethode der Morphologie anzuwenden, um den Kosmos zu erfassen. Morphologie – das klingt sofort nach Goethes Morphologie der Pflanzen und also nach einer Ganzheitsbetrachtung, die sich eher fernhält von molekularen oder physikalischen Einzelheiten. In dem Wort »Morphologie« steckt auf jeden Fall das griechische Wort für Gestalt und der Ausdruck meint ganz sicher das Anschauen von Formen, durch das man auch Verstehen erreichen kann. Das Weltall ist durchsetzt von Spiralen, Kugeln und anderen mathematischen Formen (Ellipsen, Hyperbeln) und zu den grundlegenden Einsichten der Quantenmechanik gehört die Feststellung, dass zu einem Verstehen der atomaren Wirklichkeit, die auch die Sterne prägt, die Form gehört, die Materie an- und einnehmen kann. Es reicht nicht, die Welt zu berechnen. Wir müssen sie stets auch anschauen. Dann treiben wir aber Morphologie. Zwicky war der Meinung, dass den Menschen der Mut dazu fehlte. Vielleicht bringen wir den in Zukunft zustande.

Mehr zu Baade

Wir hätten in diesem Abschnitt auch umgekehrt vorgehen und den mutigen Spekulanten Zwicky in Zusammenhang mit dem souveränen Weltvermesser Baade vorstellen können, der vorübergehend in Göttingen die Gauß-Professur innehatte. Wir sollten aber auf jeden Fall ergänzen, dass die wissenschaftliche Welt Baade die Auflösung des krassen Widerspruchs verdankt, der einige Zeit hindurch zwischen dem kosmologisch bestimmten Weltalter und den Altersbestimmungen der Erde bestand, die eher geologische als astronomische Methoden nutzten. Die Daten wiesen in die unsinnige Richtung, dass die Erde älter als die Welt war – bis Baade kam und die Wissenschaft vor einer Blamage rettete. Er zeigte durch genaues Beobachten, dass es gilt, zwischen zwei Populationen von Sternen in Galaxien zu unterscheiden – und zwar einer rot und einer blau leuchtenden Gruppe. Wer darauf achtet, gewinnt die Möglichkeit, die Distanzen zu fernen Sternsystemen neu und zuverlässiger als vorher zu bestimmen. Das Alter der Welt nahm dabei zu – das heißt, unsere Kenntnis vom Alter der Welt – und der alte Widerspruch löste sich auf. Die kosmischen und die irdischen Zeiten fügten sich zusammen.

George Gamow (1904–1968)

Gamow hieß ursprünglich Georgi mit Vornamen. Er stammt aus Odessa am Schwarzen Meer und studierte bei Alexander Friedmann in Leningrad, der oben erwähnt wurde und viel zu jung gestorben ist. 1928 bekam Gamow die Gelegenheit, in Göttingen und Kopenhagen zu studieren, und danach wollte er nicht mehr in der UdSSR, sondern im Westen leben. Er versuchte erst mit einem Kajak über das Schwarze Meer in die Türkei und dann über die Barentssee nach Norwegen zu fliehen, was beide Male durch stürmisches Wetter vereitelt wurde. Als er 1934 die überraschende Erlaubnis zu einem weiteren Besuch im westlichen Europa erhielt, setzte er sich von Brüssel aus ab und floh in die USA, wo er über Washington und New York den Weg nach Denver in Colorado fand, der letzten Station seiner Lebensreise. (Er kehrte nie mehr in seine Heimat zurück, in der er in Abwesenheit zum Tode verurteilt worden war.)

Schabernack und mehr

Gamow muss trotz oder wegen seiner Herkunft ein witziger Mensch gewesen sein, der dauernd zu einem Schabernack aufgelegt war. Berühmt ist seine Ableitung, dass Gott seine Zelte genau 9,5 Lichtjahre von der Erde entfernt aufgeschlagen haben müsse, was sich daraus ergebe, dass zwar 1904 in allen Kirchen Russlands für die Vernichtung Japans gebetet worden sei, dass es aber bis 1923 gedauert habe, bis es dort zu einem schweren Erdbeben gekommen sei. In der wissenschaftlichen Welt ebenfalls bestens bekannt ist seine Bitte an den berühmten Physiker Hans Bethe (1906–2005), bei einer Arbeit, die Gamow mit seinem Schüler Ralph Alpher (1921–2007) publizieren wollte, als dritter Autor zu agieren – und so gibt es eine Arbeit, die von Alpher, Bethe und Gamow stammt (und fast so etwas wie das Alpha-Beta-Gamma der Physik geworden wäre).

Die Dreimännerarbeit erschien 1948 und verspricht im Titel, den »Ursprung der chemischen Elemente« zu klären, wobei die (beiden wirklich tätigen) Autoren nicht die Erde im Sinn hatten, sondern die Entstehung von Wasserstoff, Sauerstoff und anderen Elementen im frühen Universum meinten. Das heißt, Alpher und Gamow probierten sich daran, ein Universum zu modellieren, in dem es noch keine Elemente gab, wie wir sie heute kennen, sondern in denen diese Elemente erst entstehen mussten, und zwar mithilfe von Strahlungen und anderen Energieformen, die vorausgesetzt wurden.

Bevor wir darauf näher eingehen und erläutern, wie dabei die Idee eines Urknalls kalkulierbar und hoffähig wurde, muss noch mehr über die Persönlichkeit und allgemeine wissenschaftliche Qualität von Gamow gesagt werden, was in drei Stichpunkten geschehen soll, die eine merkwürdige Reihung ergeben. Sie lauten: Tunneleffekt, genetischer Code und Mr. Tompkins.

Über den Tunneleffekt ist schon gesprochen worden; er handelt von der (experimentell nachweisbaren) Fähigkeit atomarer Objekte, Hindernisse auch dann zu überwinden, wenn ihre Energie dazu nicht ausreicht. In dem Film *Ein Mann geht durch die Wand* (1959) führt der Hauptdarsteller Heinz Rühmann den Tunneleffekt in unserer Welt vor, indem es ihm gelingt, Wände zu durchschreiten, um von innen nach außen (oder in ein anderes Zimmer) zu gelangen. Dass Elementarteilchen – wie Elektronen – tatsächlich

Barrieren überwinden können, um von innen (Atomkern) nach außen (in die Welt bzw. den Messapparat) zu gelangen, zeigt das Phänomen, das als radioaktiver Zerfall bekannt ist. Bei dem sogenannten Beta-Zerfall spaltet sich zum Beispiel ein Neutron in ein Proton und ein Elektron auf, das dann den Atomkern nachweislich verlässt, was aber nach klassischem Verständnis gar nicht sein dürfte. Jedenfalls nicht in der traditionellen Form des wissenschaftlichen Denkens und mit der bricht die Physik der Quantensprünge. In ihr kann auch sein, was nicht sein darf.

Gamow konnte 1928 zeigen, dass die neue Mechanik – die Quantenmechanik – den Elektronen eine zwar kleine, aber eben real existierende Wahrscheinlichkeit zubilligte, den Wall zu überwinden, mit dem die Natur ihre Kerne umgibt. Die Objekte aus der atomaren Sphäre mogeln sich mehr oder weniger unterhalb der Energiebarriere durch und seitdem kennt man den Tunneleffekt, der in der Kosmologie unentbehrlich wurde, als es um die Energiequelle der Sonne ging. Zwar hatte Eddington – wie oben erwähnt – erkannt, dass Energie in Form von Wärme entsteht, wenn Wasserstoffatome zu Helium verschmelzen. Aber wie sollte diese Fusion zustande kommen, wenn Atomkerne von hohen Barrieren umgeben waren? Die Antwort lieferte der Tunneleffekt und so kam Gamow ins kosmologische Geschäft, in dem er bald den Urknall in seinem Sortiment anbot.

Dieser Vorschlag kam kurz nach dem Zweiten Weltkrieg auf und es ist nicht auszuschließen, dass dabei die Bilder eine Rolle spielten, die explodierende Atombomben und die dazugehörigen Rauchpilze zeigten. Sie sollen uns aber nicht ablenken von einem Wandel, den Gamow in der Mitte der 1950er-Jahre vollzog, als er durch die damals sensationellen Erfolge einer ganz neuen Wissenschaft, der Molekularbiologie, angezogen wurde und sich Gedanken über die Frage machte, wie der genetische Code funktionieren könne, der zum funktionierenden Leben gehört. Dass es einen solchen Code geben müsse, wussten die Wissenschaftler spätestens seit 1953, als entdeckt wurde, dass sowohl die Erbsubstanz (die Gene) als auch ihre Produkte (die Proteine) chemisch gleichartig gebaut sind, nämlich als Kette. Der Code würde die Reihenfolge der Bausteine einer Kette in die der anderen übertragen und Gamow war der Erste, der sich darüber Gedanken machte.

Ihn lockte dabei nicht zuletzt die Tatsache, dass die Natur bei den benutzten Bausteinen sparsam umgegangen war und ihr zum Beispiel 20 Moleküle (Aminosäuren) reichten, um alle Proteine herzustellen, mit denen Zellen ihre chemischen Reaktionen ablaufen lassen konnten. Gamow gründete einen Klub mit 20 Mitgliedern, wobei jedem einer der Proteinbausteine zugewiesen wurde. Diese Moleküle wurden im Fachjargon mit drei Buchstaben abgekürzt und Gamow konnte der Versuchung nicht widerstehen, sich selbst das Kürzel Ala zu geben, das zwar offiziell auf die Aminosäure Alanin hinweist, aber so klingt, als ob mehr damit gemeint sei.

Nach dem Zweiten Weltkrieg entwickelte Gamow zudem eine Neigung, populäre Bücher zu schreiben, und er erfand zu diesem Zweck eine Figur namens Mr. Tompkins, die er durch die wunderlichen Welten reisen lässt, die durch moderne physikalische Theorien bestimmt werden und dem gesunden Menschenverstand als verrückt erscheinen. Wie die berühmte *Alice im Wunderland* stellte Gamow als Erstes 1946 *Mr. Tompkins in Wonderland* vor und einige der Bände werden bis heute aufgelegt – wie auch sein allgemein verständliches – und nach wie vor lesenswertes Buch mit dem hübschen Titel *Eins, zwei, drei ... Unendlichkeit*, das auf Deutsch zum ersten Mal 1958 erschienen ist.

Ylem

Nachdem Gamow 1934 eine Stelle an einer amerikanischen Universität bekommen hatte, sah er eine Chance, sich der damals bereits im Gefolge von Hubbles Entdeckungen herumsprechenden Urknallhypothese ernsthaft zuwenden zu können. Ihm war sofort klar, dass es nicht bloß darauf ankam, sich irgendeinen Anfangspunkt oder Urzustand – das Uratom – auszudenken, sondern dass es galt, eine physikalisch nachprüfbare Frage in Angriff zu nehmen. Wenn die Konzeption eines singulären Urknalls als Weltentstehung in der Fachwelt akzeptiert werden wollte, dann musste sie zum Beispiel erklären, woher die Elemente kamen und warum manche sehr viel häufiger auftraten als andere. Gamow nahm sich konkret vor, die Frage anzugehen, wie Atomkerne entstehen, was technisch unter den Begriff der Nukleosynthese gefasst wurde. Messungen hatten gezeigt, dass der simple Wasserstoff (H), bei dem ein Proton von einem Elektron umsponnen wird, das mit Abstand häufigste Element des Universums ist. Auf 10.000 Wasserstoffatome kamen rund 10.000 Heliumatome, sechs Sauerstoffatome und ein Kohlenstoffatom, während der gesamte Rest noch seltener als das zuletzt genannte Atom ist. Konnte die Hypothese einer punktförmigen Urexplosion in einem ersten Schritt erklären, warum – und woraus – in den ersten Momenten der Welt vor allem Wasserstoff entstanden ist? Und konnte sie in einem zweiten Schritt die ungleiche Verteilung der schwereren Elemente erfassen?

Gamow spekulierte, aber er orientierte seine wilden Ideen an konkreten Zahlen. So konnte man damals zum einen genau sagen, wie viel Helium die Sonne enthielt, und man konnte zum Zweiten angeben, wie viel Helium sie pro Sekunde dank der Kernfusion hervorbrachte. Aus beiden

Der Urknall

Es ist in diesem Text und in diesen Tagen so viel vom Urknall die Rede, dass man den Eindruck gewinnen kann, jeder verstehe genau, was damit gemeint ist. Natürlich ist der Big Bang ein anschauliches Konzept – so explodieren bekanntlich Bomben –, aber wieso fügt sich der Anfang der Welt auf einmal dem gesunden Menschenverstand, obwohl die ganze Physik, die man dazu benötigt, ihm widerspricht?

Die Antwort lautet, dass sich auch der Urknall dem Common Sense entzieht, was uns aber nicht hindern soll, ein gefälliges Bild – ein Bild mit gefälligen Worten – zu entwerfen. Wir greifen dazu auf die Darstellungen zurück, die Rudolf Kippenhahn (*1926) mehrfach gegeben hat und in denen er sich zu zeigen bemüht, dass man nichts davon hat, sich das Universum als etwas vorzustellen, das so groß wie eine Kirsche oder deren Kern – sprich: von genau definierter Größe – ist. Damit kann bestenfalls der heute sichtbare Teil des Kosmos gemeint sein.

Kippenhahn vereinfacht zunächst das Weltall, indem er dessen Materie gleichmäßig über den Raum verteilt. Dann betrachten wir eine Kugel von der Größe der Sonne mit mehr als einer Million Kilometer Durchmesser und die drücken wir anschließend (gedanklich) zusammen. Wenn sie dabei um den Faktor 1000 schrumpft – so zeigen es die Gesetze der Physik –, enthält die Kugel mehr Strahlung als Materie, so wie es rund 300.000 Jahre nach dem Urknall der Fall war. Die Temperatur liegt in diesem Zustand bei 3.000 Grad Kelvin (was vom absoluten Nullpunkt aus gerechnet wird). Wir können jetzt das Gebilde weiter zusammendrücken, bis wir zum Beispiel einen Durchmesser von ein paar Metern haben, und dabei erreichen wir Temperaturen, deren Grade wir mit Milliarden angeben müssen. Wir sind dann bis auf ein paar Sekunden an den Urknall herangekommen.

Natürlich können wir das Spiel nicht bis zu dem Punkt treiben, aus dem sich die Welt entzündet hat, aber wir können noch ein Stück weitergehen und erst in Bereiche vorstoßen, in denen wir mutig annehmen können, dass die bekannte Physik dort noch halbwegs gilt, um zuletzt in einem Zeitraum zu landen, in dem diese Extrapolation versagt und wir ahnungslos verharren müssen. Wenn wir nämlich ganz nah zum Urknall hinkommen, wissen wir nicht mehr, welche Physik gilt, weil dort sowohl die Relativitätstheorie von Einstein als auch die Quantenphysik eine Rolle spielen, und deren Kombination – etwa als Quantengravitation – entzieht sich der Wissenschaft bislang. Kippenhahn nennt diesen völlig unerforschten (und derzeit unerforschlichen) Abschnitt der kosmischen Entstehung die Weiße Epoche und mit diesem Begriff kann man ausdrücken, was das Bild vom Urknall besagt:

Das Reden vom »Urknall« drückt nicht aus, dass die Welt mit einer unendlichen Dichte und einer ebensolchen Temperatur begann, sondern nur, dass der Kosmos aus der Weißen Epoche mit einer Expansionsbewegung herausgekommen ist, die den Eindruck erweckt, als hätte er kurz zuvor – sehr kurz zuvor – mit unendlicher Dichte und Temperatur sein Leben begonnen.

Zahlen ließ sich leicht berechnen, dass die Sonne rund 30 Milliarden Jahre gebraucht hatte, um ihren heutigen Zustand zu erreichen, was aber Unsinn sein musste, da die Welt insgesamt jünger war. Also – so überlegte Gamow – musste Helium schon im Urknall selbst entstanden sein – aber wie?

Die Überlegungen kamen nicht so recht voran, bis Gamow merkte, dass er in den 1940er-Jahren fast der Einzige war, der sich damit beschäftigen durfte. Alle anderen Physiker, die etwas von Kernphysik verstanden, waren im Rahmen des legendären Manhattan-Projektes mit der Entwicklung von Atomwaffen beschäftigt, wovon Gamow als gebürtiger Russe ausgeschlossen war.

Nach und nach ließen seine theoretischen Bemühungen erkennen, dass das Universum anfänglich keinerlei Atome enthielt, sondern eine Art heiße Suppe aus Neutronen, Protonen und Elektronen gewesen sein musste. Als Gamow nach einem Namen für diesen Urzustand suchte, stieß er in einem Lexikon auf den alten mittelenglischen Ausdruck

»ylem«, der dort definiert war als »Urstoff, aus dem die Elemente gebildet wurden«.

Genau diesen Urstoff versuchte Gamow zu erkunden, aber die Physik erwies sich als sperrig. Es ging schließlich um unvorstellbare Dichten von Materie mit gigantisch hohen Temperaturen und außerdem wusste niemand so recht, wie man in dieses Chaos die Dimension der Zeit einführen sollte, die man doch messen können muss, was die Existenz von Atomen (und deren periodisches Verhalten) voraussetzt.

In der erwähnten Alpher-Bethe-Gamow-Arbeit von 1948 meinte Gamow der Lösung näher gekommen zu sein, was ihn – den ewigen Witzbold – veranlasste, eine eigene Schöpfungsgeschichte zu entwerfen, die mit dem Satz anfing, »Am Anfang schuf Gott Strahlung und Ylem, und Ylem war ohne Form noch Zahl, und die Nukleonen rasten wie verrückt über die Tiefe hinweg.« Aber tatsächlich konnten die Autoren nur ein wenig mit der Ursuppe spielen, ohne in der Lage zu sein, Kritikern zu antworten, die ihnen vorwarfen, ein Flickwerk der Art geliefert zu haben, wie wir es bei Ptolemäus finden, der eine falsche Grundannahme (die Erde in der Mitte) durch unsinnige Rechnungen (mit Epizyklen) aufgewertet hat. Als Anfang der 1950er-Jahre Messungen zudem zu zeigen schienen, dass ein Urknalluniversum jünger sein musste als die Sterne, die es hervorgebracht hatte, warf Gamow die Brocken hin und wandte sich fortan – siehe oben – den Genen und ihrem Code zu. Auch die Kosmologen wandten sich von diesen Denkmustern ab und keiner aus ihren Reihen beachtete einen Vorschlag, den Gamow mit seinem Kollegen Alpher und dem Kosmologen Robert Herman (1914–1997) als letzten Versuch in den 1940er-Jahren unterbreitet hatte, um sein Konzept eines Urknalls zu testen (siehe Kasten S. 252). Das Trio hatte seinen theoretischen Modellen entnommen, dass das ursprünglich extrem heiße Ylem, für das Physiker heute den besser definierten Ausdruck Plasma verwenden, den Kosmos mit einer Strahlung angefüllt habe, die bis heute noch nicht ganz abgeklungen sein könne und sich irgendwo noch im Hintergrund befinden müsse. Unser Bild vom Kosmos änderte sich, als diese Strahlung tatsächlich 1964 gefunden wurde. Davon wird aber erst erzählt werden, wenn wir der nächsten Person auf der kosmischen Hintertreppe die Hand geschüttelt haben.

Fred Hoyle (1915–2001)

Wenn heute so viel vom Urknallmodell der Welt die Rede ist, mit deren kreativem Ausbruch bekanntlich auch die katholische Kirche leben kann, dann sollte man wissen, dass der Schöpfer des Ausdrucks vom Urknall ein Brite war, weil das Wort in dessen Muttersprache weniger einen bombastischen und mehr einen spielerischen Klang besitzt – Big Bang. Das tönt, als ob jemand eine Glocke anstößt, und so war es ursprünglich auch gemeint, nämlich als ironische Kennzeichnung einer an sich unsinnigen Vorstellung von den Anfangsgründen der Welt, als sie noch ohne Zeit existierte. Bei der Vorstellung, alles habe aus dem Nichts heraus mit einem Big Bang begonnen, konnte man doch nur lachen, wie der englische Astronom und Kosmologe Fred Hoyle meinte, dessen sprachlicher Angriff dann aber das Gegenteil von dem bewirkte, was er beabsichtigt hatte. Statt den Urknall als unsäglich unzulänglich erscheinen zu lassen und von der Agenda zu nehmen, setzte der kauzige Begriff das explosive Modell als kraftvollen und gesprächsfähigen Eindruck gerade erst im kollektiven Bewusstsein fest.

Steady State

Das Interesse des jungen Hoyle an Sternen verdankt er der Lektüre des Buches *Sterne und Atome* von Arthur Eddington. Hoyle war zwölf Jahre alt, als ihm bei der Lektüre klar wurde, dass man Sterne von den Atomen her erklären muss, aus denen sie – wie alle anderen Dinge – bestehen, und natürlich zog es ihn nach dem Abschluss der Schule an den Ort, an dem Eddington lehrte, also nach Cambridge. Als alles nach einer herrlichen akademischen Karriere aussah, brach der Zweite Weltkrieg aus, für den Hoyle in eine Forschungsgruppe abkommandiert wurde, die sich um Radar kümmerte. Hier hatte er Glück im Unglück, denn er traf bei dieser Arbeit unter anderem mit Physikern wie Thomas Gold (1920–2004) und Hermann Bondi (1919–2005) zusammen. Sie formten nach dem Krieg ein Cambridger Trio, das 1946 ein radikal neues Modell des Universums vorschlug – ein Universum, das sich ausdehnte, obwohl es schon unendlich weit reichte, und das dabei trotzdem mehr oder weniger unverändert bleiben konnte. Das Ziel dieser scheinbar paradoxen Konstruktion bestand darin, Hubbles Rotverschiebung mit der dazugehörigen Galaxienflucht und der Annahme eines ewig existierenden und sich in einer Art Gleichgewicht haltenden Universums zu versöhnen. Als Modell für etwas, das sich gleichzeitig entwickelt und mit sich identisch bleibt, kann man erst einmal an einen Fluss, dann aber auch an einen Körper denken, der durch den Stoffwechsel alle seine Teile austauscht, ohne sich selbst als Ganzes zu ändern.

Die Beschreibung eines sich zugleich verändernden und gleich bleibenden Universums gelingt in dem, was in der wissenschaftlichen Literatur als »Steady-State-Modell« bekannt geworden ist und in dem das gelten sollte, was Gold als das vollkommene kosmologische Prinzip bezeichnete. Es stellte eine Erweiterung des kosmologischen Prinzips dar, das auf Einstein zurückgeht und dem zufolge die Erde keine bevorzugte Stellung im All einnimmt. Vollkommen wird das Prinzip, wenn man die Zeit hinzunimmt und fordert, dass es keine besondere Zeit ist, zu der wir diesen Gedanken haben.

Es war (und ist) schwer, aufgrund von Messungen zwischen den beiden Modellen zu unterscheiden – eine unterschiedliche Vorhersage betrifft zum Beispiel die räumliche Verteilung von Galaxien, die gerade entstanden sind –, was irgendwann zu Polemiken zwischen ihren Verfechtern führte. Gamow wies darauf hin, dass die Urknallgegner alle aus England kämen, wo man immer schon konservativ war. Und Hoyle antwortete, die »Vorstellung von einem Big Bang« sei unsinnig, da sie versuche, irrationale Prozesse auf wissenschaftliche Begriffe zu stellen. Hoyle erfand den »Big Bang« in einem Interview mit der BBC im Jahre 1950 und wer das Tondokument hört, stellt fest, dass er beim Aussprechen der ihm albern scheinenden Worte spöttisch bis verächtlich klingt.

Der Geniestreich

Natürlich freute es Hoyle, dass das Urknallmodell Anfang der 1950er-Jahre an Zulauf verlor, weil die Befürworter mit den Zeiten durcheinanderkamen und zugeben mussten, dass es so aussah, als ob einzelne Sterne älter sein konnten als der ganze Kosmos. Doch 1954 zeigten stark verbesserte Messungen von Zwickys astronomischem Mitstreiter Baade – wie oben beschrieben –, dass die Lage nicht ganz so hoffnungslos war, und nun war das Rennen wieder offen. Wer konnte besser vorhersagen, wie die Welt sich ihre Elemente gegeben hatte?

Hoyle begann damit, Sterntypen aller Art als Schmelzofen zur Produktion von Elementen zu analysieren, und es gelang ihm – aus seinem Steady-State-Modell heraus –, die Verteilung von Elementen gut abzuschätzen. Seine Berechnungen ließen sogar den Schluss zu, dass das als Supernova bekannte Sterben eines Sterns gar nicht das ganze Ende darstellt. Wenn es zu dieser Art Kollaps kommt, werden zugleich riesige Schockwellen produziert, mit denen Atome ins Universum hinausgeschleudert werden, die sich mit anderen kosmischen Stoffen erst verbinden und dann so verdichten können, dass dabei neue Sterne entstehen. Und wenn diese zweite Generation irgendwann später ihre Supernova erlebt, kann eine dritte Generation entstehen und mit dieser Folge von Zerstörung und Wiedergeburt hatte Hoyle gezeigt, wie zumindest ein kosmologisches Modell die Entstehung der Elemente (und ihre Häufigkeit) erklären kann.

Das heißt, er hatte es nicht ganz erklärt. Es gab noch eine Lücke, die schon Gamow geärgert hatte. Sie hatte mit der Zahl Fünf zu tun, die zu dem sogenannten Fünf-Nukleonen-Tal führte. »Nukleon« stellt den Oberbegriff der Partikel dar, die sich im Zellkern befinden, und die Kosmologen wollten erklären, wie ihre Zahl zunimmt – erst ein Nukleon im herkömmlichen Wasserstoff, dann zwei im schweren Wasserstoff (Deuterium), dann drei im noch schwereren Wasserstoff (Tritium), dann vier im gewöhnlichen Helium – und dann scheiterte das Verfahren. Ein Atomkern mit fünf Nukleonen kann – tatsächlich und nachweislich – nicht existieren, weil die Natur die dazugehörigen Kernkräfte so aufeinander einwirken lässt, dass eine Fünferrunde sofort auseinanderfliegen würde. (Man kann mit einem, mit zwei, mit drei und mit vier Rädern fahren und auch wieder mit sechs, aber nicht mit fünf – jedenfalls hat die Fahrzeugindustrie kein fünftes Rad am Wagen im Angebot.)

Was tun? Wie kommt man über diese Wand bzw. über das Fünf-Nukleonen-Tal hinweg, vor dem irgendwann auch Hoyle stand. Das von Gamow entdeckte Problem lag – genauer gesagt – darin, Reaktionen mit Helium zu finden, die zu stabilen Kernen führten. Wasserstoff mit Helium ging nicht und Helium mit Helium brachte auch nichts. Helium plus Helium plus Helium würde zwar Kohlenstoff ergeben, aber nur in der Bilanz. Der Prozess selbst schien völlig undurchführbar bzw. unausdenkbar – bis Hoyle eine geniale Idee aus seinem Kopf zauberte. Er praktizierte – vor der Erfindung des Begriffs – das, was man später, ab 1973, das anthropische Prinzip nennen würde. Mit ihm soll ausgedrückt werden, dass wir Menschen nicht jedes mögliche Universum kennen bzw. erklären müssen, sondern nur einen Kosmos, der Leben erlaubt und Gehirne hervorgebracht hat, die das verstehen wollen. Mit anderen Worten – da wir leben und dazu im großen Umfang den unersetzlichen Kohlenstoff brauchen, muss es einen Weg geben, der vom Helium zu diesem Lebenselement führt. Im Rahmen der Physik müssen dazu erst zwei Heliumkerne zu einem Berylliumkern mit acht Nukleonen verschmelzen, der zwar nicht existieren kann, der aber – siehe oben – existieren muss. Er muss nicht stabil sein, aber zumindest die winzige Zeitdauer existieren, die ausreicht, um einen weiteren Heliumkern aufzunehmen und so endlich zu dem Kohlenstoff zu werden, den wir kennen und benötigen. Das heißt, ersten Moment der zweiten Fusion kann der neu geschaffene Kohlenstoffkern eine etwas andere Gestalt annehmen als die stabile Form, die wir in den Atomen unserer Körper finden. Hoyle prognostizierte die Existenz dieses »etwas anderen Kohlenstoffs« und so mühevoll der Weg zu seinem Nachweis auch war – Hoyle hat ihn tatsächlich gemeinsam mit seinem Kollegen William Fowler (1911–1995) gehen können und auf diese Weise die »Synthese der Elemente in Sternen« lückenlos einer wissenschaftlichen Erklärung zugeführt.

Das heißt, *Die Synthese der Elemente in Sternen* ist ein umfangreiches Werk von insgesamt vier Autoren, zu denen neben Hoyle und Fowler noch das nach wie vor aktive Ehepaar Margaret und Geoffrey Burbridge gehört, weshalb ihre Publikation auch als B²HF-Papier bekannt geworden ist. Viele Astrophysiker halten diese Arbeit der 1950er-Jahre für einen der großen wissenschaftlichen Triumphe des 20. Jahrhunderts – und fragen, warum nur einer der Autoren – William Fowler – mit dem Nobelpreis für Physik ausgezeichnet worden ist, und zwar 1983, und Hoyle unberücksichtigt blieb.

Der Unangepasste

Eine Antwort könnte in der Tatsache stecken, dass Hoyle nie mit seiner Meinung hinter dem Berg gehalten und zum Beispiel die Stockholmer Akademie 1974 unverblümt bis erregt dafür beschimpft hat, dass sie ihre Auszeichnung für dieses Jahr zwar für die Entdeckung der Pulsare vergeben, aber die eigentliche Entdeckerin dieser Sterne dabei übergangen bzw. übersehen hat. Gemeint war die damals junge Jocelyn Bell, die 1967 als erste Astronomin die pulsierenden Sterne bemerkte, die man inzwischen als schnell rotierende Neutronensterne versteht, deren Kraftfelder Strahlungen produzieren, die im Sekundentakt auf der Erde eintreffen. Bell wusste (natürlich) zunächst nicht, was sie da beobachtete, weshalb sie in ihrem Messprotokoll »kleine grüne Männchen« eintrug. Sie arbeitete damals unter der Leitung von Antony Hewish, der allein mit dem Nobelpreis ausgezeichnet wurde, was Hoyle verärgerte und was wiederum gerächt wurde.

Hoyle ließ sich niemals einordnen oder unterkriegen – er war und blieb Rebell und Lehrer zugleich, wobei wir seine zahlreichen Bemühungen, der Evolutionslehre von Charles Darwin am Zeug zu flicken, mit dem Mantel der Vornehmheit zudecken wollen. Spannender sind auf jeden Fall seine Dichtungen, die als Science-Fiction-Romane zu haben sind und von denen *A wie Andromeda* nur wärmstens empfohlen werden kann.

Der Hintergrund

Der Hauptgrund, aus dem heraus Hoyles Kämpfe und Auseinandersetzungen zurzeit als verloren gelten können, steckt in der Tatsache, dass es 1964 gelungen ist, so etwas wie einen wissenschaftlichen Nachweis für die Richtigkeit des Urknalluniversums zu liefern. Wir verdanken ihn der Entwicklung einer neuen Art von Astronomie, die Signale aus dem Weltall empfangen kann, die bei uns als Radiowellen bekannt sind. Diese Radioastronomie kann zwar seit 1931 betrieben werden, sie rückte aber erst Jahrzehnte später in das Zentrum des Interesses, als man anfing, Kommunikationssatelliten in den Weltraum zu schießen. Die Bell-Laboratorien in New York hatten ein solches Instrument namens Telstar in eine Umlaufbahn gebracht und zwei ihrer Wissenschaftler, Arno Penzias und Robert Wilson, beauftragt, dessen genaue Position zu bestimmen – und zwar mithilfe von Radioastronomie. Das heißt, Penzias hatte ein Verfahren entwickelt, um die Antennen, mit denen Telstar verfolgt werden sollte, mithilfe von Radiogalaxien (und ihren bekannten Positionen) so auszurichten, dass man dem Kommunikationssatelliten auf der Spur bleiben konnte. In den frühen 1960er-Jahren stand ihm und Wilson ein neues Radioteleskop zur Verfügung, das man sich am besten als riesengroßen Radioempfänger vorstellt – nur dass es kein Programm etwa des Südwestfunks, sondern Signale aus dem All gibt.

Bei allen Empfängern tritt das ärgerliche Phänomen des Rauschens auf, mit dem auch Wilson und Penzias zu tun hatten und das sie weitgehend ausschalten wollten. Irgendein Fremdrauschen schien aber auch trotz größter Bemühungen nicht auszuräumen zu sein, wobei das Duo zwischendurch wütend auf in der Nachbarschaft tätige Taubenliebhaber war, nämlich als es meinte, das »weiße, dielektrische Material«, das man auch als Taubendreck bezeichnen kann, als Quelle des Rauschens ausgemacht zu haben.

Dabei waren Wilson und Penzias kurz vor einer der wichtigsten Entdeckungen der Kosmologie, wenn man den Anhängern der Urknalltheorie folgen will. Denn das Rauschen, das ihre empfindliche Radioantenne registrierte, war genau die Strahlung, die Gamow, Alpher und Herman – wie oben beschrieben – als Reststrahlung des frühen Universums vorhergesagt hatten. Zwar hatten die meisten Astronomen die Arbeit der 1940er-Jahre vergessen, in der die Existenz rauschender Radiowellen als Echo des Urknalls vorhergesagt worden war. Aber inzwischen hatten andere Kosmologen dieses Rad noch einmal erfunden und als Penzias 1964 an einer Konferenz in Montreal teilnahm und das Rauschproblem erwähnte, waren einige Teilnehmer im Saal elektrisiert. Das Rauschen, das Penzias und Wilson beobachtet hatten, rührte nicht von Tauben, sondern vom Anfang der Welt her. Das Urknallmodell, das sowohl Art (Wellenlänge) als auch Stärke und Verteilung (Homogenität) der Radiostrahlen voraussagte, triumphierte in dem Moment über das Steady-State-Modell, das mit diesem Phänomen überhaupt nicht zurechtkam.

Was mit dem Rauschen tatsächlich nachgewiesen werden konnte – und was Penzias und Wilson den Nobelpreis für Physik einbrachte –, hat zum ersten Mal eine Tageszeitung auf den markanten Punkt gebracht. Am 21. Mai 1965 kam die *New York Times* mit der Schlagzeile heraus: »Signale bestätigen ›Urknall-Universum‹«. Und wirklich schön an diesem Gedanken ist, dass wir diese Strahlung täglich selbst empfangen. Penzias selbst hat dies in einem Interview wie folgt elegant und amüsant zum Ausdruck gebracht:

»Wenn Sie heute Abend ausgehen und den Hut abnehmen, wird Ihr Kopf ein wenig vom Big Bang erwärmt. Und wenn Sie einen guten UKW-Empfänger haben und ihn irgendwo zwischen den Stationen einstellen, dann hören Sie dieses Sch-sch-sch. Ein solches Rauschen kennen Sie sicher. Es ist eigentlich ganz beruhigend. Manchmal unterscheidet es sich nicht vom Meeresrauschen. Von dem Geräusch, das Sie hören, stammt etwa ein halbes Prozent aus einer Milliarden Jahre entfernten Vergangenheit.«

Die Expansion der Expansion

Wem es schwerfällt, sich an den Gedanken eines expandierenden Universums zu gewöhnen, dem die Radioastronomen empirische Evidenz verschafft hatten, dem verlangt die moderne Himmelserkundung inzwischen noch eine weitere Gewaltleistung der Fantasie ab. Denn tatsächlich sind selbst die Größen, die die kosmische Bewegung definieren, in einem ständigen Werden begriffen. Die moderne Astronomie lässt nämlich erkennen, dass selbst die Bewegung des Weltalls bewegt ist. Anders ausgedrückt: Die Expansion des Kosmos findet beschleunigt statt. Wir leben nicht nur in einem Universum, das sich ausdehnt. Wir leben vielmehr in einem Universum, dessen Ausdehnung sich zunehmend beschleunigt.

Entdeckt wurde die beschleunigte Bewegung des Kosmos erst in den 90er-Jahren des 20. Jahrhunderts, als Methoden verfügbar wurden, mit denen weit entfernte Supernovae am

Himmel beobachtet werden konnten. »Weit entfernt« meint dabei viele Milliarden Lichtjahre, was auch heißt, dass die entsprechenden explosiven Sterngeburten vor vielen Milliarden Jahren passiert sind. Übrigens gehören Explosionen zum Standardrepertoire des Universums, in dem es fast wie in einem Kriegsfilm zugeht. Und wie der Krieg manchmal als Vater aller Dinge angesehen wird, verdankt auch unsere Erde ihre Existenz den möglichen Gewaltakten im Kosmos. So schätzen die Kosmologen unsere Sonne als eines der zahlreichen Abfallprodukte ein, die von den Resten einer Supernova übrig geblieben sind. So tröstlich und menschenfreundlich können die Informationen der Wissenschaft sein.

Man konzentrierte die Messungen auf Supernovae mit einer sehr hohen Rotverschiebung und versuchte die Geschwindigkeiten, mit denen sie sich von der Erde wegbewegten, mit der Entfernung zu korrelieren, wobei selbstverständlich erwartet wurde, dass da alles gleichmäßig verlief. Für jedes Stück weiter weg von uns ein entsprechendes Stück mehr Geschwindigkeit. Doch die Messungen taten den Physikern den Gefallen nicht. Sie zeigten nicht nur, dass die weiter entfernten Supernovae schneller waren, als die Gilde der Physiker erlaubte, sie zeigten zudem, dass mit zunehmender Entfernung auch die Abweichung von der Erwartung zunahm. Das Universum – so lautet der derzeit akzeptierte Befund – dehnt sich immer schneller aus, was mit anderen Worten heißt, dass die Produktion von Raum und Zeit immer schneller passiert.

Das Wissenschaftsmagazin *Science* hat die eben skizzierte Entdeckung 1998 zum »Durchbruch des Jahres« ernannt. Er ist bei Arbeiten gelungen, die Klarheit über die Frage bringen sollten, ob das Universum seine Expansion irgendwann abbrechen und wieder zusammenschrumpfen wird. Tatsächlich muss man sich vorstellen, dass die Flucht-bewegung der Galaxien zwar durch eine ungeheuer mächti-ge Explosion zu Beginn in Gang gekommen ist, dass jetzt aber nach und nach die riesigen Massen ihre Wirkung aus-üben und die Schwerkraft die nach außen gehende Bewe-gung erst anhält, dann übermächtig wird und zuletzt den ganzen Vorgang umkehrt. Folgt dem Urknall ein Urkrach?

Stephen Hawking (*1942)

Stephen Hawking wurde am 8. Januar 1942 in Oxford geboren – »genau 300 Jahre nach dem Tod Galileis«, wie er selbst und seine Biografen gerne hinzufügen. Hawking studiert in seiner Heimatstadt Physik und bewirbt sich 1962 erfolgreich um ein Stipendium, das ihm die Anfertigung einer Promotionsarbeit in Cambridge erlaubt. Ein Jahr später diagnostizieren die Ärzte bei dem 21-jährigen Doktoranden eine schwere Nervenkrankheit mit kompliziertem Namen. Sie heißt amyotrophe Lateralsklerose (ALS) und lässt ihm nach medizinischer Einschätzung nur noch wenig Lebenszeit. Wir wissen nicht, wie deprimiert und düster sich Hawking damals gefühlt hat. Wir wissen aber, dass er an seinem Lebensmut und einem Lebenssinn festhalten wollte. Er arbeitet sich energisch in die Allgemeine Relativitätstheorie Einsteins ein und heiratet. Die Krankheit nimmt zwar ihren Lauf, aber sie tut es verlangsamt; Hawking wird zwar immer gebrechlicher und pflegebedürftiger, aber er überlebt bis heute. Seit dem Ende der 1960er-Jahre ist er bewegungs- und sprechunfähig (und seit der Mitte der 1980er-Jahre hat er auch seinen Geruchs- und Geschmackssinn verloren). Er ist an einen Rollstuhl gefesselt und kann mit anderen Menschen nur durch einen Stimmensynthesizer kommunizieren – »a computer with a human mind«, wie jemand in Hawkings Muttersprache einmal gesagt hat. Seine wissenschaftlichen Qualitäten bleiben von alledem unbeeinflusst und Hawking beginnt, gemeinsam mit seinem Kollegen Roger Penrose physikalische Theorien eines expandierenden Kosmos aufzustellen, in dem es schwarze Löcher gibt, die merkwürdigerweise strahlen. 1983 entwickelt er – zusammen mit Jim

Hartle – die Idee eines Universums, das weder Ränder noch Grenzen und auch keinen Anfang kennt.

Mit diesen Arbeiten wächst zunächst der Ruhm unter seinen Kollegen: Hawking erhält zahlreiche Preise, er wird Lucasian Professor in Cambridge und damit Inhaber des Lehrstuhls, den einst Newton innehatte, und Königin Elisabeth II. ernennt Hawking 1981 zum Commander of the British Empire. 1988 legt er ein Buch mit dem Titel *Eine kurze Geschichte der Zeit* vor, das ihn rasch zu einem internationalen Medienstar werden lässt, der sich im Übrigen schnell auf dem dazugehörigen Markt zurechtfindet und es versteht, dessen Gesetze für sich zu nutzen.

Schwarze Löcher

Zu den bekanntesten Vorstellungen der Astronomie gehört die Idee des Schwarzen Lochs. Als der zuerst auf Englisch – als »Black Hole« – vorgetragene Begriff im Jahre 1968 eingeführt wurde, löste er das Wortungetüm »gravitationsbedingt instabile stellare Materie« ab. Mit ihm versuchten Physiker zu erfassen, was mit Sternen unter dem Einfluss der Schwerkraft passiert, wenn dabei zu viel Materie auf einmal zusammenkommt. Sie kollabiert irgendwann einfach, wie zuerst Fritz Zwicky ausgerechnet hat. Erst stürzt die gewöhnliche Materie, die aus Atomen besteht, so in sich zusammen, dass die Elektronen in den Kern gezwungen werden und sich dort mit den Protonen zu Neutronen vereinigen. Dabei entstehen die Neutronensterne, die immer weiter kollabieren können und sich zuletzt als Schwarzes Loch unserer Beobachtung entziehen. Die hier versammelte Gravitationskraft ist nämlich so stark, dass sie alles – selbst das Licht – an sich reißt und nichts entkommen lässt.

Stimmt das? Entkommt einem Black Hole tatsächlich gar nichts? 1974 behauptete der damals bereits auf den Rollstuhl angewiesene britische Physiker Stephen Hawking, dass Schwarze Löcher entgegen der traditionellen Weisheit doch etwas abstrahlen können, nämlich die seitdem nach ihm benannte Hawking-Strahlung. Dies überraschte seine Kollegen in zweifacher Hinsicht und begründete nebenbei Hawkings Status als Superstar der modernen Naturwissenschaft, den er in Fachkreisen bis heute behalten hat. Was die Öffentlichkeit angeht, so gibt es für die Popularität des genialen Schwerbehinderten andere Gründe, die noch erwähnt werden.

Bleiben wir zuerst unter Physikern: Die erste Überraschung für sie hing damit zusammen, dass Hawking vor 1974 ein vehementer Gegner der Idee war, dass Schwarze Löcher strahlen können. Er argumentierte heftiger als alle anderen gegen einige der damals eingeleiteten Bemühungen, den Ordnungszustand auszurechnen, den Materie selbst in diesem kollabierten Endzustand noch besitzt. Es ging um die physikalische Größe, die als Entropie bekannt ist und für die man einen sogenannten Hauptsatz der Thermodynamik formulieren kann. Er besagt, dass die Entropie – anschaulich ein Maß für den Vorrat an Zufälligkeit, der in einem System steckt, bzw. die Unordnung, die in ihm herrscht – nur zunehmen kann. Stimmt das noch bei Schwarzen Löchern? Wer das wissen will, braucht zunächst eine Methode, die Entropie für diesen Fall auszurechnen.

Hawking kam das zunächst alles idiotisch vor. Für einen Physiker ist Entropie schließlich immer mit Wärme verbunden und wer über Wärme verfügt, kann davon abgeben. Genau dazu sollten aber Schwarze Löcher ihrer Natur nach nicht in der Lage sein. Was sollte das?

So dachte Hawking, bis er beim Nachdenken 1974 eine Wandlung erfuhr und zu der Überzeugung kam, dass es da doch eine Strahlung geben kann. Hawking musste dabei das ganze Arsenal der modernen Physik – von der Thermodynamik über die Allgemeine Relativitätstheorie bis zur Quantenmechanik – bemühen, um diese Aktivität der Schwarzen Löcher seinen Kollegen gegenüber begründen zu können. Die meisten von ihnen sind inzwischen von der Existenz der Hawking-Strahlung überzeugt, obwohl sie so schwach ist, dass niemand mit ihrem tatsächlichen Nachweis rechnet. Hier darf eine Anmerkung über den Nobelpreis eingefügt werden, den Hawking noch nicht bekommen hat und auch nicht bekommen wird, solange seine Physik sich der experimentellen Überprüfung entzieht; da ist man ziemlich stur in Stockholm.

Die Hawking-Strahlung ist trotzdem prinzipiell von Interesse, weil sie zeigt, welche Überraschungen die Physik bereithält, wenn man alle ihre Gesetze zusammenbringt. Man findet dann sogar dort etwas, wo eigentlich nichts sein sollte. Allerdings – aus dem Inneren eines Schwarzen Lochs kommt nach wie vor nichts, auch nicht die Strahlung, die Hawking berechnet hat. Sie »gehört zu einem Schwarzen Loch wie die Atmosphäre zu unserem Planeten«, wie es der Physiker Hans Christian von Baeyer einmal ausgedrückt hat. Die Hawking-Strahlung entspringt dem Schwerefeld unmittelbar an der Oberfläche des Schwarzen Lochs. Dies ist eine Region, die kein Mensch jemals erreichen wird. Denn: Wer in die Nähe eines Schwarzen Lochs kommt, wird von der dort kollabierten Materie zwar immer stärker angezogen, zugleich vergeht die Zeit aber immer langsamer (nach Einsteins Relativitätstheorien). Lange vor dem Schwarzen Loch – am sogenannten Ereignishorizont – bleibt die Zeit sogar stehen – und wir mit ihr.

Die kurze Geschichte der Zeit

Wenn in der Öffentlichkeit von Stephen Hawking die Rede ist, muss man auf seinen sagenhaften Bestseller eingehen, der 1988 erschienen ist und in der englischsprachigen Originalausgabe den Titel *A Brief History of Time: From the Big Bang to Black Holes* trägt. In der deutschen Ausgabe verspricht der Untertitel etwas klobig, die »Suche nach der Urkraft des Universums« vorzustellen.

In dem Buch geht es um unser Verständnis des Universums. Was meinte Einstein, als er von der »Möglichkeit einer endlichen und doch nicht begrenzten Welt« sprach? Und lässt sich dieser räumlich gemeinte Gedanke auf die Zeit übertragen? Kann man von einem Anfang der Zeit etwa im Urknall sprechen? Und was hat es mit den Schwarzen Löchern auf sich, mit denen das Leben von Himmelskörpern zu Ende geht, wenn sie zu groß sind, um dem Einfluss der Schwerkraft zu widerstehen? Wenn genug Materie versammelt ist, kann das Gebilde tatsächlich in sich zusammenstürzen und dabei auch alles Licht mitreißen?

Hawking bleibt nicht allein bei der Darstellung des Kosmos stehen, die durch Einsteins Idee einer Raumzeit möglich wird. Die Physiker können das Universum mit ihrer Hilfe zu einem einzigen Punkt schrumpfen lassen, mit und an dem alles begonnen hat, durch einen Urknall eben, wie man sagt, vor dem nichts war, was man wissen könnte. Oder doch? Die Originalität des Buches steckt in den von Hawking unternommenen Versuchen, diese Grenze zu durchstoßen. Er will Einsteins Theorien mithilfe der Quantentheorie so ummodeln, dass zum Big Bang keine Unstetigkeit der Zeit mehr gehört und man also fragen kann, was davor geschehen ist. Wer das herausfindet, könnte irgendwann eine lange Geschichte der Zeit schreiben.

Bislang kennen wir nur ihre kurze Geschichte und die Idee zu ihrer Darstellung stammt zwar von Hawking selbst, aber er hatte dabei zunächst weniger ein sachliches und mehr ein persönliches Ziel im Auge. Er wollte mit dem Buch Geld verdienen, um seine Familie im Falle seines Todes oder bei eintretender Arbeitsunfähigkeit abzusichern. Als der Wissenschaftsverlag der Universität Cambridge ihm zu wenig bot, erhielt ein amerikanischer Verlag den Zuschlag, der bis dahin nur wenig Erfahrung mit Büchern zu wissenschaftlichen Themen hatte. Die mangelnden Vorkenntnisse machte man in New York durch ein sorgfältiges Lektorat wett, das Hawking keine einzige mathematische Formel durchgehen ließ, ihn dafür aber ermunterte, Geschichten über sich selbst zu erzählen, wobei die Erörterung fachlicher Fragen und die Schilderung persönlicher Umstände lückenlos ineinander übergeht. Wohl am bekanntesten ist die Szene, die Hawking zu Beginn von Kapitel 7 anführt, in dem er zeigen will, dass Schwarze Löcher gar nicht so schwarz sind:

»Vor 1970 konzentrierte ich mich in meinen Arbeiten vor allem auf die Frage, ob es eine Urknall-Singularität gegeben hat oder nicht. Doch eines Abends im November jenes Jahres, kurz nach der Geburt meiner Tochter Lucy, dachte ich über Schwarze Löcher nach, während ich zu Bett ging. Meine Körperbehinderung macht diese alltägliche Handlung zu einem langwierigen Prozess, sodass mir viel Zeit für meine Überlegungen blieb. Damals war noch nicht genau definiert, welche Punkte der Raumzeit innerhalb eines Schwarzen Loches liegen und welche außerhalb.«

Mit diesem Zitat wird das charakteristische Merkmal der »Kurzen Geschichte« deutlich, nämlich in einem populären und etwas altväterlichen Tonfall, aber keineswegs einfach und leicht verständlich geschrieben zu sein (was sicher mit zur Absicht des Verlages voller Marketingprofis gehörte). Tatsächlich haben viele Kritiker des Buches bezweifelt, dass auch nur ein geringer Bruchteil der Millionen Käufer des Buches verstanden hat, wovon sein Text im Detail handelt. Zum einen mutet Hawking ihnen »Singularitäten« und ähnlich komplizierte Konzepte mit täuschend hübschen Namen – etwa Wurmlöcher und Ereignishorizonte – nach knappsten Definitionen zu: Bei einer Singularität wird die Krümmung der Raumzeit unendlich, ein Wurmloch ist eine Röhre in der Raumzeit, durch die entfernte Regionen des Universums verbunden sein können, und die Raumzeit selbst ist ein vierdimensionaler Raum, dessen Punkte Ereignisse heißen; solche Ereignisse sind dabei nur bis an den Rand eines Schwarzen Lochs definiert, der infolgedessen einen Ereignishorizont darstellt.

Zum Zweiten macht sich Hawking unverdrossen daran, mit diesen keineswegs alltäglichen Konzepten verwegene Gedankenverbindungen herzustellen, die ihm offenbar so leicht fallen wie unsereinem die Erzählung einer Romanhandlung. Bei dem oben erwähnten langsamen Ausziehen geht ihm Folgendes durch den Kopf:

»Die Grenze des Schwarzen Lochs, der Ereignishorizont, wird durch die Wege jener Lichtstrahlen in der Raumzeit festgelegt, die bei ihrem zum Scheitern verurteilten Versuch, dem Schwarzen Loch zu entfliehen, am weitesten nach außen dringen und sich für immer auf dieser Grenze bewegen.« Und während er dies überlegt, wird ihm »plötzlich klar, dass die Bahnen dieser Lichtstrahlen nicht aneinanderrücken können, weil sie sonst schließlich ineinanderlaufen müssten«. Das versteht natürlich jeder sofort kurz vor dem Schlafengehen, weshalb es mit einer immer verwickelter werdenden Kette von Argumenten weitergehen kann, bei der die Grundaussage des zweiten Hauptsatzes der Thermodynamik ebenso benötigt wird wie manche Besonderheit der Atomphysik, um zuletzt zu der sicher als sensationell empfundenen Einsicht zu kommen, dass Schwarze Löcher gegen jede Erwartung nicht nur alles schlucken, sondern auch etwas aussenden können. Aus ihnen treten Teilchen aus, die »nicht aus dem Inneren des Schwarzen Loches, sondern aus dem ›leeren‹ Raum unmittelbar außerhalb des Ereignishorizontes« stammen, wie sicher von jedem Leser problemlos nachzuvollziehen ist, auch wenn er oder sie nicht Physik studiert hat. Oder nicht? Oder doch?

Keine Frage: Hawkings Buch beginnt brillant, aber seine Frische hält sich nicht bis zum Ende der Lesezeit. Es bleibt rätselhaft, wie es gelungen ist, viele Millionen Leser für solche Details zu begeistern, und die Vermutung ist sicher nicht von der Hand zu weisen, dass es Käufern des Buches weniger um den Kosmos als um den Ort ging, den Hawking seinem ursprünglichen Bewohner zugewiesen hat, nämlich Gott. Die wohl berühmteste Passage zu diesem Thema findet sich am Ende von Kapitel 8, in dem es um »Ursprung und Schicksal des Universums« geht und in dem Hawking Einsteins Idee von einem Raum, der endlich ist, ohne eine Grenze (und damit weder Anfang noch Ende) zu haben, auf die zweite Grundkategorie unseres Denkens ausdehnt, die Zeit. Er unterbreitet den Vorschlag einer »endlichen Raumzeit ohne Grenze« und hält ein Universum für möglich, das »in sich abgeschlossen und keinerlei äußeren Einflüssen unterworfen« ist:

»Die Vorstellung, dass Raum und Zeit möglicherweise eine geschlossene Fläche ohne Begrenzung bilden, hat ... weitreichende Konsequenzen für die Rolle Gottes in den Geschicken des Universums. Als es wissenschaftlichen Theorien immer besser gelang, den Ablauf der Ereignisse zu beschreiben, sind die meisten Menschen zu der Überzeugung gelangt, Gott gestatte es dem Universum, sich nach einer Reihe von Gesetzen zu entwickeln, und verzichte auf alle Eingriffe, die in Widerspruch zu diesen Gesetzen stünden. Doch diese Gesetze verraten uns nicht, wie das Universum in seinen Anfängen ausgesehen hat – es wäre immer noch Gottes Aufgabe gewesen, das Uhrwerk aufzuziehen und zu entscheiden, wie alles beginnen sollte. Wenn das Universum einen Anfang hatte, können wir von der Annahme ausgehen, dass es durch einen Schöpfer geschaffen worden sei. Doch wenn das Universum wirklich völlig in sich selbst geschlossen ist, wenn es wirklich keine Grenze und keinen Rand hat, dann hätte es auch weder einen Anfang noch ein Ende: Es würde einfach sein. Wo wäre dann noch Raum für einen Schöpfer?«

Hawking versäumt es nicht, seinen Lesern mitzuteilen, dass er diesen Gedanken einer endlichen Raumzeit (ohne einen Augenblick der Schöpfung) zum ersten Mal auf einer Konferenz über Kosmologie vorgetragen hat, die von Jesuiten im Vatikan veranstaltet wurde. Am Ende der Konferenz gab es eine Audienz beim Papst, bei der Johannes Paul II. sich zufrieden über das Urknall-Modell der Physiker äußerte. Damit sei doch – so der Papst – auch die Wissenschaft zu der Ansicht gekommen, die Welt als ein Werk Gottes aufzufassen, das er im Moment des Urknalls geschaffen habe. Dieser Zeitpunkt könne somit als der Augenblick der Schöpfung gelten, der keiner wissenschaftlichen Untersuchung mehr zugänglich zu sein brauche.

Das Thema »Gott« beschäftigt Hawking bis zum letzten Satz seines Buches, in dem er seiner Hoffnung Ausdruck gibt, dass es eines Tages eine vollständige Theorie der physikalischen Welt geben möge, der man sogar entnehmen könne, »warum es uns und das Universum gibt«. Und er fügt hinzu: »Wenn wir die Antwort auf diese Frage fänden, wäre das der endgültige Triumph der menschlichen Vernunft – denn dann würden wir Gottes Plan kennen.«

Es ist klar, dass Hawking versucht, Einsteins Rolle sowohl in der ernsten Wissenschaft als auch bei ihrer Vermarktung zu übernehmen. Er greift sowohl seine komplexen Theorien als auch seine schlichten Bemerkungen auf, und er tut dies im Beruf mathematisch erfolgreich und im Alltag sprachlich witzig. Das berühmte Diktum Einsteins, »Gott würfelt nicht!« wandelt Hawking etwa dahingehend um, dass er sagt, Gott würfelt nicht nur, er würfelt sogar so, dass er die Würfel dorthin rollen lässt, wo man sie nicht sehen kann.

Das Publikum nimmt solche Bemerkungen begeistert auf und tut alles, um Hawking zu lauschen, der inzwischen öffentliche Auftritte mit der Bitte verbinden muss, keine Fragen mehr zu Gott zu stellen. Er ist der Meisterdenker im Medienzeitalter geworden, den viele – neben den Quizmastern des Fernsehens – für den klügsten Menschen halten, der auf Erden lebt. Sein riesiger Erfolg hat ihm allerdings – wie zu erwarten war – nicht nur Freunde gebracht und leider sogar seine Ehe ruiniert. Das »bezaubernde Mädchen«, in das er sich verliebt hatte, als die Diagnose seiner Nervenerkrankung kam, meinte bei der Trennung sogar, Hawking darauf hinweisen zu müssen, »dass er nicht Gott sei«. Aber es bleibt festzuhalten, dass hier jemand Lebensmut im Angesicht einer tödlichen Bedrohung gezeigt hat. In Hawking sehen viele sicher eine Hoffnung. Vielleicht finden sie etwas Ähnliches in seinen Texten.

Nachwort:
»Das moralische Gesetz in mir«

Der Himmel ist nicht unendlich weit, wie wir bei Einstein lernen konnten, aber er bleibt für die Menschen und ihre wissenschaftliche Neugierde nach wie vor weit offen. Dabei kommt die Forschung sogar ab und zu an Ziele, die sie seit Jahrhunderten im Visier hatte. So bemühten sich bereits die ersten modernen Astronomen des 17. Jahrhunderts – nicht zuletzt der Holländer Christian Huygens (1629–1695) – um den Nachweis, dass es Planeten auch bei anderen Sternen gibt. Wir sprechen heute von extrasolaren Himmelswanderern und dürfen uns ruhig darüber wundern, dass man bereits vor einigen Hundert Jahren – sobald ein geeignetes Hilfsmittel wie das Fernrohr verfügbar wurde – an ihre Existenz glaubte bzw. davon überzeugt war, sie finden zu können. Natürlich konnten Huygens und seine Kollegen nicht wissen, wie weit ihre Instrumente in den Raum hinein- und in die Zeit zurückreichen mussten, um fündig zu werden, aber der Antrieb war ganz selbstverständlich vorhanden. Der wissenschaftlich orientierte Mensch wollte wissen, ob Planeten etwas Besonderes in unserem Heimatsystem im Universum sind oder ob das kosmologische Prinzip etwas taugt, dem zufolge unsere Erde keine Ausnahmestellung für sich und uns beanspruchen darf (auch wenn daraus nicht logisch folgt, dass es überall so zugeht wie bei uns).

Seit den Tagen der deutschen Wiedervereinigung konnten sich die extrasolaren Sucher immer besser und näher an ihr Ziel herantasten und seit den 1990er-Jahren melden sie zunehmend Erfolge. 1995 zum Beispiel konnten die Schweizer

Astronomen Michel Mayor und Didier Queloz in dem sonnenähnlichen Stern mit Namen 51 Pegasi, der rund 50 Lichtjahre von uns entfernt in der Milchstraße steckt, einen Planeten entdecken, der so aussieht, wie wir uns das denken, der also ein etwa kugelförmiger Himmelskörper ist, der seinen Stern umrundet. Der Pegasi-Planet braucht bei einer 150-fachen Erdmasse für einen Umlauf etwas mehr als vier Tage, was insgesamt eine ungemütliche Situation für Bewohner ergeben würde – falls Leben, wie wir es kennen, dort angekommen ist und sich eingerichtet hat, was zu bezweifeln ist.

Immerhin – man kann extrasolare Planeten eindeutig finden und die Fachwelt gibt ihre Zahl inzwischen mit rund 200 an, wobei auffällt, dass die ersten Funde alle sehr schwer und sehr schnell unterwegs waren. Diese Einschränkung kann an den verfügbaren und eingesetzten Methoden liegen – wer mit einem Netz den Ozean durchkämmt, dessen Öffnung größer als 5 cm ist, wird schließlich nur Fische finden, die größer als 5 cm sind – und so darf die Öffentlichkeit noch mit sehr viel anderen extrasolaren Planeten rechnen. Anfang 2009 meldeten die Agenturen – Astronews –, dass es mit einem Forschungssatelliten namens COROT tatsächlich gelungen ist, einen ersten Gesteinsplaneten ausfindig zu machen, den man mutig als »Super-Erde« titulierte. Es geht um einen Wanderer, der knapp doppelt so dick wie die Erde ist und etwa 20 Stunden für eine Umrundung seiner Sonne braucht, die 450 Lichtjahre von uns entfernt im Sternbild Einhorn angesiedelt ist.

Das Hubble-Space-Teleskop (HST)
und seine Tiefe

Keine Frage – es ist viel los am Himmel und es gibt immer noch mehr dort zu sehen, wie wir vor allem wissen, seit ebenfalls in den 1990er-Jahren das Hubble-Space-Teleskop – nach einigen Anfangsschwierigkeiten – angefangen hat, fantastische Bilder der kosmischen Welten zu fotografieren und zur Erde zu senden. Die berühmteste Aufnahme des Himmels ist dem HST-Team paradoxer- und gezielterweise an der Stelle gelungen, an der man seit Jahrhunderten nichts sehen konnte (und jetzt tatsächlich dadurch etwas sieht, dass man immer noch nichts sehen kann). Gemeint ist eine dunkle Öffnung im Sternbild des Großen Bären, die allen vorhergehenden Beobachtungen zufolge leer – sternenfrei und schwarz – zu sein schien. Eine besonders dunkle Stelle dieser Himmelsschwärze wurde ausgewählt, und zwar lenkte man die Aufmerksamkeit auf ein Gebiet, das unter einem Winkel von 144 Bogensekunden angepeilt werden kann – das ist derselbe Winkel, unter dem man einen Tennisball sieht, der 100 m von einem entfernt hochgehalten wird. Im Dezember 1995 wurde das Teleskop zehn Tage lang ganz genau auf dieses Feld ausgerichtet – eine bewundernswerte technische Meisterleistung allererster Güte –, um das Bild zu produzieren, das heute als Hubble Deep Field (HDF) zu bewundern ist bzw. bestaunt werden sollte (siehe Abb. S. 280).

Das HDF zeigt zum einen, dass Kosmologie längst Teamwork ist und es auf einer Hintertreppe sehr eng würde, wenn sich dort ganze Institutionen wie die NASA (National Aeronautics And Space Agency) einfinden müssten – was bedeutet, dass man in Zukunft eher eine kosmische Autobahn beschreiben sollte. Das HDF bringt uns aber vor allem dort weiter, wo man nichts erkennen kann, wo das Bild

Das Hubble Deep Field – man sieht ferne Galaxien im Sternbild Ursa Major und vor allem die Schwärze des Himmels.

schwarz bleibt, auch wenn das zunächst komisch klingt. Denn so weit die menschlichen Augen und unsere besten Apparate auch reichen – irgendwann treffen wir beim Sehen offenbar auf eine schwarze Wand, wie das HDF uns jetzt deutlich macht, und das bringt uns zu der uralten Frage aus dem 18. Jahrhundert zurück, warum es nachts dunkel wird. Wir können jetzt dank dem HDF genauer wissen wollen, warum die Himmel letztlich schwarz werden – und eben dafür liefert der Urknall die (bzw. eine mögliche und heute akzeptierte) Antwort. Denn da wir in die Zeit zurückblicken, wenn wir in den Raum schauen, trägt uns das HDF bis zu dem Augenblick in der Entstehung bzw. Ausdehnung der Welt zurück, in dem das Universum aus einem einfachen Grund noch undurchsichtig war – es gab damals einfach noch kein Licht.

Wir werden nicht so vermessen sein, bis zum Big Bang selbst zurückgehen zu wollen. Wir können aber den dazugehörigen Theorien entnehmen, dass es einige Jährchen nach dem Großereignis – gemeint sind rund 300.000 Jahre, die aber bei den vielen Milliarden des Gesamtalters nicht ins Gewicht fallen – einen Zustand gegeben hat, in dem das urtümlich tobende Volk der Elektronen und Protonen nicht mehr durcheinanderwirbeln konnte, sondern in dem sich diese Grundbausteine ordentlich als Wasserstoffatome zusammenschlossen. Solange Elektronen noch frei umhersausen können, bremsen sie jede Strahlung ab und aus – mit der Folge, dass solch eine Welt für uns schwarz aussieht. Sobald Elektronen aber gebunden sind, kommt das frühe Licht durch das materielle Gewusel durch – wir können plötzlich etwas sehen und das HDF bringt uns bis zu dem Augenblick unserer kosmischen Geschichte zurück, in dem sich das Licht von der Finsternis scheidet – wenn wir an dieser Stelle einen berühmten biblischen Satz zitieren dürfen, ohne damit behaupten zu wollen, die Bibel sei ein Lehrbuch der Kosmologie. Ihre Autoren müssen tief im Inneren gewusst haben, was die Himmel bereithalten, sie müssen gewusst haben, dass es die Es-werde-Licht-Situation einmal gegeben hat, und wir sollten fragen, wie das möglich sein kann.

Das Gesetz in mir

Die Leser werden sich daran erinnern, dass wir bereits bei der Vorstellung von Dante angedeutet hatten, dass das antike und das moderne Weltbild über eine gleichartige Geometrie verfügen, und zwar eine sehr anschauliche und einleuchtende (siehe Abb. gegenüber). Das sollte niemanden wundern, der erstens weiß, dass Wissenschaft von Menschen gemacht wird, dass zweitens diese Menschen sich seit jeher verständigen können und dass sie drittens nur über das Wissen reden, das sie selbst hervorgebracht haben. Mit anderen Worten, die Gesetze, über die wir reden, stammen von uns – wie wir spätestens seit dem 18. Jahrhundert bei Kant nachlesen können und wie als eine Art *Basso continuo* mehrfach betont wurde.

Wir wollen und können jetzt keine allgemeine Theorie des wissenschaftlichen Erkennens anbieten, wohl aber überlegen, ob man etwas über die Bilder sagen kann, die uns dabei – offenbar unabhängig von den Zeiten und ihren jeweiligen empirischen Kenntnissen – begegnen. Leider gehören Bilder nicht zu den bevorzugten Themen, mit denen sich die Theoretiker und Philosophen der Wissenschaft beschäftigen, obwohl im Rahmen von Forschungsberichten oft genug vom neuen Bild des Atoms oder des Kosmos die Rede ist, das man sich macht bzw. das dem Publikum vermittelt wird. Im Nachdenken über die möglichen Fortschritte auf dem Wege der Wissenschaft hat die »Logik der Forschung« mit ihrem vermuteten Wechselspiel aus Hypothese und Falsifizierung immer noch klar den Vorrang vor dem oftmals gefühlsbegleiteten Aufscheinen der Bilder, die uns packen und nicht mehr loslassen können. Dabei kann sich von dieser Ansicht lösen, wer zum einen bereit ist, die Geschichte der Wissenschaft hinreichend zur Kenntnis zu

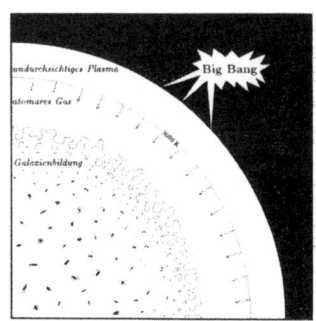

Antike/Mittelalter   modern

Wer die kreisförmigen Modelle der Antike mit der Dynamik der modernen Urknalltheorie vergleicht, bekommt analoge Formen.

nehmen, und wer zum Zweiten für die Idee offen ist, dass der gründlichen Rationalität des Verstandes nicht die Rationalität selbst, sondern etwas anderes als diese vorangegangen sein kann und muss – und dieses andere könnte etwas Bildhaftes, etwas sinnlich Gebildetes und damit ein inneres Bild gewesen sein.

Die Nachtseite der Wissenschaft

An dieser Stelle kommt uns zu Hilfe, dass einer der ganz Großen der Physik unseres Jahrhunderts genau in dieselbe Richtung gedacht hat, und zwar der 1945 mit dem Nobelpreis für sein Fach ausgezeichnete Wolfgang Pauli (1900–1958), der neben theoretisch-physikalischen Arbeiten auch zahlreiche persönliche Briefe im Sinne eines kritischen Humanismus geschrieben hat, wie bereits berichtet worden ist. Diese ursprünglich privaten Texte sind seit wenigen Jahren im Rahmen wunderbarer und sorgfältig bearbeiteter Briefeditionen umfassend und allgemein zugänglich und sie gehören zu den großen Fundgruben der europäischen Kultur, die Lesestoff für ein langes Leben bieten.

Wir können nur auf winzigste Bruchstücke des Schatzes hinweisen und zum Beispiel Paulis Ansicht zur Entstehung wissenschaftlicher Theorien zitieren, die zur Überraschung der meisten Wissenschaftsphilosophen betont, was praktizierenden Physikern wahrscheinlich eher selbstverständliche Gewissheit sein wird: dass physikalische Theorien nämlich gerade nicht durch logische Schlüsse aus Protokollbüchern abgeleitet werden. Sie kommen – Pauli zufolge – vielmehr »durch ein vom empirischen Material inspiriertes Verstehen« zustande, welches er »als Zur-Deckung-Kommen von inneren Bildern mit äußeren Objekten und ihrem Verhalten« präzise beschrieben hat, wobei natürlich diese äußeren Objekte erst einmal selbst von der Wahrnehmung in Bilder umgewandelt werden müssen.

Bemerkt hatte Pauli dieses Zusammenpassen und Übereinstimmen von Bildern nicht nur im Verlauf seiner eigenen wissenschaftlichen Entdeckungen, sondern vor allem bei der historisch-kritischen Analyse der Werke und Argumente von Johannes Kepler, wie auf der dazugehörigen Stufe der kosmischen Hintertreppe erwähnt wurde. Wir haben dabei auch Keplers Gedanken zitiert, dem zufolge Erkennen durch »innen vorhandene Gegebenheiten« möglich wird, die von der heutigen Psychologie als vor jeder Erfahrung stehende (»präexistente«) innere Bilder gedeutet werden und die als Vorstufe der Begriffsbildung dienen können.

Kepler vermutet übrigens, dass es geometrische Formen wie Kreise sind, mit denen die Urbilder gemalt werden. Diesen Gedanken, den man wegen seiner formalen Nähe zu den Entdeckungen der modernen Neurophysiologie des Sehens nur sympathisch finden kann (siehe Kasten rechts), hat Kepler als sein wissenschaftliches Glaubensbekenntnis formuliert, indem er konstatierte, »die Geometrie ist Gott selbst und sie hat ihm die Urbilder geliefert für die Erschaffung der Welt. In die Menschen aber, Gottes Ebenbild, ist die Geometrie übergegangen und nicht erst durch die Augen wird sie aufgenommen.« Sie wird natürlich *auch* durch die Augen aufgenommen und Erkenntnis findet in dem ästhetischen Akt statt, bei dem die sinnlich erzeugten Innenbilder mit den seelisch hervorgerufenen Innenbildern harmonieren.

Der Kosmos im Kopf

Wenn wir den Blick vom kosmischen Außen zum seelischen Innen wenden, also dorthin, wo das Sehen stattfinden muss, mit dem wir die äußere Welt zu erkennen beginnen, finden wir die Geometrie, von der Kepler schwärmte. Wenn wir den Vorgang, bei dem im Kopf der physikalische Reiz »Licht« in das physiologische Erlebnis »Sehen« umgewandelt wird, in ein paar Schritten beschreiben, wird erst die Energie des Lichts in biochemische Signale verwandelt, bevor sie danach die Form bekommt, die ihr erlaubt, den Weg in das zentrale Nervensystem zu finden und dort schließlich zum Sehen zu werden. Dies gelingt in der Struktur, die als primäre Sehrinde (visueller Cortex) bekannt ist.

Die Forschung kennt sich auf diesen frühen neurophysiologischen Stufen des Sehens gut aus und sie kann sagen, wie Gehirne hier beginnen, das Bild herzustellen, das sich einem Betrachter präsentiert. Das Besondere der wissenschaftlichen Befunde besteht darin, dass diese Tätigkeit des zentralen Nervensystems nicht nur ganz einfach formuliert werden kann, sondern unmittelbar zu den Geometrien führt, auf die wir uns einlassen wollen:

In unserem Kopf wird nämlich eine sich uns darbietende Szene bzw. das von unseren Augen beobachtete Geschehen, von dem wir ein Lichtsignal empfangen, in all die geometrischen und anschaulichen Einzelheiten zerlegt, auf die etwa ein Zeichner zurückgreifen würde, der eine Skizze anfertigen oder gar ein Bild zeichnen bzw. malen möchte. Das Gehirn trennt das sinnlich Empfangene erst in Farbe, Form und Bewegung auf und zergliedert dann die Form weiter in Punkte, Linien, Kurven, Ringe, Kreise, Kästen und Ähnliches, wobei im Detail sogar Orientierung und Stärke von Balken unterschieden werden. In der primären Sehrinde sieht es so aus wie auf dem Schreibtisch eines Menschen, der sich geometrisch betätigt. Unser Kopf zeichnet die Bilder, die wir sehen, mit den Formen, die uns aus der Geometrie vertraut sind. Die Wirklichkeit vor Augen wird insgesamt zu einem geometrischen Gemälde im Kopf, wenn später noch die Farbe hinzugefügt wird.

Das heißt, das Malen selbst haben die Neurophysiologen natürlich nicht beobachten können. Sie haben aber entdeckt, dass der Sehapparat die visuelle Szene in Punkte, Winkel und andere elementare Einheiten zerlegt und dabei so vorgeht, als ob er die handwerklichen Vorschriften eines gründlichen Malunterrichts befolgt. Dieses Auseinandernehmen und Sortieren wird einem wahrnehmenden Zuschauer niemals bewusst. Ihm geht es wie einem Besucher im Museum, der nur das fertige Bild zu Gesicht bekommt, und dem sieht man den Prozess seiner Entstehung nicht mehr an. Wie ein Kunstwerk durch seine Wirkung auf den Betrachter gerechtfertigt wird bzw. seinen Wert gewinnt, muss sich auch das in unserer Innenwelt aus einzelnen Elementen erschaffene Bild durch seine Wirkung für den Betroffenen rechtfertigen. Das Gehirn hat dabei zunächst einen engeren Rahmen als ein Maler, denn die Aufgabe des Organs unter unserer Schädeldecke besteht im biologischen Verständnis zunächst darin, die außen sichtbare Welt so zu rekonstruieren, dass man in ihr überleben kann. Doch bieten die malerischen Vorbereitungen die von unserer Wahrnehmung reichlich genutzte Möglichkeit, nicht nur ein wirklichkeitsnahes, sondern auch ein schönes Bild von der Welt zu bekommen.

Der archetypische Hintergrund

Die Idee der inneren Bilder findet sich bereits vor gut 100 Jahren bei dem Physiker Heinrich Hertz, der seine Vorlesungen über die »Prinzipien der Mechanik« von 1894 damit eröffnet:

> »Wir machen uns innere Scheinbilder oder Symbole der äußeren Gegenstände, und zwar machen wir sie von solcher Art, dass die denknotwendigen Folgen der Bilder stets wieder die Bilder seien von den naturnotwendigen Folgen der abgebildeten Gegenstände. Damit diese Forderungen überhaupt erfüllbar sei, müssen gewisse Übereinstimmungen vorhanden sein zwischen der Natur und unserem Geiste.«

Hertz äußert sich leider nicht weiter, wie diese »gewissen Übereinstimmungen« seiner Ansicht nach aussehen bzw. zustande kommen könnten. Für Pauli liegt – ein halbes Jahrhundert später – die Antwort in dem Konzept, dass die moderne Psychologie mit dem schon von Kepler verwendetet Begriff als Archetypen bezeichnet. Wie mit dessen Hilfe und den dazugehörigen inneren Bildern die psychologisch fundierte Theorie der Erkenntnis zu skizzieren ist, versucht Pauli zunächst in einem Brief vom 7. Januar 1948, der an seinen Kollegen Markus Fierz gerichtet ist, darzustellen. Er schreibt:

> »Wenn man die vorbewusste Stufe der Begriffe analysiert, findet man immer Vorstellungen, die aus ›symbolischen‹ Bildern mit im allgemeinen starkem emotionalen Gehalt bestehen. Die Vorstufe des Denkens ist ein *malendes Schauen* dieser inneren Bilder, deren Ursprung nicht allgemein und nicht in erster Linie auf Sinneswahrnehmungen zurückgeführt werden kann. Die archaische Einstellung ist aber auch die notwendige Voraussetzung *und die Quelle* der wissenschaftlichen Einstellung. Zu einer vollständigen

Erkenntnis gehört auch diejenige der Bilder, aus denen die rationalen Begriffe gewachsen sind.«

Zu einer vollständigen Theorie des Erkennens gehört natürlich vor allem eine Beschreibung der Brücke, die zwischen den äußeren Wahrnehmungen und den inneren Ideen vermittelt und beide Bereiche ordnet und reguliert, wie Pauli es gerne nennt. Für diese Stelle nun benötigt er das Konzept das »Archetypus«, wobei er als Wissenschaftler im 20. Jahrhundert eine Schwierigkeit zu überwinden hat, die für Kepler noch nicht bestand. Es geht um die von René Descartes eingeführte und in der westlichen Wissenschaftssprache längst fest verankerte Trennung der geistigen und der materiellen Sphäre (res cogitans und res extensa). Wer Außen und Innen in einem Punkt verbinden will – ohne dabei von einer Seele sprechen zu wollen –, muss den kartesischen Schnitt aufheben und wieder eine Ebene finden, von der aus die Welt als Ganzes zu sehen ist. Auf dieser Ebene sind die Archetypen angesiedelt. In den Worten von Pauli:

»*Das Ordnende und Regulierende muss jenseits der Unterscheidung von ›physisch‹ und ›psychisch‹ gestellt werden* – so wie Platos ›Ideen‹ etwas von Begriffen und auch etwas von Naturkräften haben (sie erzeugen von sich aus Wirkungen). Ich bin sehr dafür, dieses ›Ordnende und Regulierende‹ ›Archetypen‹ zu nennen; es wäre dann aber unzulässig, diese als *psychische* Inhalte zu *definieren.* Vielmehr sind die erwähnten inneren Bilder die *psychische* Manifestation der Archetypen, die aber auch *alles* Naturgesetzliche im Verhalten der Körperwelt hervorbringen, erzeugen, bedingen müssten. Die Naturgesetze der Körperwelt wären dann die *physikalische Manifestation der Archetypen.* Es sollte dann *jedes* Naturgesetz eine Entsprechung innen haben und umgekehrt, wenn man auch heute das nicht immer unmittelbar sehen kann.«

Als zentrale Aufgabe einer Erkenntnistheorie der Wissenschaft, die über den logisch-rationalen Grundkurs hinausgeht, sieht Pauli die Erkundung des archetypischen Hintergrunds, den grundlegende Begriffe der Physik haben. Für ihn stellen zum Beispiel das Atom und die Energie weder empirisch noch logisch fundierte Begriffe dar. Es handelt sich mehr um archetypische Konzepte, die in der Wissenschaft verankert bleiben und von Forschern trotz massiver Bedeutungsverschiebungen im Lauf der Geschichte durchgängig akzeptiert und verwendet werden, weil ihnen innere Urbilder entsprechen (an die wir von Herzen glauben können). Diesen archetypischen Hintergrund gilt es zu identifizieren, wenn man das Weltbild verstehen will, das die Wissenschaft entwirft. Erst dann verstehen wir, was unsere Augen am Himmel sehen.

Das Moralische

Jetzt haben wir einen sehr langen Anlauf genommen, um zu dem »Moralischen« zu kommen, das in der Überschrift versprochen worden ist und mit dem wir an das Ende der Hintertreppe gelangen. Keine Frage – wenn schon das natürliche Gesetz in uns steckt, dann trifft das erst recht für das moralische zu, wie es das Zitat von Kant ausdrückt. Doch soll es hier nicht um eine Ethik gehen, die sich an eine Physik anschließt, sondern um das, was im westlich-abendländischen Denken als Welterfahrung bezeichnet wird und mit dem Verständnis des Kosmos zusammenhängt. Zwar versuchen die meisten Physiker, das Objekt ihrer Begierde genau so zu betrachten – nämlich objektiv und sachlich –, aber auch sie kommen nicht umhin, dabei das Wort von der »Welt« zu benutzen, spätestens dann, wenn sie von dem

Weltbild sprechen, das ihre Forschung ergeben, verbessern, erweitern oder gar revolutionieren soll. Dabei wurde früher die Welt als »gut und schön« bezeichnet – etwa durch Platon in seinem Dialog *Timaios* – und das Wort »Kosmos«, das aus solchen Vorstellungen hervorgegangen ist, enthielt zumindest implizit den Ratschlag für eine moralische Richtung des Menschen, nämlich zum Guten hin. Man brauchte den Bau des Sonnensystems und die Größe der galaktischen Spiralen nicht zu kennen, um trotzdem zu verstehen, was das Wort vom harmonischen Kosmos ausdrückte. Es lieferte früher den Grund, *»warum es moralisch gut ist, dass es Menschen in dieser Welt gibt«,* wie ein in Paris lehrender Professor für arabische Philosophie in seinem Buch *Die Weisheit der Welt* geschrieben hat. Rémi Brague, so sein Name, beschreibt darin, wie sich ein Weltbild – wie sich das Verwenden eines Wortes wie Welt – auf die Humanität des Menschen auswirkt. Es macht eben – auch moralisch – einen Unterschied, ob man im Zentrum einer kleinen Struktur angesiedelt ist oder irgendwo am Rande einer riesigen Konstruktion sein Dasein fristet. Wenn die Daten der Wissenschaft sagen, dass die Sterne unerreichbar für uns bleiben, weil sie Millionen und Milliarden von Lichtjahren entfernt sind, dann kann man dies rational bewundern, ohne damit jemals emotional ins Reine zu kommen.

Vielleicht lohnt es, das zu betreiben, was Brague empfiehlt, nämlich genauer zwischen Welt und Kosmos zu unterscheiden und »Welt« stets als »humane Welt« zu verstehen. Dann ist zwar der Kosmos viele Milliarden Jahre alt, aber die Welt nicht. Sie ist erst mit uns in die Welt gekommen, wenn dieses Sprachspielchen gestattet ist, und in ihrem Vorhandensein steckt dann die Aufgabe, herauszufinden, wie Menschen in dieser ihrer Welt zu sein und zu leben haben. Natürlich macht es Mühe, eine Moral auf kosmologischer Grundlage zu entwerfen, aber man sollte nicht einfach beklagen – wie Brague es tut –, dass »*die Kosmologie ... keine ethische Grundlage mehr*« hat.

Das hat sie nämlich doch, weil sie – in meiner Sicht am Ende der Treppe – von der Überzeugung getragen wird, dass Wissen stets einem Nichtwissen vorzuziehen ist, und weil ihr dazugehöriger Optimismus belohnt worden ist mit einem Weltbild, das sich trotz aller immensen Ausmaße des Universums als sehr human zeigt. Einsteins Betrachtungen der Welt als Ganzes zeigen einen Kosmos, der endlich und unbegrenzt zugleich ist. Wir brauchen also weder Angst vor einer unendlichen Leere noch vor einer Einschränkung unserer Freiheit zu haben. Wir können auch weiterhin als Menschen tun, was wir immer getan haben, nämlich Grenzen erst ausfindig machen und dann überwinden. Das Schöne ist, dass wir jetzt wissen, dass dieses Bedürfnis im Kosmos immer neue Nahrung findet – und wir haben soeben auch gelernt, dass man dazu keine Riesenteleskope braucht. Denn dass es nachts dunkel wird, lässt uns erkennen, dass es die Sterne nicht immer gegeben hat und sich die Welt weiter ausdehnt. Wir können das jeden Abend erleben, wenn wir aus dem Fenster schauen. Der Himmel, den wir dann sehen, wird ja vielleicht deshalb schwarz, damit er überhaupt bestirnt – also voller Sternbilder – sein und seine Betrachter begeistern kann. Das moralische Gesetz rührt sich dann in den Menschen von selbst.

Anhang

Essay: Die Wissenschaft zittert nicht

Die säkularen Naturwissenschaften und das moderne Lebensgefühl

»Wer den Versuch unternimmt, die Schicksale der Religion und des Religiösen bei der Heraufkunft der modernen Weltverhältnisse zu kommentieren, sieht sich sofort mit einem Begriff konfrontiert, der von zahllosen Autoren wie ein Generalschlüssel gehandhabt worden ist, um sich Zugang zu verschaffen zu allen Zimmern im gemeinsamen Haus der neuzeitlichen euro-amerikanischen Menschheit: Säkularisation. Was zunächst nur ein juristischer Terminus war, der die mehr oder weniger gewaltsame Übernahme von Kirchenbesitz durch Organe des modernen Nationalstaats nach der Französischen Revolution benannte, entwickelte sich im 19. Jahrhundert zu einem Ausdruck, der die Richtung des Wettlaufs im Ganzen anzusprechen schien – die wahre in den Augen der Fortschrittlichen und Laikalen, die falsche nach der Überzeugung der Modernisierungslehre. Im katholischen Milieu sprach man von Säkularisation wie von einem Epochenverbrechen, das die narzisstisch-humanistische moderne Welt bei ihrem Aufstand gegen die gottgegebenen Ursprünge verübte. Für die Progressiven enthielt die Rede von Säkularisation das Versprechen, die Menschheit könne sich durch Arbeit und Selbstbestimmung von ihrer unwürdigen, religiös bevormundeten Vorgeschichte lösen.«

So beginnt eine »Notiz zum Gestaltwandel des Religiösen in der modernen Welt« von Peter Sloterdijk[2], in der
»Säkularisation« das meint, was in diesem Rahmen genauer als Säkularisierung bezeichnet wird, um die praktische
Nutzung kirchlichen Eigentums durch weltliche Gewalt –
die Säkularisation – von dem geistigen Prozess zu unterscheiden, »der in der europäischen Neuzeit zu einer immer
größeren Autonomie der Lebensgestaltung und Autonomie
gegenüber kirchlichen und religiösen Ordnungssystemen
geführt hat«, wie es im Brockhaus (Band 19, 1992) unter
dem Stichwort der Säkularisierung heißt. Die »europäische
Neuzeit« – sie beginnt für einen Wissenschaftshistoriker im
frühen 17. Jahrhundert, also etwa in der Epoche des Drei-
ßigjährigen Krieges, als das stattfindet, was der Florentiner
Gelehrte Paolo Rossi in einem Buch als *Die Geburt der modernen Wissenschaft in Europa* bezeichnet hat. Sie gelingt
durch diejenigen Personen, die in dem Eingangszitat als die
»Progressiven« bezeichnet werden, weil mit den damaligen
Pionieren der Naturwissenschaft die Idee des Fortschritts
aufgekommen ist. Man glaubte nicht mehr an eine goldene
Epoche in der Vergangenheit, sondern orientierte sich in die
entgegengesetzte Richtung, in die Zukunft. Man hoffte, mit
einer neuen Astronomie im Besonderen (Johannes Kepler)
und einer neuen Wissenschaft im Allgemeinen (Galileo Galilei) ein neues Atlantis (Francis Bacon) schaffen zu können,
in dem es mit neuen Methoden (René Descartes) möglich
sein sollte, »die Bedingungen der menschlichen Existenz zu
erleichtern« und uns ein besseres Leben zu verschaffen, das
sich keiner göttlichen Gnade, sondern dem eigenen Vermö-
gen der Rationalität verdankt.

---

2 Vorwort zu William James, *Die Vielfalt religiöser Erfahrung,* Insel
  Verlag, Frankfurt am Main 1997, S. 11.

Erklärungen unter erschwerten Bedingungen

Die genannten und viele andere Männer der Wissenschaft »trugen dazu bei, eine Welt der Ideen zu schaffen, in der es keine Grenzen gab, eine Gelehrtenrepublik, die sich mühsam einen Raum schuf inmitten politisch-sozialer Gegebenheiten, die immer schwierig, oft dramatisch, zuweilen tragisch waren«.[3] Zu den Konzepten, die damals zu Beginn des 17. Jahrhunderts entwickelt wurden, gehört auch die Idee des Experimentierens. Auf sie greift zurück, wer im 20. Jahrhundert so knapp wie möglich sagen sollte, was derjenige macht, der sich naturwissenschaftlich betätigt. Die Antwort könnte lauten: Er versucht die Welt – oder die Natur – ohne Rückgriff auf höhere Mächte oder Wunder unter der erschwerten Bedingung des Experiments zu erklären. Das betrifft den Lauf der Sterne ebenso wie das Laufen von Pferden, bei dem man eine sehr lange Zeit hindurch nicht wusste, ob es einen Moment gibt, in dem ein Pferd alle vier Beine in der Luft hat und den Boden nicht mehr berührt.

Was sich die Wissenschaftler damit vorgenommen haben, stellt sicher eine gewaltige Aufgabe dar, aber niemand wird ernsthaft bestreiten, dass es zumindest in einigen Fällen gelungen ist, sie glänzend zu bewältigen (und sogar aus den Antworten Nutzen zu ziehen). Wenn zum Beispiel ein Hurrikan entsteht, dann analysiert die Naturwissenschaft die Oberflächentemperatur der Ozeane, erkundet die Luftströmungen, die Drehung der Erde und andere messbare Parameter und liefert anschließend aufgrund atmosphärischer und meteorologischer Gesetzmäßigkeiten eine Erklärung des Naturphänomens, von dem wir allzu gut auch wissen,

---

3 Paolo Rossi, *Die Geburt der modernen Wissenschaft in Europa*, C.H. Beck, München 1997, S. 13.

dass es katastrophale Auswirkungen haben kann. Vor ihnen will man sich schützen und wir tun dies nicht durch Beschwörungen oder Hoffnungen auf Hilfe von außen, sondern durch den Einsatz uns selbst verfügbarer technischwissenschaftlicher Mittel. Sie greifen nicht immer – was Folgen haben kann, und zwar nicht nur säkulare.

Bekanntlich wurde am Ende des Jahres 2005 New Orleans von einem tropischen Wirbelsturm heimgesucht (wie man das ausdrückt, was korrekt bzw. neutral heißen müsste, dass der Hurrikan auf seinem Weg die Stadt passierte). Große Teile von New Orleans wurden einfach weggefegt, wie viele Fernsehbilder erkennen ließen. Als die Medien von dem Unglück berichteten, war allerdings nicht nur von erklärbaren Naturgewalten und politisch bedingten technischen Versäumnissen (beim Dammbau) die Rede. In den Zeitungen (*FAZ* vom 18. Januar 2006) meldeten sich auch andere Stimmen zu Wort. So erklärte der Bürgermeister der zerstörten Stadt das Geschehen mit dem Zorn Gottes. Er sei mit verantwortlich für das Unglück seiner Region. »Gott ist zornig auf Amerika. Er hat Hurrikan auf Hurrikan über uns gebracht.« Und konservative Prediger assistierten dem verzweifelten Politiker, indem sie New Orleans als »Sündenbabel« darstellten und bedauerten, dass Gottes Fluten nicht ausgereicht hätten, dieses Treiben auszulöschen.

Die Rückkehr Gottes

Gott mischt gesellschaftlich wieder kräftig mit, wenn es um naturwissenschaftlich zugängliche Dinge geht, wie sich nicht nur an tropischen Wirbelstürmen und Epidemien zeigt, bei denen sich ebenfalls ein »Sündenbabel« ausmachen lässt, das Gottes Strafe verdient. Gott ist selbst in der

Forschung höchst modern geworden, da bekennende Atheisten sich bemühen, ihn einerseits wissenschaftlich als Produkt der Evolution zu verstehen, ihn andererseits als Erregung (genauer: als epileptischen Mikroanfall) in den Schläfenlappen zu orten.[4]

Dies sah völlig anders aus, als ich heranwuchs und Interesse an den Naturwissenschaften entwickelte. Mich beeindruckte vor rund einem halben Jahrhundert zum Beispiel Francis Crick, der britische Mitentdecker der Doppelhelix von 1953, der im Gefolge seiner Einsicht gesagt hatte, nach diesem Erfolg der Strukturchemie und Molekularbiologie sei das Rätsel des Lebens gelöst; es gebe keine Geheimnisse mehr. Crick empfahl ohne jede Ironie, die Kirchen umzubauen, um sie als Schwimmbäder nutzen zu können.

Weiter habe ich noch im Ohr, was uns Juri Gagarin mitzuteilen hatte, als er Anfang der 1960er-Jahre aus dem Weltall zurückgekehrt war. Gagarin informierte uns, dass der Himmel leer und unbewohnt sei, einen Gott habe er dort jedenfalls nicht getroffen.

Und am Ende der 1960er-Jahre verkündeten die Vertreter einer neu geschaffenen Wissenschaft namens Futurologie, in der Zukunft – also von heute aus gesehen in der Gegenwart – werde es kaum noch religiös motivierte Kräfte in der Gesellschaft geben – vor allem sei keine Gewaltanwendung aus dieser Richtung zu erwarten.

Mir gefiel das und mir leuchtete das ein. Es schien, hier triumphierte die Naturwissenschaft, die Gott zu Rückzugsgefechten zwang und dabei war, seinen Wohnraum immer

---

4 Daniel C. Dennett, *Breaking the Spell – Religion as a Natural Phenomenon*, Viking, New York 2006; Andrew Newberg et al., *Why God won't go away – Brain Science and the Biology of Belief*, Ballantine Books, New York 2002.

stärker einzuengen. Bald – so dachte ich – würde sie dem »Gott der Lücken« gar keinen Platz mehr lassen und Erklärungen der Welt ganz ohne ihn geben. Doch als Stephen Hawking 1988 in seiner *Kurzen Geschichte der Zeit,* dem Millionenbestseller auf der ganzen Erde, genau dies tat und verkündete, in seinem Universum habe ein Schöpfer nichts zu tun und dort also nichts verloren – Hawking argumentierte in der Sprache der Mathematik, die Gleichungen aufstellt, deren Lösungen von sogenannten Randbedingungen abhängen, und Gott war keine solche, er tauchte also nicht einmal am Rande auf –, da kamen mir solche Ansprüche auf einmal verloren und unerheblich vor. Zwar blieb und bleibt »die außerordentliche Bedeutung, die die von der Wissenschaft benutzten mathematischen und mechanischen Verstehensweisen für die Erklärung und Vorhersage von Ereignissen haben«, unverändert bestehen und Ziel meiner Bewunderung. Aber »was für dünne, farblose, uninteressante Ideen« benutzt die Wissenschaft dabei: »Gewicht, Bewegung, Geschwindigkeit, Richtung, Lage«, deren Magerkeit vor allem deutlich wird, wenn man sie mit Beschreibungen konfrontiert, »bei denen sich die Religion bevorzugt aufhält«. »Es ist immer noch der Schrecken und die Schönheit der Phänomene, die ›Verheißung‹ des Morgengrauens und des Regenbogens, die ›Stimme‹ des Donners, die ›Sanftheit‹ des Sommerregens, die ›Erhabenheit‹ der Sterne und nicht die sie regierenden physikalischen Gesetze, von denen sich der religiöse Geist am meisten beeindrucken läßt.«[5]

---

5 William James, *Die Vielfalt religiöser Erfahrung,* Insel Verlag, Frankfurt am Main 1997, S. 480.

Die Vielfalt religiöser Erfahrung

Die letzten Zitate stammen aus dem Jahre 1902. Sie finden sich in den Vorlesungen über »Die Vielfalt religiöser Erfahrung«, die der amerikanische Philosoph und Psychologe William James zu Beginn des 20. Jahrhunderts gehalten hat. Die eingangs zitierte Notiz findet sich als Vorwort der im Insel Verlag erschienenen Neuausgabe (1997) des Buches von James, von dem sich bis heute lernen lässt, und zwar bereits in der ersten Vorlesung. Hier äußert sich James über das Verhältnis von »Religion und Neurologie« – ein Thema, das in unseren Tagen von den Hirnforschern mit ihren bildgebenden Verfahren neu entdeckt wird, die Gott in irgendwelchen Hirnwindungen aufspüren und ihn anschließend darauf beschränken wollen. James stellt die medizinisch-materialistischen Bemühungen seiner Zeitgenossen vor, religiöse Gefühle auf organische Prozesse mit möglicherweise krankhaften Auswüchsen (etwa epileptischen Anfällen) zurückzuführen, um deutlich zu machen, dass es darauf überhaupt nicht ankommt und man stattdessen bereit sein müsse, »das religiöse Leben ausschließlich nach seinen Früchten zu beurteilen«. Natürlich wird es ein »neurologisches Temperament« von Menschen geben, das ihre Empfänglichkeit für »Inspirationen aus einem höheren Reich« ermöglicht, aber damit soll man das Thema Religion und Neurologie dann auch »zu den Akten legen«.[6] Er jedenfalls möchte nicht weiter damit belästigt werden und wenn ich einen Wunsch frei hätte, würde ich mich dem anschließen.

Dass die moderne Neurologie dem wohlmeinenden Ratschlag von James nicht gefolgt ist (bzw. ihn höchstwahrscheinlich gar nicht zur Kenntnis genommen hat), deutet ein

---

6 William James, a.a.O., S. 54 und 58.

merkwürdiges Wechselspiel – eine Art von Yin-Yang-Komplementarität – an. Zwar räumt die Wissenschaft Gott weniger Platz in der Gesellschaft und ihren Entscheidungsfindungen ein, die zunehmend rationalisiert und bekannten Experten mit Laptops und Internetzugang überlassen werden. Doch zugleich tauchen Gott und religiöse Klänge massiv in den Reihen der Forschung auf. Es ist so, wie James gesagt hat, der vor mehr als 100 Jahren meinte, dass sich zwar unsere Großväter einen Gott vorstellten, »der die größten Dinge der Natur auf unsere kümmerlichsten Privatbedürfnisse abstimmte«.[7] Dabei sei »der einzige Gott, den die Wissenschaft anerkennt, ... ein Gott universaler Gesetze, der einen Welthandel, keinen Krämerladen betreibt«.

Dies trifft zum Beispiel sehr genau auf Albert Einstein zu, der sich ausdrücklich zu einem Gott bekennt, der sich in der Harmonie des Universums zeigt, die sich uns durch Gesetze offenbart. Einstein sprach davon, er sei »kosmisch religiös«, er könne sich keinen Gott vorstellen, der sich im Privaten einmischt oder im persönlichen Leben bemerkbar macht.

An dieser Stelle ist anzumerken, dass die enorme Popularität des großen Physikers sich eher seinen Reden über Gott als seinen Einsichten in die Natur von Raum und Zeit verdankt. Dies gilt auch für den schon erwähnten Hawking, der nicht deshalb zum Star wurde, weil er mathematisch ein Universum handhaben kann, sondern weil er dabei Ansichten zu Gott entwickelt.

Das Vorhandensein Gottes in der Wissenschaft einer säkularisierten Welt – seine Rückkehr – zeigt zudem unübersehbar die Evolutionsbiologie, der unentwegt nahegelegt wird, die Entstehung des Menschen doch einem intelligen-

---

7 William James, a.a.O., S. 479.

ten Designer anzuvertrauen, statt nach natürlichen Prozessen Ausschau zu halten, die zu diesem Ergebnis führen und unsere Art hervorbringen können. Tatsächlich ist erst vor wenigen Jahren ein Artikel in *Spektrum der Wissenschaft* erschienen (November 1999), in dem analysiert wird, ob die Schlagzeile des Magazins *Newsweek* aus demselben Jahr zutrifft, die verkündet hatte: »Die Naturwissenschaftler entdecken Gott«. Zwar ist nicht klar, was damit genau gemeint ist – entdecken sie den Herrn bei sich oder im Kosmos –, klar ist aber, dass einer Umfrage zufolge der religiöse Glaube von Wissenschaftlern im 20. Jahrhundert unverändert geblieben ist, wobei im Hintergrund solcher Erkundigungen immer die Beurteilung des englischen Nobelpreisträgers für Physik George Thomson steht, der einmal geschrieben hat: »Vermutlich würde jeder Wissenschaftler an eine Schöpfung glauben, wenn die Bibel nicht unglücklicherweise vor vielen Jahren etwas dazu gesagt hätte und diesen Gedanken nun nicht altmodisch aussehen ließe.«[8]

Anlass der *Newsweek*-Frage war übrigens eine Konferenz zum Thema »Naturwissenschaften und die spirituelle Suche«, die 1998 von der John-Templeton-Stiftung ausgerichtet worden war, die mit hohen Geldgaben und Preisen Projekte fördert, die den Glauben und die Naturwissenschaften miteinander versöhnen. Der Gründer der Stiftung, der Finanzexperte John Templeton, nennt sein für viele Wissenschaftler verlockendes Programm »Theologie der Demut« und er hofft, dass die Vertreter jeder Seite – die Gläubigen und die Wissenden – die Grenzen erkennen, die ihnen gesetzt sind.

---

8 Zitiert nach Simon Singh, *Big Bang – Der Ursprung des Kosmos und die Erfindung der modernen Naturwissenschaft,* Hanser Verlag, München 2004, S. 371/2.

Die Rationalität der Welt und die Hypothese Gott

Wenden wir uns noch einmal dem Eingangszitat zur Säkularisierung und dem Ursprung dieser Idee zu. Es weist auf die historische Tatsache hin, dass die abnehmende Bedeutung von religiösen Ordnungssystemen und der zunehmende Mut zur Selbstgestaltung des Lebens und der Weltanschauung, die wir mit den Begriffen Säkularisation bzw. Säkularisierung zusammenfassend bezeichnen, zwar lange vor dem 19. Jahrhundert begonnen haben, aber besonders deutlich erst in seinem Verlauf zutage treten und spürbar werden. »Die Menschheit«, von der bei Sloterdijk oben die Rede ist, wollte sich damals massiv aus den Vorgaben befreien, die ein wirkungsmächtiger christlicher Glaube mit sich brachte, was sich am besten mit einem Blick auf individuelle Personen wie den französischen Mathematiker Pierre Simon Laplace (1749–1827) beobachten lässt. Laplace, der unter Napoleon Bonaparte für kurze Zeit als Innenminister agierte, entwickelte bis 1800 als Fachmann virtuos die von Newton und Leibniz eingeführte (und bis heute unverändert zum Schulunterricht gehörende) Infinitesimalrechnung sowohl in praktischer als auch in theoretischer Hinsicht weiter und vollendete anschließend nicht zuletzt dank ihrer rechentechnischen (rationalen) Hilfe eine *Himmelsmechanik (Mécanique céleste)*, die es ihm zuletzt sogar erlaubte, ein Weltsystem vorzustellen, seine *Exposition du système du monde*. Darin drückt sich nicht nur die Grille eines Gelehrten, sondern eine Handlung mit weitergehender Absicht aus. Es ging ihm um die Bewältigung von Angst. Astronomen hatten damals eine Unregelmäßigkeit (Akzeleration) bei der Mondbewegung festgestellt und einige von Laplace' Zeitgenossen befürchteten, dass eine Weltkatastrophe mit kosmischen Dimensionen bevorstehen könnte. Zum Glück konnte Laplace diese Bedenken mit seiner Himmelsmechanik – also wörtlich rational – zerstreuen, indem er das Problem löste, wie sich die Position eines jeden Planeten zu einem beliebigen Zeitpunkt auch dann angeben ließ, wenn er die durch gegenseitige Anziehungskräfte bedingten Störungen der Himmelskörper berücksichtigte. Mit seinem Rechenschema konnte er nachweisen, dass die beobachteten Unregelmäßigkeiten periodisch auftreten und also für den gegebenen Moment des eigenen Existierens keine Gefahr mit sich bringen. Selbst um die Großplaneten Jupiter und Saturn brauchte man sich keine Sorge zu machen, wie Laplace in einem zweiten Schritt ausrechnete, obwohl sich deren Umlaufgeschwindigkeiten merklich veränderten. Ihre Bahndurchmesser und die Grundstruktur des Umlaufs bleiben dabei nämlich unveränderlich, wie der Mathematiker des Himmels seinen Zahlen entnehmen konnte.

Mit anderen Worten, Laplace und seine Rechnungen – mithin seine Rationalität – gewährleisteten die Stabilität des Sonnensystems – und damit der gesamten kosmischen Welt –, in der es zudem streng naturgesetzlich zuging. Niemand musste mehr höhere Mächte anrufen, um eine Garantie für den Bestand der Welt und das Weiterleben der Menschen zu bekommen. Und so war es kein Wunder, dass Laplace äußerst selbstbewusst auftrat und Napoleons berühmte Frage, an welcher Stelle denn Gott in seinem Weltsystem auftauche, mit dem Hinweis beantwortete, solch eine Hypothese brauche er bei seinem Rechengeschäft nicht.

Übrigens – so ganz richtig und abschließend verstanden hat Laplace den Himmel und die Körper, die sich in ihm bewegen, naturgemäß noch nicht. Dazu kannte er ihn und seine Gesetze doch zu wenig. Als in den Zeitläuften nach ihm sowohl die Messdaten als auch die grundlegenden Einsichten in physikalische Zusammenhänge (Erhaltungssätze) zunahmen, erlebte man eine Überraschung. Als nämlich zu Beginn des 20. Jahrhunderts Laplace' Landsmann Henri Poincaré sein dreibändiges Werk *Die neuen Methoden der Himmelmechanik* vorlegte, konnte er darin zeigen, dass das fundamentale Problem in dieser Wissenschaft, die Berechnung der Planetenbahnen unter dem Einfluss ihrer gegenseitigen Anziehung, keineswegs vollständig und niemals exakt (also bestenfalls näherungsweise) gelöst werden kann. Für das Gleichungssystem, das wir als Newtons Uhrwerk bezeichnen, um uns seiner Regelmäßigkeit zu versichern, lässt sich grundsätzlich keine garantiert stabile (weil exakte) Lösung angeben, wenn sich zu viele Teile in ihm beeinflussen und bewegen. Dann gibt es zu viele Unbekannte und zu wenige Gleichungen.

Mit anderen Worten, die Stabilität des Sonnensystems kann nicht streng bewiesen werden. Sie kann auf Erden nicht garantiert werden und die neuartige Tendenz der theoretischen Physik, die Poincaré damit langfristig einleitete, macht sich in unseren Tagen unter dem Stichwort Chaos und mit Begriffen wie Nichtlinearität bzw. Komplexität und Unvorhersagbarkeit deutlich bemerkbar.

Tatsächlich hat es die Physik geschafft, die Berechenbarkeit der Welt, die Laplace einst stolz verkündete, wieder abzuschaffen (und das nicht nur am Himmel, wie sich noch zeigen wird). Der Unterschied liegt darin, dass man damals zwar dank der erfolgreich praktizierten Rationalität aufatmete und sich geborgen fühlte, während sich heute niemand mehr wegen ihrer Grenzen erschüttert zeigt. Jedenfalls reagiert niemand mehr ängstlich wegen einer Unfähigkeit bzw. Begrenztheit der Naturwissenschaft und wir nehmen es auch eher gleichgültig zur Kenntnis, wenn wir erfahren, dass die Welt voller Dunkelmaterie und Dunkelenergie ist, die sich unseren Sinnen entzieht.

»Angst und Wissenschaft«

Wenn man heute Angst empfindet, dann nicht mehr vor möglicherweise bedrohlichen Naturphänomenen, wie dies noch im 18. Jahrhundert der Fall war, sondern eher vor den Naturwissenschaften selbst und ihren wachsenden Eingriffsmöglichkeiten.[9] Bevor wir dieses Terrain erkunden, kehren wir in das 19. Jahrhundert zurück, das Wolf Lepenies, der als Soziologe und langjähriger Rektor des Wissenschaftskollegs in Berlin bekannt ist, mit dem Ausdruck »Saeculum der Wissenschafts- und Technikbegeisterung« charakterisiert hat, in dem so etwas wie die »Trivialisierung der Angst« gelingt.[10] Für Lepenies treten »Wissenschaft und Technik« in dem Moment »ihren Siegeszug an«, in dem »sie sich gegenüber Magie und Religion als wirkungsvollere, schließlich konkurrenzlose Mechanismen der Angstbewältigung durchsetzen«.

Dieser Gedanke erscheint wesentlich für das Thema der Säkularisierung im Gefolge naturwissenschaftlich begründeten Handelns, weil Angst zu den Grundbefindlichkeiten des Menschen gehört. Mit dieser Bemerkung stellt sich sofort die Frage, was diese Einstellung bedingt, und die moderne Antwort im Kontext evolutionären Denkens darauf lautet, dass Angstgefühle selektiv entstanden sind und zu den Voraussetzungen des Überlebens unserer Art gehören.

---

9 Fast ist man geneigt, von einem Erhaltungssatz der Angst zu sprechen. Die Angst ist wie die Energie, nämlich unzerstörbar, nur dass sie sich in verschiedenen Formen zeigt. In gewisser Weise gilt das nach dem oben Gesagten auch für Gott, der ebenfalls unzerstörbar ist. Vielleicht gibt es neben dem Energiesatz der Materie einen Energiesatz der Seele, also neben einem Hauptsatz der Thermodynamik auch einen Hauptsatz der Gefühle.

10 Wolf Lepenies, »Angst und Wissenschaft«, in dem Band *Gefährliche Wahlverwandtschaften*, Reclam Verlag, Stuttgart 1989, S. 39–60.

Wer in den Frühtagen der Menschheit ohne Angst unterwegs war und bedenkenlos etwa in dichte Wälder eindrang, wird von dort nicht mehr zurückgekommen sein und keine Nachkommen hinterlassen haben, die als unsere Vorfahren dienen konnten. Evolutionäre Erklärungen kommen selbstverständlich ohne Hinweis auf Gott oder Göttliches aus und sie tragen im 19. Jahrhundert massiv zur Säkularisierung bei, wie gleich weiter unten verhandelt wird.

Der schon zitierte Philosoph Sloterdijk hat das Thema der Angst – in Anspielung auf den etwas unglücklichen und leicht missverständlichen Satz von Martin Heidegger: »Die Wissenschaft denkt nicht« – durch die hübsche und einprägsame Formulierung »Die Wissenschaft zittert nicht« ersetzt. Sie kann daher »einen lebbaren Ersatz ... für die Ordnungsversicherungen der Theologie« darstellen, was sich auch so formulieren lässt, dass sich mit den Aktivitäten der Wissenschaft »im europäischen 19. Jahrhundert eine Art von szientistischer Kirche formierte, die ihren Zeitgenossen beruhigend zusprach, sie sei dazu da, den blassen alten durch einen vitalen neuen Glauben: durch wissenschaftliche Weltanschauung eben, zu ersetzen«. Wenn man – nicht nur damals, sondern bis weit ins 20. Jahrhundert hinein – sagte, »Die Wahrheit wird euch frei machen«, dann zitierte man damit nicht mehr das Johannes-Evangelium, sondern beanspruchte die damit bezeichnete Möglichkeit für das eigene Tun. Die Wahrheit der Wissenschaft wird euch frei machen – von Angst und Sorge, wie man dachte, von Aberglauben und Irrationalität –, wie zum Beispiel auch die Gründer des California Institute of Technology meinten, die als gottesfürchtige und bibelfeste Physiker die Worte des Evangeliums kannten und in den 1920er-Jahren über das Eingangstor meißeln ließen.

Ausgangspunkt des relevanten Lebensgefühls der Angst ist die Feindseligkeit der Natur, die die Menschen im 18. Jahrhundert ihr Leben lang unmittelbar erfahren konnten, während wir vielleicht noch als Kinder (oder als Fernsehzuschauer) damit in Berührung kommen. Das folgende Zitat aus einem Roman dieser Epoche zeigt an dem einfachen Beispiel eines Gewitters, wie man auf Unbilden reagierte, bevor sich die Folgen der Säkularisierung bemerkbar machten:

»Der Tanz war noch nicht zu Ende, als die Blitze, die wir schon lange am Horizonte leuchten gesehn und die ich immer für Wetterkühlen ausgegeben hatte, viel stärker zu werden anfingen und der Donner die Musik überstimmte. Drei Frauenzimmer liefen aus der Reihe, denen ihre Herren folgten; die Unordnung wurde allgemein, und die Musik hörte auf. […] Diesen Ursachen muss ich die wunderbaren Grimassen zuschreiben, in die ich mehrere Frauenzimmer ausbrechen sah. Die klügste setzte sich in eine Ecke, mit dem Rücken gegen das Fenster, und hielt sich die Ohren zu. Eine andere kniete vor ihr nieder und verbarg den Kopf in der ersten Schoß. Eine dritte schob sich zwischen beide hinein und umfasste ihre Schwesterchen mit tausend Tränen. Einige wollten nach Hause; andere, die noch weniger wussten, was sie taten, hatten nicht so viel Besinnungskraft, den Keckheiten unserer jungen Schlucker zu steuern, die sehr beschäftigt zu sein schienen, alle die ängstlichen Gebete, die dem Himmel bestimmt waren, von den Lippen der schönen Bedrängten wegzufangen.«

In dieser Szene aus Goethes 1774 erschienenen *Leiden des jungen Werther* geht es nicht um den Unterschied der Geschlechter – nur die Frauen scheinen sich zu fürchten und zu beten –, sondern um die Angst, die von bis in die damalige Zeit unerklärlichen Phänomenen wie Blitz und

Donner hervorgerufen wird. Sie kann ohne physikalische Erklärung naturgemäß nur durch Gebete gemildert werden. Erst wenn bekannt ist, wie man sich vor den Gefahren eines Gewitters schützt, nämlich durch einen Blitzableiter, also einer schlichten Metallstange, kann man sich rational beruhigen und vergewissern.

Tatsächlich war der Blitzableiter zu Goethes Lebzeiten erfunden und eingesetzt worden, wobei immer daran zu denken ist, dass es dem merkwürdig schlichten Gegenstand schwerfallen musste, im Vergleich zu dem Naturschauspiel von Blitz und Donner zu bestehen, die zudem noch direkt aus dem Himmel kamen. Mit elektrischen Entladungen wurde zum ersten Mal 1752 in Frankreich experimentiert, bevor Benjamin Franklin den Blitzableiter in der Neuen Welt populär machte, indem er noch im selben Jahr einen Drachen (!) zu Gewitterwolken aufsteigen ließ, um mit einem am Ende einer feuchten Schnur angebrachten Schlüssel einen elektrischen Funken zu ziehen und die Wolke zu entladen. Mit diesem riskanten Versuch bekamen Blitz und Donner physikalische Gründe, ohne noch Platz für irgendeinen göttlichen Zorn zu lassen, den es zu besänftigen galt. Doch diese Einsicht änderte nicht unmittelbar die Ängste der Frauenzimmer und anderer Menschen, die sie vor finsteren Naturgewalten empfanden, und erst allmählich verlor die äußere Natur ihre beängstigenden oder Furcht erregenden Züge dadurch, dass die dazugehörigen Naturerscheinungen erklärt werden konnten.

Es lohnt sich, an dieser Stelle einen Augenblick bei Benjamin Franklin zu verweilen, nicht nur, weil wir 2006 Gelegenheit hatten, seinen 300. Geburtstag zu feiern, sondern weil jene Beherrschung des Blitzes – des himmlischen Feuers – ihm die Ehrenbezeichnung »neuer Prometheus« eingebracht hat. Es war kein Geringerer als Immanuel Kant, der

Franklin so bezeichnete, denn tatsächlich hat der Mitautor der amerikanischen Unabhängigkeitserklärung mit seinem Drachen den Göttern ganz konkret das Feuer entrissen und es in die technisch geschickten Hände der wissenschaftlich orientierten Menschen gelegt. Was mit der Blitzableitung gelingt, könnte man Säkularisierung pur nennen, nämlich die endgültige Autonomie der Lebenssicherung ohne irgendwelche religiösen Restverbindungen. Zudem liefert Franklins Tat das Versprechen, dass es weitere Möglichkeiten geben muss, der Natur quasi mühelos ihre Tricks abzuringen, um sie praktisch nutzbar machen zu können.

Wie sehr die Menschen in der Mitte des 19. Jahrhunderts dem analytischen und rationalen Sachverstand und dem beherzten Eingreifen des wissenschaftlich orientierten Mannes vertrauten, zeigt ein Ausschnitt aus den 1902 erschienenen *Lebenserinnerungen* des Unternehmers Werner von Siemens, dessen Firma Siemens, Halske & Co. 1859 den Auftrag bekommen hatte, eine über 3500 Seemeilen lange unterseeische Telegrafenleitung vom Roten Meer bis nach Indien zu überwachen.

Bei den genannten geografischen Namen braucht nicht betont zu werden, dass wir es hier nicht mit alltäglichen Abläufen, sondern mit weitreichenden wissenschaftlichen Abenteuern zu tun haben, wie es sie damals noch gab und als die sie von der Öffentlichkeit empfunden wurden. Siemens selbst leitete die technisch anspruchsvolle Expedition, die bis kurz vor Schluss glänzend funktionierte. Dann aber – bei der Rückfahrt – tauchten Schwierigkeiten auf. Das Schiff, mit dem Siemens unterwegs war, lief auf dem Weg nach Suez auf ein Riff auf und begann zu sinken.

Natürlich breitet sich in solch einer Situation Angst aus – was durch das Grimm'sche Wörterbuch bestätigt wird, dem zufolge früher unter Angst »die Unsicherheit und Gefahr, das Risiko bei Transport und Sendung« verstanden wurde. Genau diese Lebensangst bewältigt der »Fürst der Technik«, wie die Preußische Akademie der Wissenschaften Werner von Siemens bei seiner Aufnahme nannte. Und ihm gelingt dies allein schon dadurch, dass er sich nur der Mittel seiner Wissenschaft bedient:

»Das Schiff lag bald ganz auf der Seite und die große Frage, an der jetzt Leben und Tod alles Lebendigen auf ihm hing, war die, ob es eine Ruhelage finden oder kentern und uns sämtlich in die Tiefe schleudern würde. Ich errichtete eine kleine Beobachtungsstation, mit deren Hilfe ich die weitere Neigung des Schiffes an der Stelle eines besonders glänzenden Sterns verfolgen konnte, und proklamierte von Minute zu Minute das Resultat meiner Beobachtungen. Alles lauschte mit Spannung diesen Mitteilungen. Der Ruf ›Stillstand!‹ wurde mit kurzem, freudigem Gemurmel begrüßt, der Ruf ›Weiter gesunken!‹ mit vereinzelten Schmerzenslauten beantwortet. Endlich war kein weiteres Sinken mehr zu beobachten und die lähmende Todesfurcht machte energischen Rettungsbestrebungen Platz.«

Die Geburt der modernen Wissenschaft in Europa

Wissenschaftliches Eingreifen und technisches Handeln ermöglichen im 19. Jahrhundert ein Lebensgefühl, zu dem die Freiheit oder zumindest die Befreiung von Angst und die erfolgreiche Suche nach eigenen Eingriffsmöglichkeiten gehören. Bei manchen Autoren bringt dies eine Neigung zur Überheblichkeit mit sich. Lepenies zitiert unter anderem Emil du Bois-Reymond, den Rektor der Berliner Universität, der in seinen Reden über »Culturgeschichte und Naturwissenschaft« die herausfordernde Frage stellt: »Was kann der modernen Cultur etwas anhaben? Wo ist der Blitz, der diesen babylonischen Turm zerschmettert? Man schwindelt bei dem Gedanken, wohin die gegenwärtige Entwicklung in hundert, tausend, in zehntausend, in hunderttausend und in immer noch mehr Jahren die Menschheit führen wird. Was kann ihr unerreichbar sein?«

Ähnliche Formulierungen lassen sich in großer Zahl in Texten aus den späten 1960er-Jahren finden, als eine wissenschaftsgläubige Gesellschaft sich stark genug fühlte, die Zukunft zu berechnen. Sie stellte eine Futurologie auf die Beine, die von einigen ihrer Vertreter sogar als exakte Wissenschaft angepriesen wurde. Man berechnete noch vor 1970 mit scheinbarer Genauigkeit den Energieverbrauch des Jahres 2000, ohne an ein Versiegen der Quellen zu denken, und man hielt es auch für eine sichere Vorhersage – wie erwähnt –, dass Religionen oder religiöse Gemeinschaften im 21. Jahrhundert keine weltprägende Rolle mehr spielen würden.

Im 19. Jahrhundert hielt sich die optimistische Zukunftserwartung nicht nur länger. Die dazugehörige Wissenschaftsmentalität setzte sich in den kommenden Jahren weitgehend durch. Sie wurde zu einer kulturellen Selbstverständlichkeit in der westlichen Industriegesellschaft, weil sie die Versprechen einlöste, die zu Beginn des 17. Jahrhunderts gemacht worden waren. Wir feiern diese Zeit als die Geburtsstunde der modernen Wissenschaft, die spätestens 1543 eingeläutet worden war, als Nikolaus Kopernikus einen neuen Blick auf die Außenwelt (den himmlischen Kosmos) riskierte und Andreas Vesalius einen neuen Blick in die Innenwelt (den menschlichen Körper) vorstellte. Keine zwei Jahrzehnte später – 1559 – können Historiker den ersten Gebrauch des Wortes Säkularisierung nachweisen, dessen Bedeutung »Verweltlichung« spätestens bei den Vorverhandlungen zum Westfälischen Frieden eine wichtige Rolle spielt. Damit erreichen wir die Epoche, in der auch die Pioniere und Verkünder der neuen Astronomie, der neuen Wissenschaft, der neuen Methoden und des neuen Atlantis ihr Werk in die Welt setzen. Die Naturwissenschaften, wie wir sie heute praktizieren, formieren sich in den Jahren nach 1600 und ihre Begründer finden sich mehr oder weniger überall in Europa. Francis Bacon erkennt in England, dass Wissen den Menschen Macht über Gottes Natur gibt; Johannes Kepler stellt in Deutschland fest, dass es am Himmel keine kreisförmig bewegten göttlichen Sphären gibt, die man einfach hinnehmen muss (oder darf), sondern dass sich dort Planeten auf berechenbaren Ellipsen bewegen, deren Ursache es zu ergründen gilt. Galileo Galilei behauptet zur gleichen Zeit in Italien, dass das Buch der Natur in der Sprache der Mathematik und Geometrie verfasst ist und man nicht glauben muss, sondern wissen kann, was in ihm geschrieben steht; und René Descartes stellt die Methode des Zerlegens vor, die als Reduktionismus bis heute unglaubliche Triumphe feiert und jedem, der es sehen will, zeigt, dass Körper keine Seele haben, sondern nur aus Organen, Geweben, Zellen und noch kleineren Einheiten materieller Art bestehen.

Das Ziel – »das einzige Ziel« – dieser Bewegung findet sich in Worten beschrieben, die Bertolt Brecht dem Helden seines Dramas *Leben des Galilei* in den Mund legt und in denen es heißt: »Ich halte dafür, das einzige Ziel der Wissenschaft besteht darin, die Mühseligkeit der menschlichen Existenz zu erleichtern.« Für Brecht formulierte dies einen direkten Angriff auf die Kirche, die dem menschlichen Leiden oft – etwa im Angesicht des Schwarzen Todes – hilflos gegenüberstand und nicht nach natürlichen Ursachen fragte. Die genannten Gelehrten gingen anders – mit Experimenten und induktiver Logik – vor und brachten dabei das zustande, was Historiker nach dem Zweiten Weltkrieg als die wissenschaftliche Revolution charakterisiert haben. Sie fand statt, als der Dreißigjährige Krieg mit wütender Energie tobte und das Land verwüstete.

Der Grundgedanke des damaligen Wandels bestand – abgesehen von der Idee des Fortschritts und der aus ihr abgeleiteten Möglichkeit, mehr Macht über die Natur durch Kenntnis und Nutzung ihrer Gesetze zu bekommen – in der Trennung von Subjekt und Objekt. Aus der Natur wird ein Gegenüber, ein Gegenstand, dem wir uns als Subjekte in der Absicht unterwerfen, ihn zu beherrschen. In diesem Wechselspiel kommt Gott nicht mehr vor. Man kommt sogar dann ohne ihn aus, wenn es um moralisches Verhalten geht, denn kein mitfühlender Naturforscher wird »sich jemals jener rohen Misshandlungen der Tiere schuldig machen, die der gläubige Christ in seinem anthropoistischen Größenwahn – als ›Kind des Gottes der Liebe‹ – gedankenlos begeht«,[11] wie im 19. Jahrhundert geschrieben wurde.

Aus der alten Zweiteilung zwischen Gott und der Welt wird die neue Zweiteilung zwischen der Natur und dem Menschen, die nun nach ihren Gesetzen suchen – und sie finden. Es ist nun wichtig, sich klarzumachen, dass das, was wir die wissenschaftliche Revolution genannt haben, zunächst nur eine Menge Versprechen enthielt, die nicht sofort Besserung brachten. Sie wurden aber im Laufe der Zeit in nahezu unglaublicher Weise eingelöst, und zwar gerade und vor allem im 19. Jahrhundert. Wie sehr Bacon mit seiner Behauptung recht hatte, dass erworbenes Wissen Macht werden kann, zeigt die Industrialisierung, die in dem Mo-

---

11 Ernst Haeckel, *Die Welträtsel*, Kröner Verlag, Stuttgart 1984, S. XII.

ment volle Fahrt aufnimmt, in dem sie sich der Wissenschaft öffnet und Laboratorien für Grundlagenforscher einrichtet. Und wie sehr Galilei mit seiner These recht hatte, dass die Gesetze der Natur mit der Mathematik zu fassen sind, zeigte sich unübersehbar deutlich, als in der zweiten Hälfte des 19. Jahrhunderts ein Schotte namens James Clerk Maxwell einen Satz von Gleichungen aufstellte, mit denen eine unsichtbare (immaterielle) Natur exakt erst zu berechnen und dann herzustellen war. Gemeint sind die elektromagnetischen Wellen, mit denen sämtliche modernen Kommunikationsanlagen funktionieren und mit denen zum ersten Mal verständlich wurde, was Licht ist (und mit denen sich auch verstehen lässt, was Strom ist und wie er produziert werden kann).

An dieser Stelle ist anzumerken, dass Maxwells Gleichungen die Physiker nicht von Gott entfernten, sondern sie eher im Gegenteil ihm wieder näherbrachten. Die Forscherzunft zeigte sich nämlich bis weit ins 20. Jahrhundert hinein derart fasziniert von seinem Ergebnis (das Maxwell sich selbst gar nicht zuschreiben wollte, sondern auf etwas in seinem Inneren zurückführte), dass man fragte, ob es ein Gott war, der diese Zeichen geschrieben habe. Und bis in unsere Tage hinein gibt es T-Shirts mit den Maxwell-Gleichungen, vor denen die Worte »Gott sprach« zu lesen sind und nach denen es abschließend heißt: »Und es ward Licht.«

Offenkundig verschwindet Gott nicht, wenn Wissenschaft gelingt und Erklärungen liefert, und das gilt schon für die Revolution im 17. Jahrhundert, in der bei Kepler das Gegenteil passiert. Wenn er nämlich das heliozentrische Weltbild verteidigt (und dabei überhaupt erst hoffähig macht), das Nikolaus Kopernikus 1543 publiziert hat, dann tut Kepler dies nicht aus empirischen oder anderen wissenschaftlichen, sondern aus religiösen Gründen. Wissenschaft

314

ist Gottesdienst und Kepler sieht in der Anordnung des Kopernikus mit der Sonne im Zentrum und einer sich drehenden Erde die Möglichkeit, den Gedanken (das Bild) der Trinität an den Himmel zu setzen. Kepler will Theologe werden – dafür gibt es mehr Stellen als für Hofastronomen –, aber er will nicht lehren, was in der Bibel steht. »Die Bibel ist kein Lehrbuch der Optik und Astronomie«, wie er seinen Beitrag zur Säkularisierung formuliert, um seinen Kollegen zuzurufen: »Widersetzt Euch diesem Missbrauch.« Kepler will mit seiner Vernunft – nicht durch Autoritäten und ihre Festsetzungen – verstehen, was in der Welt passiert, was aber nicht verhindert, dass er in »heilige Raserei« gerät, als ihm vergönnt ist, ein Naturgesetz aufzustellen, und er kann Gott nicht genug für diese Gnade danken.[12]

Die Frage nach dem Zentrum

Gewöhnlich verstehen wir das eben erwähnte heliozentrische Weltbild als Fortschritt gegenüber der vorkopernikanischen Vorstellung eines Kosmos, in dessen Zentrum die Erde steht. Allerdings hat Sigmund Freud zu Beginn des 20. Jahrhunderts die Sache anders gesehen und von einer Kränkung gesprochen, die dem Menschen durch die neue Wissenschaft zugefügt wird. Wir erwähnen diesen Punkt, weil sich Freuds unsinnige Idee in vielen Köpfen festgesetzt hat und unentwegt zitiert wird. Dabei stimmt sie hinten und vorne nicht. Die zentrale Position, die die Erde vor Kopernikus einnahm, wird in den Texten der Zeit nämlich nicht als

---

12 Mehr zu Kepler bei Volker Bialas, *Johannes Kepler – Von Wissenschaft und Philosophie um 1600*, Beck Verlag, München 2004, S. 149.

Privileg, sondern als »Demütigung des Menschen« ausgewiesen. Was Freud schreibt und was viele von uns glauben, ist tatsächlich das Gegenteil der Wahrheit. »In der vorkopernikanischen Weltanschauung«, so konnte der in Paris lehrende Religionsphilosoph und Islamwissenschaftler Rémi Brague bereits im letzten Jahrhundert nachweisen, »ist die zentrale Stelle der Erde das genaue Gegenteil eines Ehrenplatzes.« Im Bereich der Astronomie »ist das Zentrum ein bescheidener Platz, ja der allerbescheidenste«.[13]

Es ist merkwürdig, dass wir dieses Wissen nicht zur Kenntnis nehmen wollen und offenbar alles tun, um die nicht als aufgeklärt geltenden Menschen des Mittelalters als Tölpel betrachten zu können. Hoffentlich hat sich zumindest Freud dabei besser gefühlt.

Newtons heilige Schriften

Es gibt gute Argumente für die Behauptung, dass Kepler damit eine sogenannte trinitäre Physik etabliert, die mindestens bis in das 20. Jahrhundert hinein praktiziert wird.[14] Damit soll zum einen ausgedrückt werden, dass Erklärungen in einem Dreierschema geboten und akzeptiert werden – einem Dreierschema, das neben den raumzeitlichen Dimensionen und einer unzerstörbaren Energie nur noch die Kausalität vorsieht, um die Naturabläufe zu erfassen und zu erklären. Damit soll aber ebenfalls ausgedrückt werden, dass der große Held der aufkommenden exakten Physik –

---

13 Rémi Brague, *Die Weisheit der Welt*, C.H. Beck Verlag, München 2005, S. 123.

14 Dazu mehr bei Ernst Peter Fischer, *Brücken zum Kosmos – Wolfgang Pauli zwischen Kernphysik und Weltharmonie*, Libelle Verlag, Lengwil 2002.

Isaac Newton – sich für einen Auserwählten Gottes hielt, der Raum und Zeit als Emanationen (Ausströmungen) Gottes ansah und eine wissenschaftliche Auseinandersetzung mit der Heiligen Schrift für möglich und wünschenswert hielt. Hier erwartete er mehr Sicherheit und Garantien für die Zukunft, als sich durch wissenschaftliche Wahrheiten finden ließen. Für Newton hingen der Gedanke an Gott und das Treiben von Physik so eng zusammen, dass es ihm überhaupt nichts ausmachte, Gott nicht nur die Schöpfung der Welt anzuvertrauen, sondern ihm auch zuzumuten, Instabilitäten, die sich bei den Planetenbewegungen im Laufe der Zeit aufschaukeln konnten, durch seinen persönlichen Eingriff zu korrigieren.

Das 20. Jahrhundert hat sich – in der Person von Wolfgang Pauli – über Newtons Gott lustig gemacht, der täglich ganztägig Raum und Zeit herstellen, also ununterbrochen arbeiten muss, und das für den zweifelhaften Lohn einer ungewissen Schar von Gläubigen, die ihm auf unklare Weise dienen. Dabei ist übersehen worden, dass der Engländer sich weit mehr mit theologischen als mit naturwissenschaftlichen Fragen beschäftigte und die Lebensphasen, in denen er die Probleme der Optik und des Kosmos behandelte, als lästige Unterbrechung empfand, die ihn von Themen mit größerer Bedeutung – der christlichen Überlieferung – abhielten. Newton wollte wissen, wann die Apokalypse, die Endzeit, zu erwarten sei, und erst am Ende seines Lebens war er bereit, »seine Berechnungen bezüglich der Wiederkunft des Herrn auf das 20. oder 21. Jahrhundert zu verschieben«.[15]

---

15 Paolo Rossi, *Die Geburt der modernen Wissenschaft in Europa,* Hanser Verlag, München 1997, S. 344.

Das Datum der Schöpfung

Viel weniger mit Gott im Sinn hatte der zweite berühmte Brite, der die Welt der Wissenschaft beeinflusst hat, nämlich Charles Darwin. Zwar geht er im allerletzten Satz seines berühmten Werks über den Ursprung der Arten von 1859 auf Gott ein, wenn er schreibt:

»Es liegt etwas wahrlich Erhabenes in der Auffassung, dass der Schöpfer den Keim alles Lebens, das uns umgibt, nur wenigen oder gar nur einer einzigen Form eingehaucht hat und dass, während sich unsere Erde nach den Gesetzen der Schwerkraft im Kreise bewegt, aus einem so schlichten Anfang eine unendliche Zahl der schönsten und wunderbarsten Formen entstand und noch weiter entsteht.«

Aber es ist eben der allerletzte Satz und bei seiner Betrachtung der Natur hat Darwin weniger einen Gott und eher einen Teufel kennengelernt, der qualvolle Todeskämpfe, hinterhältige Betrugsverfahren und brutale Raubzüge zulässt bzw. eingeführt hat. Aber merkwürdig – während wir bei Newton fast ein paar Jahrhunderte lang übersehen haben, dass er mehr mit der Heiligen Schrift als mit dem Buch der Natur beschäftigt war, fällt uns bei Darwin sofort ein, dass sich mit seinen Gedanken zur Evolution ein Streit mit kirchlichen Ansichten bzw. religiösen Einstellungen verbindet. Tatsächlich hat es nur wenige Jahre nach der Publikation von Darwins Hauptwerk ein öffentliches Streitgespräch zwischen einem Bischof namens Samuel Wilberforce und dem Wissenschaftler Thomas Huxley gegeben, den die Nachwelt gerne und aus gutem Grund als Darwins Bulldogge kennt. Doch das war mehr ein Streit um Rhetorik, der unglücklicherweise dadurch vom Zaun gebrochen wurde, dass der Bischof den Biologen fragte, ob er väterlicher- oder mütterlicherseits von einem Affen abstamme. Seitdem besteht der Eindruck, der von nachfolgenden materialistisch eingestellten Naturforschern nicht aus sachlichen Gründen, sondern aus persönlichen Motiven verschärft wurde, dass gerade die Idee der Evolution Gott als Schöpfer des Menschen den Garaus macht. Kein Wunder, dass er sich auf seltsamsten Wegen wieder Eingang in die Debatte verschafft und eine Stelle einnimmt, die ihm gar nicht zustehen sollte.

Darwins Bemühen um eine kausale Erklärung der beobachteten Variationen des Lebens können keineswegs einen religiösen Hintergrund verleugnen, aber ihm ging es nicht um antireligiöse – säkulare – Erklärungen, sondern darum, dem menschlichen Denken die Scheuklappen zu nehmen, die es sich aufsetzen ließ. Er wollte kein Naturtheologe, sondern ein Naturforscher sein, der ohne »arguments from design« auskommen wollte und es albern fand, wenn Männer der Kirche 200 Jahre nach Kepler immer noch die Bibel befragten, wenn sie etwas über die Natur wissen wollten. Wenn man dem Philosophen Hans Blumenberg trauen darf – was ich hier gerne riskiere –, dann führte Darwin während seiner Weltreise auf der »Beagle« (1831–1836) eine Bibel mit sich, in die er das Datum der Weltschöpfung eingetragen hatte – »23. Oktober 4004 vor Christus, 9 Uhr vormittags«.[16] Was natürlich verblüfft, ist die Präzision der Zeitangabe. Offenbar war es »das korrekte Datum mit Uhrzeit«, worauf es Darwin ankam, wie Blumenberg schreibt, der nach einer Meditation des Eintrags einen Schluss zieht: »Plötzlich meint man zu sehen, wie zerstörerisch die fromme Notiz für die vielen Seiten war, denen sie voranstand: der stupende Gewinn als Umschlagpunkt zum endgültigen

---

16 Hans Blumenberg, *Die Sorge geht über den Fluß*, Bibliothek Suhrkamp, Frankfurt a. M. 1987, S. 47.

Verlust – auch und nicht zuletzt durch den, der noch mit diesem heiligen Buch zu Schiff gegangen war.«

Zufall und Notwendigkeit

Anders ausgedrückt: Es waren nicht Darwin und die anderen Naturforscher seiner Zeit, die Gott aus der Erklärung für die Lebensvielfalt verdrängten. Es waren die zu hoch geschraubten Ansprüche der an der Bibel orientierten Naturtheologen, die ihrer Deutung das natürliche Ende bereiteten, wenn man so sagen darf. Es scheint, hier kann man allgemein lernen, dass es sich für einen Schuster tatsächlich lohnt, bei seinem Leisten zu bleiben, was konkret heißt, dass wahrscheinlich leicht in Schwierigkeiten gerät, wer sein Erklärungsschema überzieht bzw. überstrapaziert (und es wäre nicht überraschend, wenn sich Beispiele dafür auf den kommenden Seiten finden lassen).

Wenn man einen Aspekt der säkularen Deutung, die Darwin der Lebensgeschichte gegeben hat, herausheben möchte, kann man auf sein Bemühen verweisen, keine Finalität bei der Erklärung der organistischen Vielfalt zuzulassen. Es ging ihm um Kausalfolgen und sein Erfolg hat in Wissenschaftskreisen den Eindruck hinterlassen, dass dieses Programm überall erfolgreich durchgeführt werden konnte. Dies ist nicht der Fall, was längst zu einem Ende der trinitären Naturwissenschaften im Bereich der Atome geführt hat (auch wenn das vielfach nicht bemerkt wird). Die Atomphysik namens Quantenmechanik hat nämlich bereits in den Tagen der Weimarer Republik zeigen können, dass selbst eine Erklärung der atomaren Stabilität nicht allein durch Kausalität gelingt und andere Faktoren (wie etwa die der Form) nötig sind, doch Allgemeinwissen ist daraus noch nicht geworden und selbst die Fachleute ignorieren die Unzulänglichkeit der klassischen Kausalität gerne bis heute.

Darwin selbst hat einen zweiten Faktor eingeführt: Wie sich allgemein sagen lässt, besteht seine wissenschaftshistorische Leistung vor allem darin, dem statistischen Denken Platz in der Naturforschung gegeben zu haben. Er kann nicht sagen, was die Wirkung der Variation und natürlichen Selektion in irgendeinem Einzelfall genau sein wird. Er kann aber sagen, dass sich Tiere, auf lange Sicht gesehen, ihren Lebensumständen anpassen werden und angepasst haben. Mit anderen Worten: Darwin entdeckt die universelle und weitreichende Gültigkeit des statistischen Gedankens und er öffnet dem Zufall Tür und Tor.

Seit Darwins Tagen hinterlässt das Zufällige mächtige Striche im biologischen Weltbild, vor allem dann, wenn das individuell Unberechenbare in Form von Mutationen in den Genen zu den geeigneten Variationen führt und diese sich dann der natürlichen Zuchtwahl im Lebenskampf stellen können. So versteht es eine Biowissenschaft, die sich am Grundgedanken der Evolution orientiert. Für sie entsteht alles im Wechselspiel aus *Zufall und Notwendigkeit,* wie es der Titel des 1970 erschienenen und berühmt gewordenen Buches des französischen Nobelpreisträgers Jacques Monod ausdrückte. Bevor wir darauf eingehen, noch ein rascher Rückblick auf den Beginn des 19. Jahrhunderts, an dem ein Landsmann Monods, der Zoologe Jean Baptiste Lamarck, als Erster entdeckt, was Darwin später berühmt machen wird, nämlich die Variabilität der Arten und ihre Anpassung. Wir erwähnen Lamarck an dieser Stelle, weil er die Evolution nicht gegen die Religion, sondern im Vertrauen auf Gott entdeckt hat.

Lamarck kümmerte sich um Fossilien und er konnte mehr als jeder andere vergleichen. Dabei drängte sich ihm der Schluss geradezu auf, dass in der Vergangenheit der Erde, als sich die geologischen Bedingungen geändert hatten, einige Arten ausgestorben waren. So würden wir heute sagen. Doch Lamarck sah das anders. Er traute Gott nicht zu, Arten erst zu kreieren und dann sterben zu lassen, und er konnte diesem Dilemma entkommen, indem er annahm, dass sich die Arten geändert hatten. Gottes Größe zeigte sich gerade durch die Evolution und in ihr. Er sorgte mit dieser Eigenschaft für die Kontinuität des Lebens, das er geschaffen hatte. Der Gedanke der Evolution nimmt Gott ernst, statt ihn abzuschieben.

Nach dieser ganz und gar nicht säkularen Abschweifung nun aber zu Monods angekündigter Schlussfolgerung, die wie folgt lautet: »Der Alte Bund ist zerbrochen; der Mensch weiß endlich, dass er in der teilnahmslosen Unermesslichkeit des Universums allein ist, aus dem er zufällig hervortrat. Nicht nur sein Los, auch seine Pflicht steht nirgendwo geschrieben. Es ist an ihm, zwischen dem Reich und der Finsternis zu wählen.«[17]

Der Zufall ist das große Bekenntnis der Evolutionsbiologen geworden, wie sich vor allem bei dem kürzlich im biblischen Alter von 100 Jahren verstorbenen Ernst Mayr vielfach nachlesen lässt, der sein Leben lang mit einem strahlenden Lächeln und in völliger Zufriedenheit seinen Zuhörern verkündete, dass wir nur zufällig in der Welt sind, dass wir nichts als ein Zufall sind. Mehr nicht. Für Mayr stellt Darwins Idee eines evolutionären Ursprungs und der fortlaufenden Anpassungen der Arten die endgültige Säkularisierung der Naturwissenschaft dar, die ohne jeden Schöpfungsakt erklären kann, wie sich Leben entwickelt

---

17 Jacques Monod, *Zufall und Notwendigkeit,* Piper Verlag, München 1971, S. 219.

und entfaltet. Wie damals bei Laplace ist Gott keine Hypothese, die Mayr und seine Kollegen brauchen, und sie bemerken anscheinend nicht den Widerspruch, in dem sie sich täglich verheddern. Wenn wir – wie Mayr und Monod behaupten – unsere Existenz dem Zufall verdanken, dann können wir sie nicht untersuchen, jedenfalls nicht mit den Mitteln der Naturwissenschaft. Im Rahmen des evolutionären Argumentierens machen wir aber gerade unser Existieren zum Thema des Diskurses und allein dadurch drücken die Forschenden aus, dass unser Vorhandensein auf der Erde mehr ist als das, was sie behaupten, mehr als ein Zufall.

Es ist daher kein Wunder, dass es Vertreter des evolutionären Gedankens gibt, die bei der Frage nach der Kontingenz des Menschen nicht so sicher sind, wie die Antwort lautet. Der zeit seines Lebens höchst populäre amerikanische Paläoanthropologe Stephen J. Gould[18] hat seiner Überzeugung unserer Zufälligkeit durch den Vorschlag sprachliche Form verliehen, sich die Evolution wie einen Film vorzustellen, den man noch einmal von vorne laufen lässt. Er kann sich nicht vorstellen, dass dabei am Ende wieder Menschen auftreten, die unser Verhalten an den Tag legen,

---

18 Zu Stephen J. Gould gibt es eine Anekdote, die zu unserem Thema passt. Er spielte sich in der amerikanischen Fernsehreihe »The Simpsons« in einer Episode aus dem Jahre 1997 selbst. In der Sendung hatte jemand in seiner Garage ein Fossil gefunden, und zwar das Fossil eines Engels. Die Frage an den Experten Gould lautete, ob der Fund echt sei. Gould analysierte sorgfältig, kam aber zu keinem eindeutigen Schluss (die Evidenz sei »inconclusive«). Ein anwesender Pfarrer klatschte vor Freude in die Hände: »Ha! Erneut versagt die Wissenschaft, obwohl die religiöse Evidenz so überwältigend ist.« Die Finderin des Fossils ist trotzdem nicht beglückt; sie kann einfach nicht verstehen, wie in ihre Garage ein Engel gekommen ist. Am Ende der Sendung sagt jemand: »Die Religion muss für alle Zeiten 500 m Abstand zur Wissenschaft halten.«

und er hat dazu einen kleinen Text verfasst, den »man sich wie ein Hare-Krishna-Mantra mehrmals am Tag vorsingen sollte, damit es um so tiefer in die Seele eindringt:

Menschen sind nicht das Endergebnis eines vorhersehbaren Evolutionsfortschritts, sondern ein zufälliger kosmischer Nachzügler, ein winzig kleiner Zweig an dem unglaublich üppigen Busch des Lebens, der, würde er ein zweites Mal aus dem Samen heranwachsen, mit ziemlicher Sicherheit nicht noch einmal diesen Zweig oder überhaupt einen Zweig mit einer Eigenschaft, die wir Bewußtsein nennen könnten, hervorbringen würde.«[19]

Ihm widersprochen hat der britische Evolutionsbiologe Simon Conway Morris, der weniger Kontingenz und mehr Konvergenz im Leben und seiner Entwicklung sieht.[20] Konvergenz meint die Tendenz von Organismen, von deutlich verschiedenen Ausgangspositionen herkommend mithilfe von Mutation und Selektion zu ähnlichen Lösungen zu gelangen. Der Evolution stehen einfach nicht beliebig viele Alternativen zur Verfügung, was zahlreiche Wege zu dem gleichen Ergebnis führen lässt (das man Ziel nennen könnte, wenn dies in der Biologie kein verbotenes Wort wäre). Nicht nur Augen und andere Sinnesorgane sind konvergent – im Laufe der Evolution mehrfach gleichartig entstanden –, sondern auch eine so komplexe Organisationsform wie die Landwirtschaft. Sie findet sich tatsächlich auch bei Ameisen. Deren »Getreide« ist ein Pilz, der in großen Anlagen tief in der Erde angebaut wird, die sich durch eine kom-

---

19 Stephen J. Gould, *Ein Dinosaurier im Heuhaufen*, S. Fischer Verlag, Frankfurt am Main 2000, S. 426.

20 Simon Conway Morris, *Die Konvergenz des Lebens,* in Ernst Peter Fischer und Klaus Wiegandt (Hg.), *Evolution – Geschichte und Zukunft des Lebens,* Fischer Verlag, Frankfurt am Main 2003, S. 127–146.

plexe innere Struktur auszeichnen, zu der Abfallkammern und Lüftungsrohre gehören. Bei genauerem Hinsehen werden die Parallelen zu unserer Art der Nahrungsmittelerzeugung auffällig. Der Pilz wird auf einem Blätterbeet (Mulch) gezogen, dessen Bereitstellung auf hochkomplexe Weise organisiert wird und den Ameisen den Namen Blattschneiderameisen eingetragen hat. Das Laub von Bäumen wird eingesammelt und die Ernte wird zum Nest gebracht, wobei unterwegs Zwischenlager eingerichtet werden können. Wenn das Blätterbeet und der Pilz, der darauf blühen soll, erst einmal im Nest der Ameisen sind, werden beide kontinuierlich versorgt und in Ordnung gehalten. Zu diesen Tätigkeiten gehören die Vernichtung von Unkraut, der Einsatz von stickstoffhaltigem Dünger (der aus analen Ausscheidungen stammt), Herbiziden und Antibiotika.

Conway Morris zufolge ist es nicht a priori Unsinn, wenn jemand von der Unvermeidlichkeit des Menschen spricht; selbst gestandene und ausgewiesene Evolutionsbiologen fangen an, sich über die Frage Gedanken zu machen, ob nicht irgendwie doch in den Naturgesetzen so etwas wie Sinn und Zweck enthalten sind. Ihnen reicht es auch nicht mehr, alles auf irgendeinen Zufall zu reduzieren.[21] Auf diesen Mangel einer trinitär vorgehenden Biologie hat bereits in den 1950er-Jahren der Physiker Wolfgang Pauli hingewiesen, der grundsätzlich den Gedanken der Komplementarität vertreten hat, dem zufolge es für jede oder zu jeder Beschreibung der Wirklichkeit eine zweite gibt, die gleichberechtigt gilt, obwohl sie der ersten oberflächlich widerspricht. Im Rahmen dieses besonders von Niels Bohr propagierten Gedankens – der sich früher schon bei William

---

21 Michael Denton, *Nature's destiny – How the laws of nature reveal purpose in the universe*, New York 1999.

James findet – stellen Religion und Wissenschaft ein Paar von übergreifender Komplementarität dar, aber darauf kann hier nur hingewiesen werden. Konkret bedeutet Komplementarität, dass der Kausalität eine gleichberechtigte Konzeption gegenüberstehen muss, und der Zufall kann dies nicht leisten. Er ist zu schwach. Pauli schlägt im Anschluss an C. G. Jung den Begriff der Synchronizität vor, durch den Ereignisse verbunden werden können, auch wenn es eine kausale Beziehung zwischen ihnen gibt. Synchronizität meint so etwas wie eine Sinnkorrespondenz, was aber an dieser Stelle nicht verfolgt werden soll, da die Idee noch keine Resonanz in Kreisen der Biologie gefunden hat.

Die Rückkehr des Designers

Unabhängig davon ist klar, dass derjenige, der Zufall predigt, um Gott auszuschließen, nur dessen Rückkehr bewirkt. Genau dies passiert vor allem in der Evolutionsbiologie, in der sich nicht der Gesamttrend zu Gott ändert, sondern nur die Art, wie auf ihn hingewiesen oder wie er in das Werden der Welt eingebaut wird. Zurzeit ärgern sich die gottlosen Evolutionsbiologen maßlos über die nicht verstummenden Versuche von Kreationisten und anderen Fundamentalisten, der wissenschaftlichen (säkularen) Erklärung des Lebens etwas anderes an die Seite zu stellen. In letzter Zeit gab es viel Lärm um den Vorschlag, das Erscheinen von Arten und das Auftreten des Menschen einem »intelligenten Designer« zu überlassen, worauf die Evolutionsbiologen zu Recht und oft sehr witzig mit dem Hinweis auf viele organische Unzulänglichkeiten der Körper (auch des Menschen) antworteten, um klarzumachen, dass in dem Fall, in dem wir unsere Existenz einem Designer verdanken würden, man diesem Wesen bestenfalls Dummheit und Nachlässigkeit vorwerfen sollte, ihm aber auf keinen Fall Intelligenz nachsagen könnte.

Viele Biologen weisen zu Recht darauf hin, dass diese Idee prädarwinistisch ist. Zu Beginn des 19. Jahrhunderts wurden mit dem Argument des Designers noch Gottesbeweise geführt, wobei man sich vorstellte, beim Spazierengehen im Wald eine Uhr zu finden. Aus diesem Tatbestand würde man sofort auf die Existenz eines Uhrmachers schließen und deshalb könne man ganz sicher sein, dass es einen Menschenmacher gibt, nämlich Gott. Ein Problem mit solchen Überlegungen steckt stets darin, dass man bei solch schlichten Argumenten immer einen Gott vor Augen hat, der über ein menschliches Bewusstsein verfügt, aber genau das führt zu dem Unsinn, den wir anhand der Worte in Darwins Schiffsbibel kennengelernt haben.

Wer die Natur und den Menschen verstehen will, muss anders vorgehen und Darwin hat es versucht. Es ist keine Frage, dass sein gefährlicher Gedanke, wie er manchmal genannt wird, auch ein großartiger Gedanke ist, der uns erlaubt, sehr vielen (vielleicht sogar allen?) Phänomenen des Lebens eine einleuchtende und befriedigende adaptive Erklärung zu geben. Es ist aber ebenso wenig eine Frage, dass die burschikose Art, daraus unser ganzes Vorhandensein als Zufall zu banalisieren, Gegenkräfte notwendigerweise auf den Plan rufen muss. Schließlich leben wir nach der Achsenzeit und wir suchen nicht nur nach Gesetzen, wir suchen auch nach einem höheren Sinn und nach tieferer Bedeutung. Wir betreiben sowohl Astronomie als auch Astrologie[22] und wir müssen mehr aus dem Zufall machen, als

---

22 Astrologie meint hier nicht die billige Sterndeuterei der Gegenwart, sondern den uralten Versuch, neben den Gesetzen der Sterne (Astronomie) auch ihren Sinn – ihren Logos – zu erfassen.

ihm die Schuld für unsere Existenz »als Zigeuner am Rand des Universums« zu geben, wie Monod uns nennt.

Offenbar kommt – wie angedeutet nach dem Yin-Yang-Prinzip, das die moderne Physik als Idee der Komplementarität kennt und nutzt – Gott dann zurück und macht sich bemerkbar, wenn er fast verschwunden ist. Das gilt nicht nur für die Evolution, sondern auch für die Kosmologie, die zunächst konstatierte, dass das Universum immer weniger Sinn machte (bzw. enthielt), nachdem sie es immer besser erklären konnte. Als man meinte, selbst den Anfang der Welt – etwa in Form eines Urknalls – verstanden zu haben, fiel einigen Kosmologen auf, dass wir ja nicht über das kosmische Werden im Allgemeinen reden können, sondern nur von einer Welt wissen, und zwar der, in der wir leben. Das Universum kann kein Zufall sein, sondern es ist so eingerichtet, dass wir darin entstehen können. Wir sind, wie wir sind, weil die Welt so ist, wie sie ist, wie man manchmal lesen kann, und dieses auf uns angelegte Verstehen des Kosmos läuft unter der Bezeichnung »anthropisches Prinzip«. In den Worten des Physikers Freeman Dyson: »Je näher ich das Universum und die Einzelheiten seiner Architektur betrachte, desto mehr Hinweise finde ich, dass das Universum gleichsam gewusst haben muss, dass wir kommen.« Damit behaupten wir noch nicht, dass die Feinjustierung des Universums sich einer einstellenden Hand verdankt, wie es die starke Version des Prinzips verlangt, die zwar von vielen Physikern vehement abgelehnt wird, die trotzdem aber nicht verstummen will und immer wieder vorgetragen wird. Alles Bemühen in diese anthropische Richtung hat vor allem den Sinn, dem Menschen seine Zufälligkeit zu nehmen und ihm einen sinnvollen Platz einzuräumen.

Wenn vom Zufälligen in der Physik die Rede ist, warten viele Zuhörer auf den würfelnden Gott, den Einstein ablehnte. Er soll hier seinen kurzen Auftritt haben, aber nur mit dem Hinweis, dass es Einstein nicht um die Welt im Großen, sondern um die Welt im Kleinen ging. Sein Hinweis, dass er sich keinen Gott vorstellen könne, der würfelt, bezieht sich nicht auf die Kosmologie, sondern auf die neue Physik der Atome, die ebenfalls zu seinen Lebzeiten und mit seiner Hilfe entworfen wurde. Das damals entstehende Gebäude der Physik namens Quantenmechanik ließ erkennen, dass sich im Innersten der Welt keine Realitäten, sondern nur Wahrscheinlichkeiten finden ließen. Bedingte Möglichkeiten statt unbedingter Wirklichkeiten, was nicht nur Einstein wunderte, was er sich aber auszudrücken erlauben konnte und woran die Physiker bis heute zu knabbern haben. Inzwischen ist ein neuer Aspekt in die Überlegungen gekommen, den wir vor allem Anton Zeilinger aus Wien verdanken und den ich hier nur andeuten kann.[23] Ein wesentlicher Aspekt der neuen Physik besteht in der Einsicht, dass die Natur die Form hat (bekommt), die wir ihr geben, was auch erkennen lässt, dass sich kaum zwischen der Wirklichkeit und unserem Wissen davon unterscheiden lässt. Zeilinger schlägt vor, die Realität und die dazugehörige Information als zwei Seiten einer Münze anzusehen, was zur Folge hat, dass in einer gegebenen Situation unsere Kenntnisse das einschränken, was existieren kann. Wir können nicht alles wissen, weshalb individuelle Ereignisse wie zufällig erscheinen. Diese Willkür zeigt, dass wir nicht alles bestimmen können. Sie zeigt mit anderen Worten, dass es trotz all unserer Formgebungen »da draußen« tatsächlich etwas gibt, das von uns unabhängig ist. Einstein hätte dieser Gedanke – meiner Einschätzung nach – gefallen.

---

23 Anton Zeilinger, The message of the quantum, *Nature* 438 (8.12. 2005), S. 743.

Die Neutralisierung des Kosmos

Wie gesagt – wenn es um den Kosmos ging, fragte Einstein nur nach der Freiheit bzw. der Wahl, die Gott bei seiner Schöpfung hatte. Danach schien es ihm – Einstein – möglich, Betrachtungen über die Welt als Ganzes anzustellen – mit der berühmten gleichzeitigen Zuordnung von Endlichkeit und Unbegrenztheit –, ohne noch einmal die Frage nach Gott zu stellen. Gott zeigte sich ihm nicht im Kosmos selbst, er offenbarte sich vielmehr »in der gesetzlichen Harmonie des Seienden« und dabei kam es zu religiösen Gefühlen, wie in seinem schönsten Zitat aus dem Jahre 1932 deutlich wird:

»Das Schönste und Tiefste, was der Mensch erleben kann, ist das Gefühl des Geheimnisvollen. Es liegt der Religion sowie allem tieferen Streben in Kunst und Wissenschaft zugrunde. Wer dies nicht erlebt hat, erscheint mir, wenn nicht wie ein Toter, so doch wie ein Blinder. Zu empfinden, dass hinter dem Erlebbaren ein für unseren Geist Unerreichbares verborgen sei, dessen Schönheit und Erhabenheit uns nur mittelbar und in schwachem Widerschein erreicht, das ist Religiosität. In diesem Sinne bin ich religiös. Es ist mir genug, diese Geheimnisse staunend zu ahnen und zu versuchen, von der erhabenen Struktur des Seienden in Demut ein mattes Abbild geistig zu erfassen.«[24]

Einstein ist bezaubert von seinen Entdeckungen, und wir haben das zauberhafte Wort deshalb gewählt um zuletzt den berühmten Ausdruck von Max Weber einführen zu können, der in denselben Jahren, in denen Einsteins Relativitätstheorie gefeiert wird und Betrachtungen über die ganze Welt erlauben, seine Rede »Wissenschaft als Beruf«

---

24 Albert Einstein, *Mein Weltbild*, Ullstein Verlag, Berlin [27]2001, S. 12.

(1919) hält und darin von der »Entzauberung der Welt« spricht. Dies ist Webers Ausdruck für den Prozess der Säkularisierung, der die Geschichte der Technik und damit auch das Entstehen der Moderne prägt.

Der zentrale Ausdruck, der sich sowohl bei Weber als auch bei Einstein findet, ist die Welt (»was sich dem Nichts entgegenstellt«, wie Goethe »diese plumpe Welt« nennt), und Säkularisierung – Verweltlichung – hat viel damit zu tun, wie dieses Wort im Laufe der Kulturgeschichte verstanden wird. Wie »Kosmos und Welterfahrung im westlichen Denken« zusammenhängen, hat jetzt der Religionsphilosoph Rémi Brague in seinem Buch *Die Weisheit der Welt* dargestellt.[25] Er zeigt dabei, dass »Welt« »nie für eine simple Beschreibung der Realität« stand, sondern seit jeher »Ausdruck eines Werturteils« war. Der Kosmos und der Sinn des menschlichen Lebens hängen im religiösen Bereich zusammen, bis er durch die moderne Wissenschaft ethisch indifferent wird. »Das Weltbild, das nach Kopernikus, Galilei und Newton aus der Physik hervorging, ist das Spiel blinder Kräfte, wo es keinen Platz mehr für die Betrachtung des Guten gibt.«[26] Die eine Welt zerfällt in viele Welten, von der unsere vielleicht die beste, aber kein Kosmos mehr sein kann. Im 19. Jahrhundert – genauer 1836 – kommt in dem Zusammenhang zum ersten Mal das Wort von der »Entzauberung der Welt« auf, und zwar in einem Text von Alfred de Musset, der als Zeitzeuge der Säkularisation von *désenchantement* spricht und sich auch nicht scheut, dafür Verzweiflung (*désespérance*) zu sagen.[27] Brague findet, dass der Prozess der Verweltlichung besser als »Neutralisierung

25 Rémi Brague, *Die Weisheit der Welt*, C.H. Beck Verlag, München 2005.
26 Rémi Brague, a.a.O., S. 237.
27 Zitiert bei Brague, S. 339.

des Kosmos« beschrieben wird, in dem zwar kein Gott mehr ist, in dem sich aber Gesetze finden, die sowohl unsere Freiheit einschränken – wir unterliegen ihnen auch – als auch uns Eingriffsmöglichkeiten verschaffen. Und eingreifen müssen die Menschen, da die Natur – die Welt – nicht mehr das Gute ist, das sie früher war, sondern das Böse enthält, das uns leiden lassen und Schaden zufügen kann und das zu bekämpfen ist. Immerhin bleibt sie schön und wir bleiben für das Schöne empfänglich, wie Bemühungen um das Ästhetische zeigen. Das macht zuletzt deutlich, »dass wir, ohne einen dauernden Sitz in der Welt zu haben, nicht einfach nur Fremde sind, sondern Gäste«.[28] Nicht für immer auf der Erde, aber hier zu Gast. Vielleicht ist das das schönste Ergebnis der Säkularisierung.

Noch einmal die Angst

Es bleibt die Angst. Sie gehört zu uns, wie wir angedeutet haben, und wer sie bekämpfen oder beruhigen kann, findet Anhänger. Erst war die Religion erfolgreich, dann die Wissenschaft. Sie konnte uns durch vom Verstehen geleitetes Handeln vor Gefahren aus der Natur bewahren. Sie kann uns eher weniger vor den Gefahren bewahren, die sie selbst hervorbringt – Stichwort Atombombe – oder die durch massenhafte Nutzung technischer Produkte entstehen – Stichwort Umweltschäden. »Die Wissenschaft zittert nicht«, haben wir gehört. Aber wir zittern vielleicht vor der Wissenschaft. Das hört möglicherweise nur auf, wenn sie ihre ursprüngliche Machttendenz aufgibt oder reduziert. Es kommt nicht nur darauf an, die Natur zu beherrschen, »als Ergeb-

---

28 Rémi Brague, a.a.O., S. 287.

nis langer, mühevoll gesammelter Erfahrungen«, wie es bei Alexander von Humboldt heißt. Es kommt auch darauf an, sie »aus dem inneren Sinn« als »ein harmonisch geordnetes Ganzes« zu erleben. Dann spüren wir Gott in der Welt und mit diesem Gefühl hören wir auf zu zittern.[29]

29 Eine frühe Form dieses Essays findet sich in dem von Klaus Wiegandt und mir edierten Band »Mensch und Kosmos«, Frankfurt 2004.

Hinweise zur Literatur

Die Zahl der Bücher, die über Astronomie, Kosmologie, Astrophysik und ähnliche Wissenschaften berichten, ist sicher nicht so groß wie die Zahl der Sterne in der Milchstraße, aber alle lesen kann niemand. Jeder sollte sich – beim Schmökern in Buchhandlungen oder beim Surfen im Internet – von eigenen Interessen leiten lassen. Es folgt eine Reihe von Titeln, die der Autor schätzt und konsultiert hat (und die man noch lange fortsetzen könnte):

John D. Barrow, *Cosmic Imagery*, London 2008

Bruno Binggeli, *Primum Mobile*, 2006

Rémi Brague, *Die Weisheit der Welt*, München 2006

Heather Couper & Nigel Henbest, *Die Geschichte der Astronomie*, München 2007

Ernst Peter Fischer, *Brücken zum Kosmos*, Lengwil 2004

Ernst Peter Fischer und Klaus Wiegandt (Hg.), *Mensch und Kosmos*, Frankfurt am Main 2004

Ernst Peter Fischer, *Einstein für die Westentasche*, München 2005

Brian Greene, *The Elegant Universe*, London 1999

Rudolf Kippenhahn, *Kosmologie für die Westentasche*, München 2003

George Johnson, *Miss Leavitt's Stars*, New York 2005

Fritz Krafft, *Die bedeutenden Astronomen*, Wiesbaden 2007

John North, *Viewegs Geschichte der Astronomie und Kosmologie*, Braunschweig 1997

Uwe Schultz (Hg.), *Scheibe, Kugel, Schwarzes Loch*, Frankfurt am Main 1996

Simon Singh, *Big Bang*, München 2004

Kosmische Zeittafel:

Höhepunkte der Himmelskunde

Vor Christi Geburt

Ab 2900	Erste systematische Himmelsbeobachtungen in Mesopotamien, Ägypten, China, Indien
Um 2850	Sonne-Mond-Kalender in Troja
Um 2000	Herstellung der Himmelsscheibe von Nebra
Um 1750	Megalithische Anlage von Stonehenge
Um 1090	Messung des Winkels der Ekliptik in China
Um 600	Thales von Milet sagt Sonnenfinsternis voraus.
Um 300	Aristarch formuliert eine heliozentrische Theorie.
Um 200	Eratosthenes von Kyrene berechnet Erdumfang.
Um 150	Hipparchos bestimmt Entfernung zur Sonne.

Nach Christi Geburt

Nach 100	Ptolemäus (90–170) verfasst den *Almagest*.
Nach 400	In Indien wird die Rotation der Erde erkannt.
Um 700	Indische Wissenschaft gelangt zu den Arabern.
Nach 800	Projekte zur Katalogisierung der Sterne
Um 1100	Berechnungen von Planetenbahnen (Bhaskara)
Um 1200	Übersetzung des Almagest
Um 1250	König Alfons X. lässt astronomische Tafeln erstellen (Judas ben Moses, Isaac ibn Sid).
Nach 1300	Dante schreibt die *Göttliche Komödie*.
1435	Nikolaus von Kues vermutet, dass sich die Erde um die Sonne dreht.
1500	Leonardo da Vinci konstruiert Flugmaschinen.
1514	Kopernikus formuliert einen »kleinen Kommentar«, in dem es heißt: »Alle Sphären drehen sich um die Sonne, die im Mittelpunkt steht.« Er erregt damit Grimm – die Zeitgenossen verlangen, dass die Erde in der Mitte

der Welt ist, da dies der schlimmste Ort ist, und nur der ist es, der den Menschen zusteht.

1540	Piccolomini schreibt *Über die Fixsterne*.
1543	Kopernikus veröffentlicht sein heliozentrisches Weltbild auf dem Totenbett – mit vielen Fehlern, aber ohne einen Irrtum.
1572	Tycho Brahe beschreibt einen neuen Stern – stella nova, eine Supernova.
1597	Johannes Kepler legt sein *Mysterium Cosmographicum* vor.
1608	Hans Lipperhey meldet in Holland »ein Gerät, mit dem man alles aus der Ferne in der Nähe betrachten kann«, zum Patent an.
1609	Das Fernrohr taucht in der Welt der Wissenschaft auf; im Dezember sieht Galileo Galilei damit Berge auf dem Mond; seine entsprechenden Zeichnungen erscheinen 1610 im *Sidereus Nuncius*, der in Venedig erscheint.
1610	Galilei beobachtet (und zeichnet) Phasen der Venus.
1613	Galilei erkennt (und zeichnet) Sonnenflecken, was die kirchliche Ansicht widerlegt, es handele sich um einen vollkommenen Körper; die Sonne hat Mängel und ist dreckig.
1639	Ein 20-jähriger Astronom namens Jeremiah Horrocks beobachtet als Erster eine Venuspassage (Venustransit), also den Durchgang des Planeten vor der Sonnenscheibe. Er stirbt zwei Jahre später.
1687	Isaac Newton publiziert seine *Principia Mathematica*.
1705	Edmond Halley publiziert seine *Synopsis of Cometary Astronomy* und sagt die Rückkehr eines (heute nach ihm benannten) Kometen voraus.
1755	Immanuel Kant publiziert eine *Allgemeine Naturgeschichte und Theorie des Himmels* nach »Newtonischen Grundsätzen«.
1781	William Herschel entdeckt den Planeten Uranus und Charles Messier veröffentlicht einen Katalog mit mehr als 100 Nebeln.

1838	F.W. Bessel ermittelt die Fixsternparallaxe und bestimmt die Entfernung zu dem Stern 61 Cygni.
1846	Der Planet Neptun wird entdeckt, nachdem seine Position zuvor berechnet worden war.
1877	Giovanni Schiaparelli erkennt »canali« auf dem Mars.
1908	Henrietta S. Leavitt erkennt, dass Cepheiden (veränderliche Sterne im Sternbild Cepheus) als Standard benutzt werden können, um galaktische Entfernungen zu bestimmen.
1919	Die Allgemeine Relativitätstheorie wird experimentell durch Arthur Eddington bestätigt.
1923	Edwin Hubble weist nach, dass der Andromedanebel eine Galaxie ist – also außerhalb unserer Milchstraße liegt
1929	Edwin Hubble entdeckt mit der Rotverschiebung, dass das Weltall expandiert.
1930	Clyde Tombaugh entdeckt den Pluto.
1932	Karl Jansky erfindet die Radioastronomie durch die Entdeckung, dass aus dem Zentrum der Milchstraße Radiowellen kommen.
1951	James van Allen entdeckt mit ballonartigen Raketen einen Strahlungsgürtel, der die Erde umringt.
1963	Maarten Schmidt entdeckt quasistellare Objekte, die mehr Energie abstrahlen als die ganze Milchstraße; sie heißen Quasare; in ihrem Inneren vermutet man Schwarze Löcher.
1964	Arno Penzias und Robert Wilson entdecken die kosmische Hintergrundstrahlung.
1967	Jocelyn Bell bemerkt den ersten Pulsar, also Objekte, die regelmäßig Radiopulse abgeben (indem sie rasend schnell rotieren).
1968	Zum ersten Mal werden Ausbrüche (bursts) von Gammastrahlen registriert.
1971	Das 1964 entdeckte Himmelsobjekt Cygnus X-1 wird als Schwarzes Loch identifiziert.

1973	Pioneer 10 und 11 liefern die ersten Bilder von Jupiter und seinem roten Fleck.
1974	Joseph Taylor und Russell Hulse entdecken ein binäres Pulsarsystem (das sich hervorragend eignet, um die Relativitätstheorie zu testen).
1977	Die Voyager-Reihe wird in dem Weltraum geschossen und wird in den kommenden Jahren spektakuläre Bilder von den Planeten und ihren Monden liefern.
1988	Kanadische Astronomen künden die Entdeckung eines Planeten außerhalb unseres Sonnensystems an (extrasolar Gleise 581); das wird 2003 bestätigt.
1990	Das Hubble Space Telescope geht an die Arbeit.
1992	Dem polnischen Astronomen Aleksander Wolszczan gelingt die erste akzeptierte Entdeckung eines extrasolaren Planeten – 980 Lichtjahre von uns entfernt.
1994	Der Komet Shoemaker-Levy 9 zerbricht und kollidiert mit Jupiter.
1995	Das Hubble Deep Field wird generiert; es zeigt die jüngsten und am weitesten entfernten Galaxien – und die Dunkelheit der Nacht.
1998	Beobachtungen an entfernten Supernovae zeigen, dass das Universum sich beschleunigt ausdehnt und dabei durch »dunkle Energie« angetrieben wird.
2001	Die kosmische Hintergrundstrahlung wird mit höchster Auflösung registriert, um das Alter und die Zusammensetzung des Universums ermitteln zu können.
2003	Die größte Struktur des Universums wird entdeckt – die Sloan Great Wall, die Millionen von Galaxien enthält, 1,37 Milliarden Lichtjahre lang und eine Milliarde Lichtjahre von uns entfernt ist.
2008	Das Keck-Teleskop auf Hawaii und das HST fangen die ersten optischen Bilder von extrasolaren Planeten ein, die andere Sterne umkreisen.

Danksagung

Ich danke Sabine Jaenicke für die Ermutigung, dieses Buch zu schreiben, und für die freundliche Hartnäckigkeit, mit der sie sich immer wieder nach dem Stand der Dinge erkundigt hat. Mein Dank gilt weiter Michael Neher, der vermittelnd und beratend bereitstand, wenn es nötig war. Natürlich danke ich allen Lesern, die bis hierher gekommen sind, und ich hoffe, sie empfehlen das »Büchlein« weiter. Wir wollen doch alle in den Himmel kommen und vorher wissen, wie weit es bis dahin ist.

Ratschläge für ein gelingendes Leben

Wie oft hat man schon den Satz gehört: »Wir lernen nicht für die Schule, sondern für das Leben.« Was Schule wirklich kann und wie wahr dieser Satz ist, zeigt Ernst Peter Fischer in diesem Buch. Seine Ratschläge sind manchmal ganz lebenspraktisch, zuweilen philosophisch, aber immer von einer bestechend einfachen und unmittelbar einleuchtenden Klugheit.
Als junger Mann dachte Ernst Peter Fischer, dass er in seinem Leben noch viel dazulernen würde. Doch an seinem sechzigsten Geburtstag musste er feststellen, dass es genau diese Ratschläge waren, die ihm in seinem Leben immer hilfreich gewesen waren.
Sein beherztes Plädoyer für die Bildung wendet sich gegen den falschen Aktionismus in unserer Gesellschaft und stellt die wirklich bedeutsamen Dinge wieder in den Vordergrund.

Ernst Peter Fischer
Einfach klug

176 Seiten, ISBN 978-3-485-01118-1

nymphenburger www.nymphenburger-verlag.de

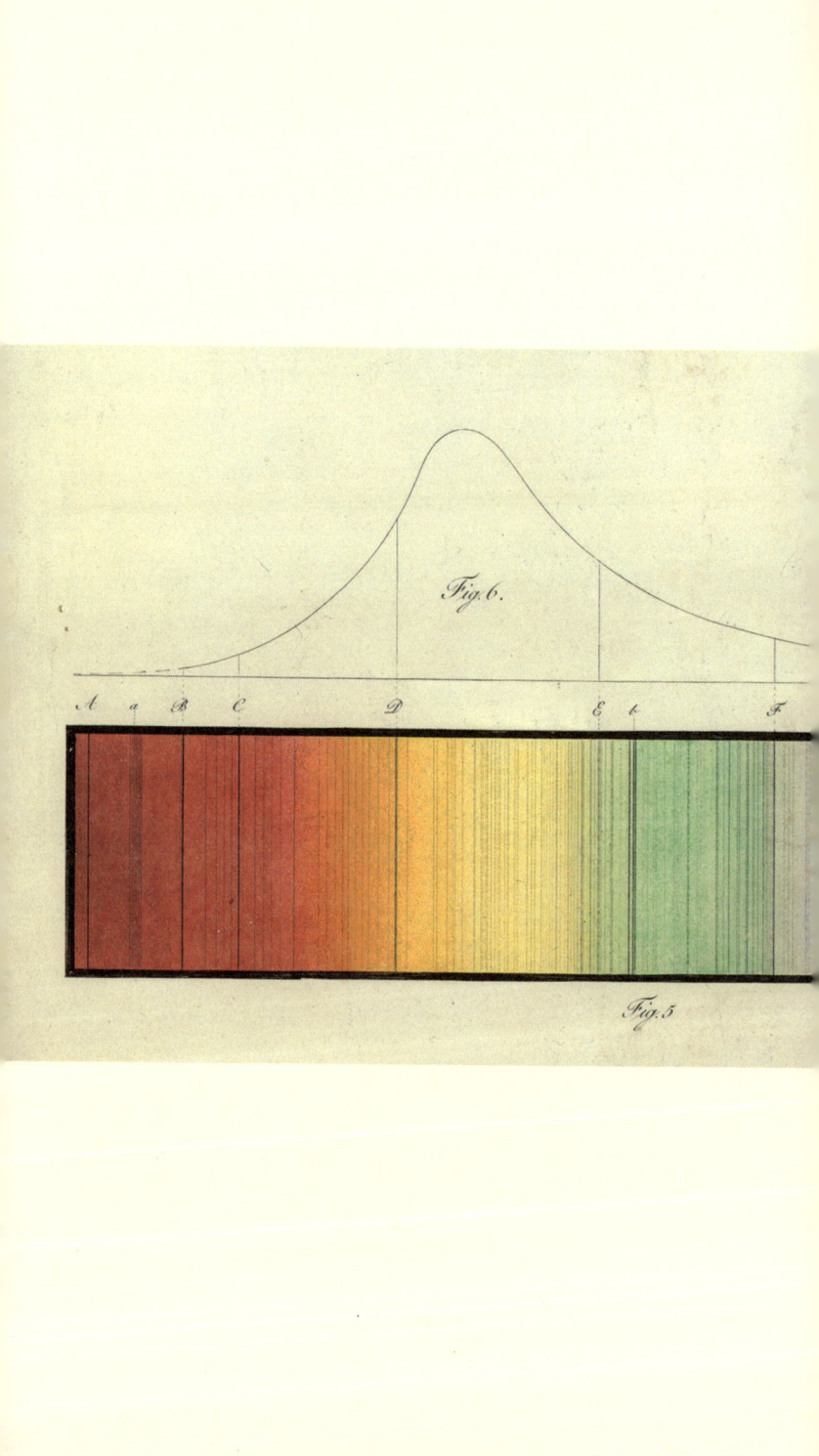

Fig. 6.

Fig. 5.